碳酸盐岩缝洞型油藏
高产井预警技术与现场实践

鲁新便　龙喜彬　孙致学　刘丽娜　谢　爽　等著

中国石油大学出版社
CHINA UNIVERSITY OF PETROLEUM PRESS

山东·青岛

图书在版编目(CIP)数据

碳酸盐岩缝洞型油藏高产井预警技术与现场实践 /
鲁新便等著. --青岛：中国石油大学出版社，2021.10
（碳酸盐岩缝洞型油藏描述及开发技术丛书；卷四）
ISBN 978-7-5636-6950-9

Ⅰ.①碳… Ⅱ.①鲁… Ⅲ.①碳酸盐岩油气藏－高产
井－油田开发 Ⅳ.①TE34

中国版本图书馆 CIP 数据核字(2020)第 266044 号

书　　名：	碳酸盐岩缝洞型油藏高产井预警技术与现场实践	
	TANSUANYANYAN FENGDONGXING YOUCANG GAOCHANJING YUJING JISHU YU XIANCHANG SHIJIAN	
著　　者：	鲁新便　龙喜彬　孙致学　刘丽娜　谢　爽　等	
责任编辑：	高　颖（电话　0532-86983568）	
封面设计：	悟本设计　张　洋	
出 版 者：	中国石油大学出版社	
	（地址：山东省青岛市黄岛区长江西路 66 号　邮编：266580）	
网　　址：	http://cbs.upc.edu.cn	
电子邮箱：	shiyoujiaoyu@126.com	
排 版 者：	青岛天舒常青文化传媒有限公司	
印 刷 者：	青岛北琪精密制造有限公司	
发 行 者：	中国石油大学出版社（电话　0532-86981531，86983437）	
开　　本：	787 mm×1 092 mm　1/16	
印　　张：	13.75	
字　　数：	331 千字	
版印次：	2021 年 10 月第 1 版　2021 年 10 月第 1 次印刷	
书　　号：	ISBN 978-7-5636-6950-9	
定　　价：	138.00 元	

丛书前言

塔河油田位于我国新疆塔里木盆地,于 1997 年被发现,经过 20 多年的开发,已建成年产原油 737×10^4 t(包括碳酸盐岩缝洞型油藏、碎屑岩油藏等)的特大型油田。塔河油田已成为我国油气增储上产的主阵地之一,是我国"稳定东部、发展西部"的重要能源战略支撑。

塔河油田碳酸盐岩缝洞型油藏是一类超深、以缝洞为储集体的特殊类型油藏,与常规碎屑岩油藏和裂缝型油藏有本质区别。这类油藏开发的主要特征:一是油藏埋藏深(5 000~7 000 m),具有高温高盐的特点;二是储集空间特征尺度大,且非均质性极强,储集空间既有大型溶洞,又有溶蚀孔隙和不同尺度的裂缝,其中大型洞穴是最主要的储集空间,裂缝是主要的连通通道;三是油藏流体流动符合管流-渗流耦合流动特征,常规油藏工程理论和方法适用性差;四是油藏产量递减快,与国内外类似油藏相比采收率偏低;五是以缝洞单元为开发单元,其类型多样,不同类型缝洞单元的开发模式也不同。此类油藏的描述和开发没有现成技术和管理经验可以借鉴,属于世界级开发难题。

中国石油化工股份有限公司西北油田分公司开发科研团队,以国家 973 计划项目"碳酸盐岩缝洞型油藏开采机理及提高采收率基础研究"以及"十二五""十三五"国家科技重大专项"塔里木盆地大型碳酸盐岩油气田开发示范工程""塔里木盆地碳酸盐岩油气田提高采收率关键技术示范工程"等为依托,历时十余年创建了断溶体油藏开发理论与技术,实现了缝洞型油藏描述与开发技术的重大突破,为塔河油田的科学、高效开发提供了理论依据和技术支撑。在上述科学研究、技术开发和生产实践所获得的科技成果的基础上,科研团队凝练提升并精心撰写了"碳酸盐岩缝洞型油藏描述及开发技术丛书"。

该丛书共十卷,既有理论创新,又有实用技术。其中,卷一、卷二分别介绍了塔里木盆地古生界碳酸盐岩断溶体油藏认识及开发实践、碳酸盐岩古河道岩溶型缝洞结构表征技术;卷三、卷四、卷五分别介绍了碳酸盐岩缝洞型油藏试井解释方法研究与应用、高产井预警技术与现场实践、油藏连通性分析与评价技术;卷六、卷七、卷八、卷九分别介绍了碳酸盐岩缝洞型油藏开发实验物理模拟技术、改善水驱开发技术、能量变化曲线特征与应用、单井注氮气提高采收率技术;卷十介绍了碳酸盐岩缝洞型油藏实用油藏工程新方法。

上述成果集中体现了该领域理论研究和技术开发的现状、研究前沿和发展趋势,推动了塔河油田的科学高效开发,填补了缝洞型油藏开发相关领域的空白,为保障国家能源安全、拓展海外资源领域提供了重要技术支撑。

随着国内外海相碳酸盐岩油气勘探的深入发展,越来越多的碳酸盐岩缝洞型油气藏将不断被发现并投入开发。希望该丛书的出版能够促进碳酸盐岩缝洞型油气藏勘探开发的科技进步和高效生产。

前　言

　　碳酸盐岩油气藏是指碳酸盐岩圈闭中的油气聚集。该类油气藏在全球分布广泛、油气储量巨大,在全球业已发现的油气田中占有重要地位。据统计,目前已经发现的碳酸盐岩油气藏储量占全球油气总储量的 50% 左右,产量占 60% 左右。从全球范围来看,储量规模大、单井产量高的油气藏多为碳酸盐岩油气藏,如阿拉伯盆地的 North Field 白云岩油气田,可采储量达 $220.1×10^8$ t 油当量;阿拉伯盆地的 Ghawar 台内颗粒滩油田,可采储量为 $133.1×10^8$ t。我国碳酸盐岩油气田也有广泛分布,近年来,该类油气田的勘探开发呈现快速发展的态势,已在四川盆地、渤海湾盆地、塔里木盆地、鄂尔多斯盆地、柴达木盆地、苏北盆地等地区获得突破。尤其是塔里木盆地奥陶系塔河油田,已经发展成为我国陆上现已开发的储量、产量规模最大的海相碳酸盐岩油田。截至 2020 年底,塔河油田碳酸盐岩油藏累计探明石油地质储量 $13×10^8$ t,累计生产原油 $1×10^8$ t,年产原油 $600×10^4$ t,是中国石油化工集团公司在西部增储上产的主要阵地。

　　塔河油田缝洞型油藏以大型古隆起上经过多期构造岩溶作用形成的风化壳和沿断裂形成的缝洞为储集体,与国内外碎屑岩油藏及多数碳酸盐岩油藏差异很大,如缝洞尺度不一(从毫米级到几十米级都有)、储集体分布不连续、储量规模不等、水体能量差异大。特殊的储层特征决定了缝洞型油藏开发特征的特殊性,具体表现为大洞大缝以管流为主,油井产能差异大,塔河油田 80% 的碳酸盐岩油藏产量为 20% 的高产油井所贡献,虽然高产油井初期产量很高,但易暴性水淹,水淹后产量锐减且难治理。"十一五""十二五"期间,年均暴性水淹井 20 口、年均损失产量近 $50×10^4$ t。高产油井暴性水淹成为制约中国石油化工集团公司西北油田高效开发、长期持续稳产的瓶颈。

针对高产井暴性水淹的问题,中国石油化工集团公司西北油田分公司经过多年不懈的探索、研究和实践,特别是通过"十二五""十三五"期间的持续攻关,基本解决了缝洞型油藏流动规律、预警参数筛选、油井调控等方面的难题,创新形成了缝洞型油藏高产井暴性水淹综合预判技术,实现了对高产井见水时间的量化预测。缝洞型油藏高产井预警技术不仅为实现塔河油田长期稳产、高效开发奠定了基础,也为国内外同类油藏的开发提供了借鉴。

为了系统介绍缝洞型油藏高产井预警技术,总结塔河油田高产井管理过程中形成的理论、技术以及在开发实践中的应用效果,起到介绍、交流的作用,西北油田分公司组织预警技术的研究人员撰写了本书。希望通过本书的出版,引起业内同行对缝洞型碳酸盐岩油藏研究的重视和兴趣,继续深入研究该类油藏的高效开发技术。

《碳酸盐岩缝洞型油藏高产井预警技术与现场实践》共分 6 章。第 1 章系统介绍塔河油田缝洞型油藏地质概况、储层特征和生产特征,总结缝洞型油藏油井含水上升规律和产量递减的影响因素,为缝洞型油藏底水上升机理研究提供参考;第 2 章概述缝洞型油藏油井见水前压力、产量、流温等开发指标生产参数变化特征、缝洞型油藏油水运动规律和底水锥进过程,从而筛选出指示油井见水敏感参数,建立油井见水风险评价指标体系;第 3 章介绍缝洞型油藏耦合流动数学模型及其求解方法,讨论高产油井生产过程中各驱动阶段压力变化特征,并结合塔河油田已见水油井动静态资料,建立塔河油田高产油井风险评价指标体系,为定量预测油井见水时间提供了理论依据;第 4 章基于已筛选的见水油井边底水突破时间敏感性预警参数,应用多元线性回归方法、k 近邻(KNN)算法、SVM 支持向量机、神经网络等机器学习算法以及油藏工程方法定量预测见水油井各驱动阶段持续时间及见水时间;第 5 章在统计分析缝洞型油井见水前动态参数异常信号波动的基础上,建立动态预警阈值及智能预警方法,编制缝洞型油藏见水预警软件,实现了现场报警、见水风险评价、见水时间预测等;第 6 章建立缝洞型油井见水预警技术图版,并针对各驱动阶段建立不同的生产管控措施,在总结现场管理经验的基础上形成了"1416"管理模式。

本书是在大量的开发研究和实践基础上撰写而成的,注重理论和实际的结合,既可以作为各院校教学的参考书,也可以作为现场工作人员的工具书,为他们提供研究问题与解决问题的思路和方法。鲁新便、龙喜彬、孙致学负责全书的统稿与定稿工作。其中,第 1 章由鲁新便、龙喜彬撰写,第 2 章由龙喜彬、谢爽撰写,第 3 章由鲁新便、刘丽娜、龙喜彬撰写,第 4 章由孙致学、龙喜彬、鲁新便、谢爽撰写,第 5 章由孙致学、刘国昌、李小波、何新明撰写,第 6 章由龙喜彬、谭涛、刘蕊、郑小杰撰写。本书在撰写过程中,得到了中国石油化工股份有限公司西北油田分公司领导与专家以及中国石油大学(华东)的大力支持,同时参阅和引用了大量的前人研究成果,在此一并表示衷心的感谢!

碳酸盐岩缝洞型油藏高产井预警研究是一个新的课题,在很多方面还处于探索阶段,再加上作者水平所限,书中一定存在很多遗漏之处,有些观点和认识可能存在不成熟之处,敬请读者批评指正!

目　录

第1章
塔河油田缝洞型油藏地质和开发特征

塔河油田奥陶系油藏是一种特殊类型的岩溶缝洞型碳酸盐岩油藏,溶蚀孔、洞是其主要的储集空间,裂缝是主要的渗流通道,溶蚀孔、洞的形态不规则,空间分布随机性大,油藏类型十分特殊。此类油藏既不同于中东地区的裂缝型碳酸盐岩油藏,也不同于我国华北地区的裂缝型或裂缝-孔洞型碳酸盐岩油藏,更不同于常规孔隙型砂岩油藏。碳酸盐岩缝洞型油藏具有储集空间类型多,孔、缝、溶洞尺寸差异大,宏观上表现为多种流动模式耦合等特征。

塔河油田是我国乃至世界范围内最典型的岩溶缝洞型碳酸盐岩油藏,其含油储集层主要发育在以泥微晶灰岩、颗粒灰岩为主的中下奥陶统一间房组、鹰山组,基质不具备储渗能力,其主要储集空间以溶洞和大型裂缝为主,溶洞规模较大且连通形式多样,缝洞体具有分布不连续,尺度变化大(从几微米到几十米),储渗空间形态多样、大小悬殊的特点,难以用常规的砂岩油藏研究思路和方法来认识。加之油藏埋藏超深(5 300~6 700 m),地震反射信噪比低,缝洞体准确识别难度大,缝洞体规模、形态、内部结构千差万别。缝洞型油藏没有传统意义上"油层"的概念,含油储集体在奥陶系内离散分布,储层识别、预测难度大。由于洞穴、溶蚀孔洞及裂缝等储集空间多样,所以油气藏开发过程中渗流和自由流乃至湍流等多种流动模式复合出现,油水产出特征和类型多样,见水时间预测难度大,整体上油藏开发规律性差。该类油藏以缝洞单元为基本开发对象,以地震反演及缝洞雕刻的串珠状"甜点"作为靶点。因此,缝洞型油藏特殊地质成因及流动模式形成了其迥异于裂缝型碳酸盐岩油藏和常规碎屑砂岩油藏的地质及开发特征。

本章简要介绍塔河油田奥陶系缝洞型油藏地层层序及储盖组合、构造及断裂特征、古岩溶作用、储集体发育特征、油藏类型等地质特征,后续章节将在此基础上从能量评价、变化规律、产水特征、含水率变化和油藏、单元、油井产量递减特征等多个方面探讨塔河油田缝洞型油藏的开发特征。

1.1 地层层序及储盖组合

1.1.1 地层层序

阿克库勒凸起的基底为前震旦纪浅变质岩,其上发育了震旦系至奥陶系碳酸盐岩、志留系至泥盆系海相砂泥岩沉积;石炭纪早期在凸起东西两侧的凹陷内沉积了成分、结构成熟度较高的石英砂岩,之后海侵范围进一步扩大,水体进一步加深,以潮坪相泥岩为主向凸起大范围超覆沉积,并在一段时期内沉积了台地相的碳酸盐岩(双峰灰岩段)与潟湖相的盐岩;早石炭世末区域抬升,缺失了上石炭统—下二叠统的地层。

中新生代为陆内拗陷湖盆发展阶段。三叠纪为辫状河相,凸起南部的沉积中心为湖相,为大套的砂泥岩互层。侏罗纪沉积中心往东迁移,凸起沉积较薄,仅保留了较薄的下侏罗统,有北厚南薄的变化特点。白垩纪及其之后,凸起发生区域整体下沉,接受三角洲、滨浅湖沉积。

根据钻井揭示,塔河油田的地层自上而下包括新生界的第四系、新近系、古近系,中生界的白垩系、侏罗系、三叠系,上古生界的二叠系、石炭系下统、泥盆系和下古生界的志留系、奥陶系,局部区域缺失奥陶系上—中统、志留系、泥盆系、上石炭系、二叠系和侏罗系上统(表1-1)。

表 1-1 塔河油田钻井揭示地层简表

界	系	统	组(群)	代号	波组	厚度/m	岩性简述
新生界	第四系			Q	T_1^0	16～63	土黄色表土层;灰黄色细砂及土黄色黏土层
	新近系	上新统	库车组	N_2k	T_2^0	1 522～2 009	棕黄色、棕灰色泥岩及粉砂质泥岩与灰白、灰黄色细粒岩屑长石砂岩互层
		中新统	康村组	N_1k	T_2^1	732～1 052	灰白、浅黄色粉砂岩,细粒岩屑长石砂岩,膏质长石石英砂岩与黄灰、棕色泥岩,粉砂质泥岩略等厚互层
			吉迪克组	N_1j	T_2^2	349～694	黄灰、棕褐及蓝灰、灰绿灰色泥岩,浅灰色泥质粉砂岩,粉砂质泥岩夹灰白、浅黄色细粒岩屑长石砂岩
	古近系	渐新统	苏维依组	N_3s		38～306	黄褐、浅棕色细粒长石砂岩,细粒长石石英砂岩,浅棕、棕色细至中粒长石岩屑砂岩,泥质粉砂岩夹棕色粉砂质泥岩
		始新统 古新统	库母格列木群	$E_{1-2}km$	T_3^0	614～745	棕红、棕色细粒长石岩屑砂岩,岩屑长石砂岩,长石石英砂岩,棕、浅棕色含砾中砂岩夹棕色粉砂质泥岩,粉砂岩、泥岩
中生界	白垩系	下统	卡普沙良群	K_1kp	T_4^0	298～436	棕褐色粉砂质泥岩,泥岩与灰绿色含灰质粉砂岩互层夹细粒岩,底部为浅灰、灰绿色细粒长石砂岩,灰白色含砾砂岩夹灰色粉砂质泥岩
	侏罗系	下统		J_1	T_4^6	42～76	灰色细粒岩屑长石砂岩,长石石英砂岩与灰色泥岩、粉砂质泥岩,粉砂岩不等厚互层,普遍含1～2层薄煤层
	三叠系	上统	哈拉哈塘组	T_3h		98～174	上部为深灰、灰色泥岩,碳质泥岩与灰色细粒长石砂岩不等厚互层,下部为灰色细粒岩屑石英砂岩,长石砂岩夹深灰色泥岩、泥质粉砂岩
		中统	阿克库勒组	T_2a		176～298	自下而上为两个由粗→细的旋回,旋回下部为砂砾岩、含砾砂岩、细—中砂岩夹薄层深灰色泥岩,旋回上部为深灰、灰黑色泥岩夹泥质粉砂岩,粉砂岩夹薄层细砂岩
		下统	柯吐尔组	T_1k	T_5^0	40～120	以灰、深灰色泥岩为主,局部为棕、棕褐色泥岩夹灰色粉砂岩、泥质粉砂岩及少量薄层细砂岩

地层系统					厚度/m	岩性简述
界	系	统	组（群）	代号	波组		

界	系	统	组（群）	代号	波组	厚度/m	岩性简述
古生界	二叠系	中统		P_2		0～163	灰黑、绿黑色玄武岩、英安岩,西南部夹火山碎屑岩、凝灰岩
					T_5^4		
	石炭系	下统	卡拉沙依组	$C_1 kl$		370～537	上部为灰、棕褐色泥岩与灰白色砂岩、粉砂岩呈薄互层,下部为深灰、灰色泥岩、粉砂质泥岩夹灰色泥岩、泥灰岩薄层
					T_5^6		
			巴楚组	$C_1 b$		76～235	顶部为灰色泥晶灰岩夹泥岩（"双峰灰岩"）,中上部为杂色泥岩夹泥岩薄层,南部发育厚层膏盐岩层,下部为砾岩、粉砂岩夹泥岩,西南部为灰白色细砂岩夹泥岩
					T_5^7		
	泥盆系	上统	东河塘组	$D_3 d$		0～80	灰色、灰白色细粒石英砂岩与绿灰、棕褐、深灰色泥岩、泥质粉砂岩、粉砂质泥岩、灰质泥岩不等厚互层。向南砂岩增多
					T_6^0		
	志留系	下统	柯坪塔格组	$S_1 k$		0～222.5	灰绿色泥岩,棕、灰色泥岩及粉砂质泥岩夹浅绿灰色岩屑石英砂岩
					T_7^0		
	奥陶系	上统	桑塔木组	$O_3 s$		0～600	上段灰绿色、暗棕色粉砂质泥岩夹白云质泥岩或白云岩,局部生屑灰岩及鲕粒灰岩。下段灰色泥晶灰岩与粉砂质泥岩互层
			良里塔格组	$O_3 l$		0～120	灰、深灰、褐灰色泥微晶灰岩,上段为砾屑灰岩、鲕粒灰岩,局部发育小型生物礁
			恰尔巴克组	$O_3 q$		0～25	灰红、紫红、浅灰色泥灰岩、生屑灰岩,夹棕红色泥岩
		中统	一间房组	$O_2 yj$	T_7^4	0～80	灰、褐灰色砂屑灰岩、生物灰岩、含生物屑或鲕粒灰岩、泥微晶灰岩及细—粉晶灰岩,发育小型生物礁
			鹰山组	$O_{1-2} y$		600～900	上段浅灰色泥微晶灰岩、生屑泥微晶灰岩、泥微晶砂屑灰岩互层;下段泥微晶灰岩、泥微晶砂屑灰岩夹浅灰色白云质灰岩、灰质白云岩、白云岩
		下统	蓬莱坝组	$O_1 p$		250～400	浅灰色白云岩、灰质白云岩夹白云质灰岩

塔河地区奥陶系除上统桑塔木组有较多碎屑岩外,其余各组多为碳酸盐岩,但各组的岩石组合和沉积序列明显不同。区内除蓬莱坝组较全外,其余各组均遭受不同程度的剥蚀,残留分布从老到新、从南到北越来越少。

1）蓬莱坝组（$O_1 p$）

塔河地区仅 S88 井有较多揭示,揭厚 255.0 m（6 310.0～6 565.0 m）,未见底。发育两个藻席沉积序列,沉积环境为潮坪,主要为潮下—潮上带。岩性主要为浅白、灰白色泥微晶纹层藻白云岩,砂砾屑白云岩,粉细晶白云岩。

2）鹰山组（$O_{1-2} y$）

塔河地区大部分井均钻遇该组。该组为一套开阔台地相的台内浅滩与滩间海间互的沉积,与下伏地层蓬莱坝组呈整合接触。塔河地区 S88 井有较多揭示,揭厚 832.0 m (5 478.0～6 310.0 m),但未见顶,而 T204、S9、S64 等井也有较多揭示,但未见底。据岩性及生物可将该组划分为两段,从下而上为:

(1) 鹰山组下段($O_{1-2} y_1$):S88 井视厚 370.0 m(5 940.0～6 310.0 m),T204 井视厚 185.0 m(5 815.0～6 000.0 m,未见底),S62 井视厚 265.0 m(5 535.0～5 800.0 m,未见底)。以浅灰、黄灰色泥微晶灰岩,泥微晶砂屑灰岩,含云质泥微晶灰岩,砂屑灰岩为主,夹浅褐灰色白云岩、含灰质白云岩、云质灰岩薄层。该段局部发育微波状层理、微细水平层理。

(2) 鹰山组上段($O_{1-2} y_2$):S88 井视厚 462 m(5 478.0～5 940.0 m),T204 井视厚 194.0 m(5 621.0～5 815.0 m,未见顶),S62 井视厚 162.5 m(5 372.5～5 535.0 m,未见顶)。

3) 一间房组($O_2 yj$)

塔河地区该组在 T607—T444—TK319—TK321 一线以南有残留。发育 2 个建滩—造礁沉积序列,沉积环境为台地浅滩—台内礁。一个建滩—造礁沉积序列厚约 50 m,纵向上分两部分。下部建滩序列岩石组合主要为砂砾屑灰岩、藻鲕灰岩、鲕粒灰岩,含丰富的底栖生物(三叶虫、腕足、介形虫、苔藓等);上部造礁序列岩石组合主要为海绵礁灰岩、藻黏结灰岩、生物骨架灰岩。该组与下伏地层鹰山组呈整合接触。

4) 恰尔巴克组($O_3 q$)

该组为早中奥陶世塔里木碳酸盐台地建造完成,经过抬升、剥蚀之后沉积的台地淹没层序,在 T703—T704—LG12 一线以南有残留。该组具独特的岩石组构和沉积特征,沉积环境为深—浅海陆棚,可作为区域地层对比的重要标志层。

该组下部为浅灰色泥晶灰岩、棕褐色泥质灰岩、灰质泥岩,岩性均一,含丰富的介壳(毫米级,絮状分布),底部多见海绿石(如 S72、S87、T204 井等),厚 10 余米;上部为灰、灰绿色过渡为紫红色瘤状灰岩。瘤体为泥微晶灰岩,瘤体间为灰绿、紫红色泥质或粉砂质条纹、条带,顶部泥质含量增加,见同生期暴露标志(淡水胶结方解石、生物外壳发育铁质氧化膜),厚 10 余米。

该组与下伏地层一间房组呈假整合接触,两者之间的岩性界面为地震 T_7^4 面,区域上可追踪对比。

5) 良里塔格组($O_3 l$)

塔河地区该组在 T616—T443—LG12 一线以南有残留,为奥陶系最后的碳酸盐台地沉积,沉积环境为台地浅滩—滩间,局部见藻礁或藻丘(T901 井区)。

岩石组合为浅灰、棕灰色泥微晶灰岩,含砂屑泥微晶灰岩、粉晶灰岩,局部夹薄层灰绿色泥岩。局部井(如 S72 井)底部可见褐色瘤状灰岩。目前钻井揭示良里塔格组视厚 17～147 m,呈由南至北逐渐减薄趋势。该组与下伏地层恰尔巴克组呈整合接触。

该组与上覆桑塔木组的岩性(如 T901 井)存在较大的反差。该组顶部灰岩为灰白色重结晶灰岩,而桑塔木组底部为灰黑色钙泥质粉砂岩夹砂屑灰岩薄透镜体。该界线是奥陶系内重要的沉积构造转换面,从桑塔木组沉积开始的海侵淹没了晚奥陶世的碳酸盐台地,奥陶系碳酸岩台地从此消亡,塔里木盆地的性质也从此由被动大陆边缘开始向前陆盆地转化,塔河地区以北的前陆隆起挤压隆升并开始剥蚀,是晚奥陶世加里东运动在塔里木盆地的构造响应。

6）桑塔木组（O_3s）

桑塔木组为一套混积陆棚相碎屑岩夹薄层灰岩沉积。根据岩性特征，从下至上划分为三段，其中上段井深 5 438.5～5 538 m，视厚 99.5 m，岩性为灰、灰绿色中厚—巨厚层状泥岩，灰质泥岩夹中厚层状灰岩、泥质灰岩、砂质灰岩、沥青质砂质灰岩。桑塔木组与下伏地层良里塔格组呈假整合接触。

从该组开始有较多的碎屑岩沉积，与上覆地层的界线在测井曲线上为截变，自然伽马由高值截变为低值，较易识别。因此，该界线实为上奥陶统顶部内一重要界面，反映晚奥陶世塔里木前陆盆地位于塔河地区的前陆隆起进一步隆升，且隆起上存在沉积缺失。

1.1.2　储盖组合

塔河油田奥陶系碳酸盐岩油藏为大型不整合（古潜山）—古岩溶圈闭油气藏，受多期构造变形及多期古岩溶旋回的影响，下奥陶统碳酸盐岩与上覆中上奥陶统泥岩或石炭系泥岩或三叠系泥岩构成较好的储盖组合。主要储层可分为两大类：碳酸盐岩储层和碎屑岩储层。前者纵向上主要分布在下奥陶统上部—中奥陶统下部，以灰岩为主，横向上遍布整个阿克库勒凸起；后者主要集中于中、上构造层的下石炭统、三叠系等。因此，本区主要含油气层为奥陶系、三叠系、石炭系。

塔河油田奥陶系碳酸盐岩油藏的主要储盖组合有表 1-2 所列的几种类型。其中，塔河油田主体区为中—上奥陶统剥蚀区，其上主要被石炭系地层所覆盖，主要盖层为石炭统巴楚组泥岩或鹰山组灰岩，储层为鹰山组岩溶缝洞储集体，即表 1-2 中的类型 1 和 2。塔河油田南部的中上奥陶统覆盖区的储层组合主要是类型 2 和 3，即盖层为恰尔巴克组灰质泥岩、泥岩或一间房组—鹰山组致密灰岩，储层为一间房组—鹰山组岩溶缝洞储集体。

表 1-2　塔河油区奥陶系储盖组合类型

类型	盖　层	储集体（储层）	发育区域及实例
1	下石炭统巴楚组泥岩	下奥陶统（以鹰山组为主）岩溶缝洞储集体	塔河油田北部三、四、六区，如 S48 井
2	中奥陶统恰尔巴克组灰质泥岩、泥岩	下奥陶统一间房组礁滩型储层（经岩溶改造）	塔河油田南部（中—上奥陶统尖灭线以南），如 S76、S86 井
3	下奥陶统致密灰岩	下奥陶统（以鹰山组为主）岩溶缝洞储集体	塔河油田大部，如 S81、T301 井等
4	下奥陶统致密灰岩	下奥陶统蓬莱坝组及上寒武统白云岩储层	塔河油田北部（深层），如 S88 井
5	下石炭统巴楚组泥岩	中—上奥陶统良里塔格组第一段岩溶缝洞储集体	塔河油田南部，如 T453 井
6	中—上奥陶统良里塔格组第二、三段及上奥陶统桑塔木组	中—上奥陶统良里塔格组第一段岩溶缝洞储集体	塔河油田南部
7	中—上奥陶统良里塔格组第一段致密灰岩	中—上奥陶统良里塔格组第一段岩溶缝洞储集体	塔河油田南部

1.2 构造及断裂特征

阿克库勒凸起为由前震旦系变质基底上发育的一个长期发展的、经历了多期构造运动和变形叠加的古凸起,现今构造表现为走向北东、向西南倾伏的鼻凸形态,构造高部位位于轮古—塔河主体区一带,塔河地区围绕鼻凸发育西部斜坡、东南斜坡,斜坡区整体构造起伏不大,呈现大斜坡形态。区域构造演化特征表明,阿克库勒凸起先后经历了加里东期、海西期、印支—燕山期及喜马拉雅期等多次构造运动,这些构造运动于不同时期对盆地不同位置产生了不同程度的改造,其中加里东中期、海西早期构造运动对塔河缝洞储集体的形成影响较大。加里东晚期—海西早期运动表现为上泥盆统东河塘组与下伏志留系或奥陶系的角度不整合。海西早期和晚期的构造运动使隆起多次抬升,造成志留—泥盆系和上石炭统及二叠系缺失,奥陶系地层遭受不同程度的风化、淋滤和岩溶作用,形成了大量岩溶缝洞型储集体。

塔河地区受加里东中晚期—海西早期、海西晚期构造运动的影响,发育不同级别、期次叠加的断裂系统。断裂不仅控制了研究区的主要局部构造,而且对储集体改造以及油源的沟通起到了十分重要的作用。多期构造运动的隆升、挤压等作用造就了类型多样的断裂体系及其伴生构造形态,形成了一系列不同级次、多期叠加的断裂系统。总体来看,该区的断裂体系具有以下几个方面的特点:

(1) 塔河地区北部的风化壳岩溶区,主干断裂与海西早期—晚期(中、晚期)溶塌小断裂集中分布,后者在构造应力控制下,岩石沿外动力作用形成的裂隙经风化、岩溶塌陷,形成多方向、多组系的密集、复杂的断裂系统。此外,早期断裂明显控制了海西早期岩溶古地貌,形成岩溶残丘,成群密集分布于中—下奥陶统灰岩顶面岩溶缓坡区,沿早期的 SN 向断裂破碎带发育岩溶沟谷。

(2) 塔河地区南部中—上奥陶统覆盖区主要发育走向为 NNE 与 NNW 的走滑断裂体系,呈"棋盘格"状、"X"剪切状分布。这些走滑断裂带具有延伸长、规模大、产状近直立的特点。断裂带交汇、斜接效应带缝洞体最为发育,且缝洞体发育具有明显的断控特征。断控缝洞体从主断层带向外,发育程度减弱,缝洞体规模减小,变得逐渐"孤立"。在主断裂带之间的广大地区,发育中—小断层,分布"孤立"的缝洞体,特别是在加里东晚期—海西早期位于覆盖区的区域,这种特征更清晰。

(3) 从断裂带主断层及共-派生断裂组合情况分析,规模较大的走滑断裂带具有明显的分段性,同一断裂带沿走向、倾向构造变形样式及产状变化较大,伴生构造发育程度弱。不同的地段,因断裂形成时期和活动时期不同,裂缝发育程度不同,所处的地质环境不同,对不同时期的古岩溶的控制作用也不同。

(4) 近期开发实践表明,这些断裂带经历多期构造运动后,形成彼此交织、棋盘网格状的断裂体系,高密度的网格状断裂致使灰岩地层破碎加剧、连通性增强,加之海西期、加里东期的多期岩溶改造作用,使得前期的构造裂缝、破碎角砾岩间的孔隙进一步被溶蚀扩大,形成沿断裂带发育的规模溶蚀缝洞体,成为油气开发的有利目标。

1.3　古岩溶作用

塔河油田奥陶系碳酸盐岩储层发育多与岩溶作用密切相关,岩溶作用对奥陶系碳酸盐岩储层的形成与分布具有重要的控制作用。因此,研究岩溶的期次、发育特征、主控因素和保存条件,对弄清奥陶系碳酸盐岩储层分布有着十分重要的意义。

塔河油田奥陶系地层沉积、成岩之后,经历了多期构造抬升、暴露、剥蚀和岩溶作用。地质、地球物理及地球化学等方面的研究结果表明,塔河油田的北部地区主要经历了加里东中期及海西早期岩溶作用,特别是海西早期岩溶在阿克库勒凸起具有幕式升降、持续时间长、影响范围广、岩溶强度大、大型岩溶洞穴发育的特点。在上奥陶统剥蚀区广泛发育两类岩溶缝洞类型,一是以地表渗入岩溶+渗滤岩溶带为主的风化壳岩溶,二是以潜流岩溶带为主的岩溶管道。总体上看,第一类岩溶具有"垂向叠置、横向连片、准层状分布"的特征;在地震剖面上表现为片状反射、串珠状反射等;钻井过程中多发生放空、井漏,但钻井揭示砂泥质充填现象也较为普遍。第二类岩溶管道以断裂为溶蚀通道,形成较大规模的缝洞储集体,在地震反射特征上表现为"连续的短轴强反射"特征。实际钻井表明,无论是匹配主干断裂还是次级断裂,岩溶管道型储集体均能良好发育,储集体通常具有规模较大、延伸长,甚至发育多层洞穴的特征。而桑塔木组覆盖区即塔河油田南部由于桑塔木组厚度向南急剧增大,加里东期岩溶具有层控性、断控性特征,多口钻井证实大气水流体活动主要在加里东期平行不整合面表层 0~30 m 附近发育,储集体沿加里东中期及以前形成的古断裂呈指状、条带状展布,钻井虽然揭示泥质、巨晶方解石充填/部分充填的溶洞,但钻井放空漏失率仍高达 38%。与塔河油田北部(桑塔木组缺失区)相比,岩溶发育程度稍差(塔河油田北部发育各种形式溶洞的钻井占钻井总数的 60% 左右),以断控岩溶储集体为主,有利储集体主要沿不同级次断裂带呈条带状展布。

1.4　储集体发育特征

塔河油田碳酸盐岩缝洞型油藏极其复杂,具有埋深大(5 300 m 以下)、储集体非均质性强、储集空间复杂多样、油水关系复杂的特点。油藏的储集空间以构造变形产生的构造裂缝与岩溶作用形成的溶孔、溶洞、溶缝为主,储集空间往往由孔、洞、缝穿层组合,具有储层连通网络多变、裂缝切割、展布规律复杂的特点。塔河地区上千块小岩样结果显示,致密碳酸盐岩基质(指岩石中溶蚀孔、洞、缝以外的基块部分)储集空间以粒间溶孔、晶间孔(重结晶、白云化)等为主,但发育程度都较低,孔隙度均小于 2%(有效孔隙度下限),只有 1% 的样品基质渗透率大于 1×10 μm^2(有效厚度渗透率下限),基质压汞饱和度中值半径均小于0.05 μm(有效厚度压汞饱和度中值半径下限)。致密碳酸盐岩基质不具有储渗意义,只能作为储集体(或储层)的封堵体。

塔河油田奥陶系主体区由于古地表岩溶塌陷断裂十分发育,很多岩溶洞穴埋深较浅,极其容易产生塌陷、破碎,甚至一些埋藏稍深的岩溶洞穴在后期断裂构造活动过程中也发生了破裂、塌陷,反映在地震反射特征上,表现为块状杂乱反射,在地震振幅变化率平面切片上常表现为连片的、大面积强振幅变化率特征。这些破碎、塌陷储集体在后期成岩过程中,一部分又被充填改造,其储集性能更为复杂,仅有少数具有较好的储渗性能。在实践中将塔河油田储层划分为裂缝型、裂缝-孔洞型和溶洞型。

塔河油田主体区452口井的溶洞钻遇率达50%～60%,在332口井中发现大中型洞穴(包括已充填洞穴),其中发育有效洞穴(放空、钻时加快、漏失)的钻井达172口,占洞穴井的51.8%、总井数的38.1%,发现的最大未充填溶洞达29.49 m(T808K井5 763.51～5 793.00 m),在岩芯上发现的最大全充填溶洞达20.0 m(T615井5 535.00～5 555.00 m),根据测井资料判断的最大全充填溶洞达73.0 m(TK409井5 586.00～5 659.00 m),T403井全充填溶洞也达67.0 m(5 488.00～5 555.00 m)。

塔河油田南部的断控岩溶区,岩溶缝洞主要沿断裂带分布,溶洞钻遇率由50%～60%下降至30%～40%,在断裂带两翼缝洞钻遇率明显下降,说明加里东期岩溶弱于海西期岩溶。纵向上溶洞主要集中在风化壳以下60 m以内,向深部溶洞钻遇率减少。

1.5 缝洞单元的提出与划分

1.5.1 缝洞单元概念的提出

通过野外岩溶调查及岩芯、测井、静流压等数据对比研究,发现塔河油田不是整装连片的油藏,探明区油藏非均质性严重,油井间有连通、有分隔,呈现多压力系统、多油水关系、鸡窝状分布的特点。2003年,以储集体成因相关性和流体连通性研究作为基础,首先创新提出了缝洞单元的理论概念,实现了油藏性质认识的突破。

塔河油田不是一个整装连片的油藏,而是由多个相互独立的缝洞单元叠合形成的,单个缝洞单元即一个相对独立的油气藏,油气富集受缝洞型储层发育程度控制。缝洞单元为塔河油田高效开发、科学开发奠定了坚实的理论基础。

缝洞单元是指由一个溶洞或若干个裂缝网络沟通的溶洞所组成的、相互连通的缝洞储集体。缝洞单元内具有统一的压力系统、油水界面和相对独立的油水系统。通过开发实践和科研攻关,形成了一套缝洞单元的划分原则与划分方法。

1.5.2 缝洞单元划分原则

在缝洞单元概念及对缝洞系统研究的基础上,综合利用各类动静态资料,形成如下缝洞单元划分原则:

(1)纵向上单井生产层段(产液剖面的出液段)间存在厚度较大的致密隔挡层,出液性质和生产特征在纵向不同层段具有明显差异,可划分为不同的缝洞单元。

(2)位于同一岩溶残丘构造、地震振幅变化率或地震波形特征相似、具有同一流体动力系统的区域为同一缝洞单元。不同缝洞单元之间相互分隔或储渗分布差异明显。

(3)适应油田开发调整的需要。

1.5.3　缝洞单元划分依据

缝洞单元是依据流体动力条件和储集体特征,在缝洞系统划分的基础上对储集体进行的次一级划分。单元内储集体性质具有关联性,有相同的流体动力条件,而单元外不属于同一个动力系统。缝洞单元是通过边界处储集体性质的突变来描述的,其发育分布同样受构造、断裂、裂缝和岩溶作用的控制。缝洞单元的具体划分依据如下:

(1)不同缝洞单元具有不同的流体动力系统,缝洞系统内具有同一流体动力特征的储集体即同一类缝洞单元。

(2)缝洞单元内部与不同缝洞单元之间的连通性有很大差异,可在连通性分析研究的基础上确定缝洞单元的空间分布。

(3)缝洞系统与缝洞单元的异同:缝洞系统为缝洞型碳酸盐岩内,同一岩溶背景条件下,由相关联的孔、缝、洞构成的岩溶缝洞发育带或缝、洞集合体;而缝洞单元是缝洞系统内储集体的进一步细分,强调了储集体、流体的连通性。二者都具有多期构造、岩溶叠加的穿时现象。

1.5.4　缝洞单元划分方法

回顾塔河油田勘探开发的历程,缝洞单元划分主要经历了以下三个阶段:

一是开发前期,划分有利缝洞储集条带即缝洞系统,解决缝洞储集体的识别问题,为部署评价井做准备。

二是开发初期,在静态法划分的基础上,结合有限的动态连通资料划分缝洞单元。此阶段侧重缝洞单元边界的刻画,利用储层对比和地震属性体等静态资料,刻画有利储集带或缝洞系统的分布。

三是正式开发期,以动态法为主,结合静态法进行缝洞单元划分,侧重于单元内部连通性和结构的刻画。

根据不同勘探开发阶段所录取的资料类型、丰度和主要解决的问题,缝洞单元划分主要包括静态法和动态法两大类。其中,静态法是缝洞单元边界划分的基础,动态法是缝洞单元划分的主要验证依据。静态连通而动态不连通的井组分别属于不同的缝洞单元,相反,动态连通而静态无明显连通显示的井组同属于一个单元。

1)缝洞单元静态划分方法

(1)岩溶古地貌。

岩溶作用的发育与岩溶区古地貌、水动力条件有关。岩溶残丘或岩溶较高的部位,裂缝、溶洞型储层遭受破坏的程度较小,充填较弱,储集体连通性较好,是储层发育分布的有利部位。因此,处于同一岩溶古地貌部位的储集体发育区域为同一个缝洞单元。岩溶冲沟、岩溶洼地等为缝洞单元的边界。

(2)地震振幅变化率。

由于碳酸盐岩地层基质岩性变化不大,当裂缝、溶洞发育时,在地震时间剖面上会出现弱振幅或空白反射特征,缝洞发育区域与围岩产生波阻抗差异,在横向上振幅会发生变化,产生较强的振幅变化率,缝洞发育带在沿层振幅变化率值平面图上表现为"椭圆形、串珠状、线性强振幅变化率异常"。因此,根据振幅变化率即可划分洞穴、缝洞、孔隙-裂缝等缝洞单元。

（3）波阻抗体。

采用随机反演波阻抗结果,将测井解释洞穴与阻抗预测洞穴进行地质分析,结果表明,洞穴发育部位与低阻抗值对应关系较好,两者吻合率达 74%,因此波阻抗体也是缝洞单元划分和静态连通性判定的主要依据之一。

（4）波形分析。

将储层测井解释成果标定到地震剖面上,通过调整参数控制使预测结果最大限度地和测井解释结果吻合,从而确定代表缝洞储层发育的有效值域范围,即确定缝洞单元边界。

（5）频谱分解。

根据标定及实钻结果,塔河油田奥陶系油藏地震反射纵向发育范围与储层发育范围基本呈对应关系。通过确定奥陶系内异常强反射的几何性及范围,对原始地震数据体进行频谱分析,确定奥陶系所在的层段主频为 30 Hz 左右,它是缝洞储集体研究的主要分析频率。因此,依据振幅值也可以划分缝洞单元。

2）缝洞单元动态划分方法

（1）压力趋势法。

同一缝洞单元的各井,压力可以相互传递,只要原油的物性和流体性质相对均质,各井的压降就会大致相同,即压降趋势一致。投产初期具有相同压降趋势的相邻井间动态连通,不同油藏缝洞单元一般具有不同的地层压力变化特征。

（2）干扰试井法。

干扰试井是研究井间连通性和储集体间连通性的重要技术,其理论基础为渗流力学理论的变流量问题。借助两口井（一口激动井和一口观测井）,通过研究观测井接收到的干扰信号来判断井间连通性。该方法产生的干扰信号较为强烈,适用于多井连通缝洞单元的划分。

（3）类干扰试井法。

油压、产量与含水率是油井重要的生产动态指标,油井的生成数据直接反映了地层流体的变化。若单元内相邻井的产量递减、含水特征类似,则表明井间可能动态连通。

（4）地层流体分析法。

塔河油田奥陶系油藏流体性质变化复杂,对于流体性质相近的井,相互连通的可能性较大,反之,则成为孤立体系的可能性较大。因此,流体类型及性质可作为判断相邻井组是否是同一个缝洞单元的依据。

（5）注采动态响应法。

注水是开发过程中较强的激动干扰信号源。当注水井注水时,若相邻井表现出不同程度的干扰信号,则表明井间动态连通;反之,则无井间干扰现象,两井之间的油层有可能不连通。

（6）示踪剂监测法。

通过在注水井中加入示踪元素,监测相邻井地层微量元素是否变化明显来反演井间油层是否连通。多个峰值可以解释为井间有多个连通通道,亦可认为注水井有多个吸水井段、生产井有多个产液层段。

1.6　流体性质及温压系统

塔河油田奥陶系碳酸盐岩缝洞型油藏流体平面分布比较复杂,主体区为正常黑油区,西北斜坡十二区为重质稠油区,西南部的托甫台和南部十一区为轻质油区。总体上原油密度从东南向西北、从南向北、从东向西都有由小变大的明显趋势,而含蜡量则正好相反。纵向上是上下连通的一套缝洞体,原油性质在纵向上基本一致。地层水为 $CaCl_2$ 高矿化度地层水,矿化度、氯离子含量、地层水密度的平面分布与油藏的构造具有较好的一致性。整体上地层水矿化度高的井区多处于岩溶高地、岩溶丘丛等主体区,而在南西斜坡部位,地层水的矿化度逐渐变低,纵向上差异不大。

总体来说,天然气绝大部分为湿气,甲烷含量为 12.56%～97.18%,平均为 77.27%;甲烷含量从东部→中部→西部逐渐减少(79.15%→73.29%→71.76%),天然气干燥系数逐渐减小(7.25→5.11→4.41),整体表现出东干西湿的特点,东部成熟度高于西部。塔河油田西部十区、十二区由南向北甲烷含量逐渐减少(75.3%→66%),表现为南干北湿的特点。

塔河油田地层压力系数为 1.10～1.12,属于正常的压力系统。地层温度为 120～140 ℃,地温梯度平均为 2.2 ℃/(100 m),属于偏低温系统。由此可见,多期岩溶叠加及构造演化形成了塔河油田奥陶系碳酸盐岩,因此不同的系统单元属于不同的温压系统,在开采过程中下降趋势并不相同。

第 2 章
塔河油田缝洞型油藏开发规律研究

塔河油田奥陶系油藏具有埋藏深,储集空间多样、分布复杂,原油密度差异明显,缝洞单元间天然能量差异大,油水关系复杂等特点。本章立足塔河油田缝洞单元的地质条件及生产实际,利用油藏工程、统计分析等方法,深入分析不同类型缝洞单元天然能量状况、油水产出特征、产量递减类型等油藏开发动态特征,深化缝洞单元开发规律认识,为揭示缝洞型油藏油井的见水机理,研究形成缝洞型油藏油井见水时间预警方法奠定基础。

2.1 缝洞型油藏天然能量评价方法及合理压力保持水平

2.1.1 缝洞型油藏天然能量评价方法

油藏天然能量指油藏中原油、束缚水、其他水体及岩石的弹性膨胀能。当地层压力低于泡点压力时,还包括溶解气的弹性膨胀能。因此,可以通过分析无因次弹性产量比、单储压降和水体体积等来进行天然能量的评价。根据天然能量的评价结果和油气田开发的需要,选择合理的开发方式,提高开发效果。缝洞型油藏天然能量主要包括两部分:一是缝洞型油藏弹性能量;二是缝洞型油藏水体能量。

1) 缝洞型油藏弹性能量评价

根据中华人民共和国石油天然气行业标准(SY/T 6167—1995)中的做法,根据构造、储层、流体性质和实际的生产动态数据等资料,计算油藏弹性产量比值 N_{pr} 和每采出 1% 地质储量的地层压降值 D_{pr} 两个指标,用于评价油藏天然能量。N_{pr} 反映的是实际的弹性产量与封闭条件下的理论弹性产量的比值,其值越大,说明天然能量补充越充足。D_{pr} 反映的是油藏天然能量的充足程度,其值越小,说明油藏的天然能量越充足。计算公式如下:

$$N_{pr} = \frac{N_p B_o}{N B_{oi} C_t (p_i - p_e)} \tag{2-1}$$

$$D_{pr} = \frac{N(p_i - p_e)}{100 N_p} \tag{2-2}$$

式中　N_{pr}——实际弹性产量与理论弹性产量的比值;

　　　D_{pr}——每采出 1% 地质储量的地层压降值,MPa;

p_i、p_e——原始地层压力和目前地层压力，MPa；

N_p——压力 Δp 时的累积产油量，10^4 t；

N——原始地质储量，10^4 t；

C_t——综合压缩系数；

B_o、B_{oi}——Δp 时和原始条件下的原油体积系数。

根据油藏试采资料，应用无因次弹性产量比值方法，可以对天然能量作出定量评价。若该值大于 1，则说明实际产量高于封闭弹性产量，有天然能量补给，且该值愈大，说明天然能量补给愈充分。

天然能量评价标准分为 4 个级别，见表 2-1。

表 2-1　油藏天然能量评价表

天然能量级别	N_{pr}	D_{pr}/MPa	天然能量充足程度
I	>30	<0.2	充足
II	10～30	0.2～0.8	比较充足
III	2～10	0.8～2.5	具有一定的天然能量
IV	<2	>2.5	不足

计算塔河油田 19 个典型缝洞单元在弹性阶段每采出 1% 地质储量的地层压降值 D_{pr} 及弹性产量比值 N_{pr}（图 2-1），结果表明，各缝洞单元整体上在弹性阶段的能量存在差异，如图 2-2 所示。但部分单元能量也相似，如 S79CH—T702B 单元、S74—T740 单元、S48—S91—TK407 单元、S66—T705 单元。

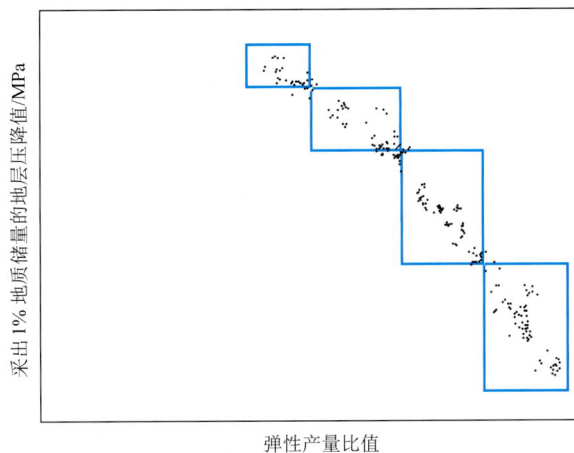

图 2-1　采出 1% 地质储量的地层压降值与弹性产量比值的关系

结合能量评价标准及塔河油田奥陶系油藏缝洞单元前期能量评价结果，得出适合塔河油田缝洞单元能量评价指标（D_{pr}、N_{pr}）的界限值（表 2-2）。

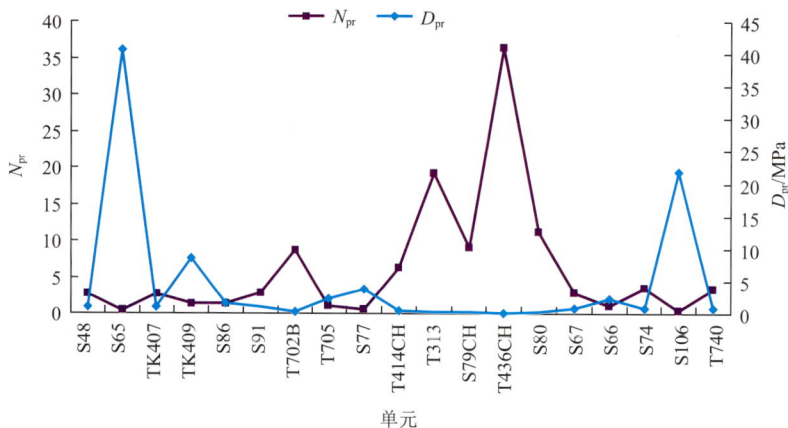

图 2-2 塔河油田典型多井单元 D_{pr} 和 N_{pr} 值对比图

表 2-2 塔河油田缝洞单元能量评价指标(D_{pr} 、N_{pr})界限表

分 类	级 别	指 标	
		D_{pr}/MPa	N_{pr}
I	天然能量充足	$D_{pr} \leqslant 0.44$	$N_{pr} \geqslant 4.68$
II	天然能量较充足	$0.44 < D_{pr} \leqslant 0.95$	$1.97 \leqslant N_{pr} < 4.68$
III	具有一定的天然能量	$0.95 < D_{pr} \leqslant 1.63$	$1.15 < N_{pr} \leqslant 1.97$
IV	天然能量不足	$D_{pr} > 1.63$	$N_{pr} < 1.15$

通过与表 2-2 中界限值的对比得出:S79CH、S80、T313、T414CH、T436CH、T702B 这 6 个单元天然能量充足;S48、S67、S74、S91、T740、TK407 这 6 个单元天然能量较充足;弹性阶段具有一定天然能量的仅 S86 单元;天然能量不足的单元有 6 个,即 S65、S66、S77、S106、T705、TK409。

由此可见,不同类型缝洞单元天然能量大小不同:① 构造-断裂复合单元天然能量整体较充足;② 暴露岩溶区主残丘单元天然能量较充足,暴露岩溶区次残丘单元具有一定的天然能量;③ 覆盖区主断裂缝洞单元具有一定的天然能量,次断裂单元具有一定的天然能量或能量不足;④ 内幕溶洞型缝洞单元天然能量较充足。

2) 根据水体体积评价油藏天然能量

天然能量还可以根据水体体积的大小来评价。根据我国冀中地区碳酸盐岩缝洞型潜山油藏的开发经验,当水体体积在原油体积的 50 倍以上时,天然能量充足,只要控制在合理的采油速度下开采,就可以完全依靠天然能量开发;当水体体积是原油体积的 10~50 倍时,天然能量属于中等,需要补充一部分能量;当水体体积与原油体积的比值小于 10 时,天然能量微弱,主要应靠人工补充能量开发。

塔河油田 19 个缝洞单元均经历了天然水侵阶段,油田生产动态上表现出明显的天然水体能量补充开发特征。收集整理 19 个缝洞单元的岩溶背景、储层类型、测试数据和生产动态等资料,应用物质平衡原理和水侵量计算方法判断水体能量补充类型,计算了阶段的水侵量、水体体积、水油体积比、水侵系数等参数,为水体能量综合评价奠定了基础。

（1）地层总压降与累积产量关系曲线判断法。

根据油藏工程基本原理,通过利用未饱和油藏初期的油藏压力高于饱和压力的生产资料进行水侵计算,求出各项水侵参数,如天然水侵量、水侵系数等。油藏的水侵计算方法根据水侵状态来分有三种,即稳态、拟稳态、不稳态。在矿场上,主要根据地层总压降与累积产液量的关系曲线形态判断边底水能量的大小。如果曲线变化趋势出现明显拐点(即压降曲线偏离直线段),则说明驱动方式发生了改变,即边底水作用开始发挥。如果曲线驱于平稳,则说明边底水较大或人工补充了一定的水;如果曲线上翘,则说明注水量较大;如果直线斜率减小,则说明边底水有限;如果直线下降,则说明无边底水,属于纯弹性驱动(图 2-3 和图 2-4)。

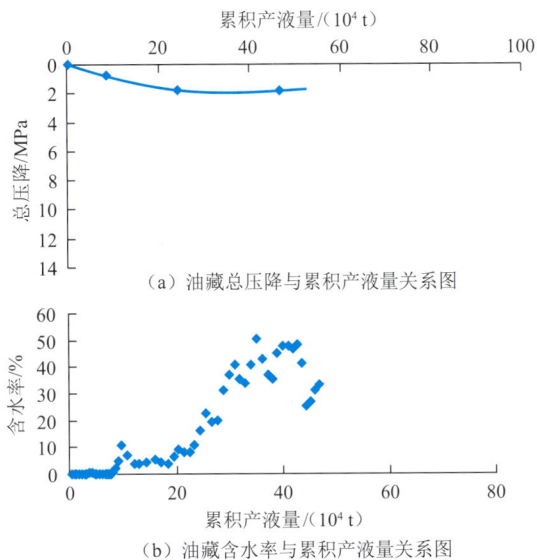

（a）油藏总压降与累积产液量关系图

（b）油藏含水率与累积产液量关系图

图 2-3　边底水较大油藏地层总压降和含水率与累积产液量关系图

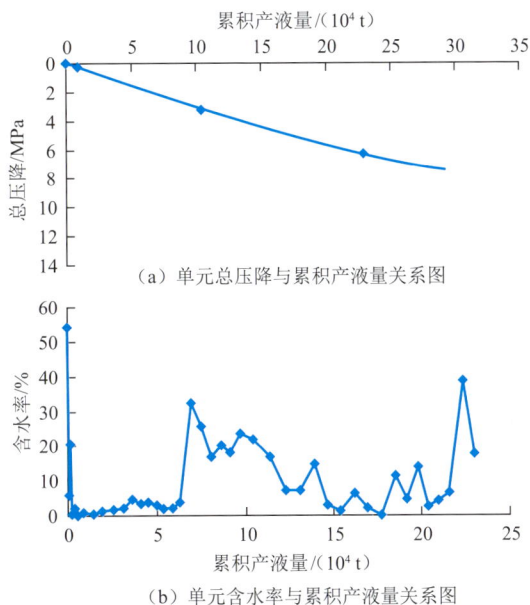

（a）单元总压降与累积产液量关系图

（b）单元含水率与累积产液量关系图

图 2-4　边底水有限油藏地层总压降和含水率与累积产液量关系图

统计 19 个单元从弹性阶段末期到水侵阶段压力达到最大值时的压力变化值,即单位压力上升需经历的开发年限(单位为 a/MPa),使用该参数表示水体能量补充的快慢,具体如图 2-5 所示。

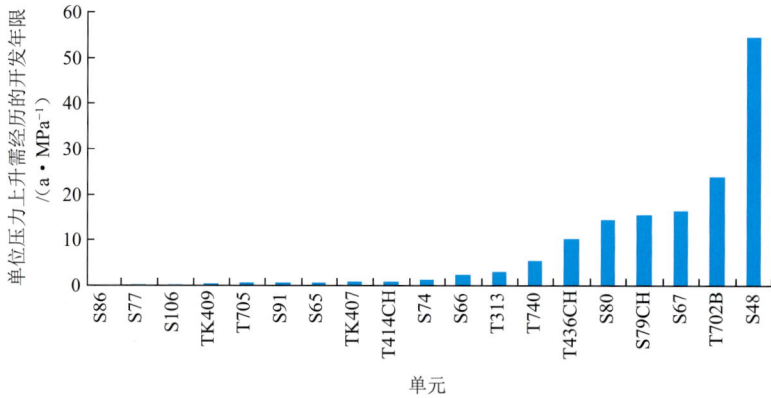

图 2-5 19 个单元水体能量补充快慢对比图

通过以上对比可将 19 个单元水体能量补充快慢分为三类,即

① 水驱阶段油藏能量得到缓慢补充,单位压力上升需经历的开发年限≥10 a/MPa,包括暴露岩溶区主残丘单元 S48、S67、S80、T702B,以及暴露岩溶区次残丘单元 S79CH、T436CH,单位压力上升需经历的开发年限为 22.5 a/MPa。

② 水驱阶段油藏能量得到较缓慢补充,单位压力上升需经历的开发年限≥1 a/MPa 且＜10 a/MPa,包括暴露岩溶区主残丘单元 S66 和 S74,以及暴露岩溶区次残丘单元 T313、构造断裂-复合单元 T740,单位压力上升需经历的开发年限平均为 3.1 a/MPa。

③ 水驱阶段油藏能量得到快速补充,单位压力上升需经历的开发年限＜1 a/MPa,包括暴露岩溶区主残丘单元 S65、S77、S91、TK407、TK409,构造-断裂复合单元 S86、T705,暴露岩溶区次残丘单元 T414CH,以及覆盖区主断裂缝洞单元 S106,单位压力上升需经历的开发年限平均为 0.5 a/MPa。

(2)物质平衡法评价水体能量。

碳酸盐岩缝洞型油藏储集体空间结构异常复杂,储集体空间展布的非均质性和空间连续性差异大,对油水分布起着控制作用。利用开发静态资料来确定原生水体体积存在很大的难度。理论研究及实践表明,将缝洞型油藏单元内原生水体水侵认为固定的水侵,应用物质平衡方程及线性回归方法来计算原生水体的体积是可行的。

应用物质平衡方程及线性回归方法计算了 19 个缝洞单元水驱阶段的水侵量,同时利用阶段水侵量与压降、水的压缩系数的关系计算得出水体体积、相应的水侵系数及水油体积比,结果如图 2-6 和图 2-7 所示。

由图可以看出,缝洞单元水体体积与水侵系数的变化趋势基本是一致的,水体体积、水侵系数值越大,则水体能量越大,同时结合水油比可进一步判断相似水体体积大小对开发效果的影响。

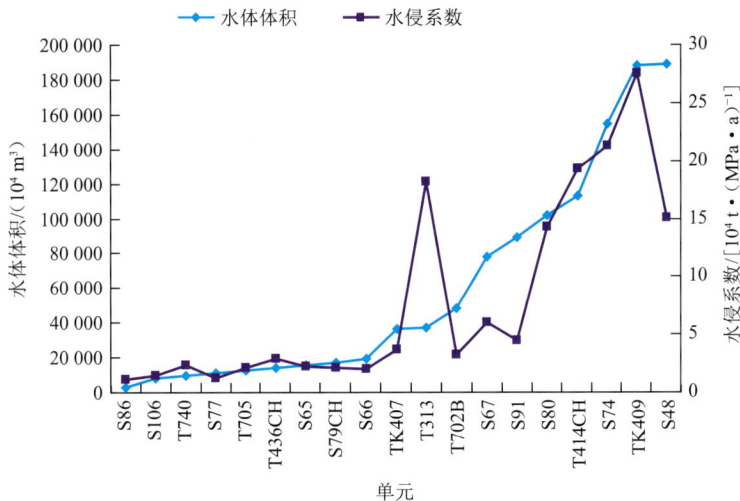

图 2-6　19 个单元水体体积、水侵系数对比图

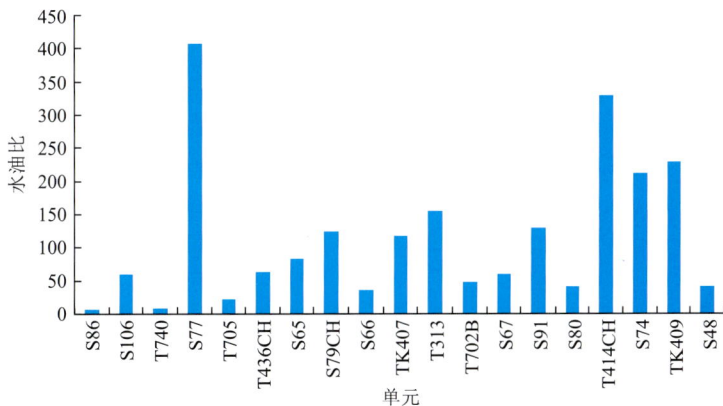

图 2-7　19 个单元水油比对比图

通过统计水侵阶段末期的压力保持水平与水体体积的关系,同时结合 N_{pr} 值(该值能反映油藏其他能量相对弹性能量的大小),对 19 个缝洞单元按岩溶类型、压力保持水平、水体体积及 N_{pr} 等指标划分为四类,具体见表 2-3。

表 2-3　19 个单元水体能量评价明细表

水体能量分级	岩溶类型					单元比例/%	水侵末期压力保持水平/%	水体体积/(10^4 m³)	N_{pr} 平均值
	暴露岩溶区主残丘单元	暴露岩溶区次残丘单元	覆盖区主断裂缝洞单元	覆盖区次断裂缝洞单元	构造-断裂复合单元				
天然水体能量强	S48、TK409、S80、S74	T414CH				5/26.3	≥95	≥100 000	38.85
							平均值 97.31	平均值 149 296	

水体能量分级	岩溶类型					单元比例/%	水侵末期压力保持水平/%	水体体积/(10⁴ m³)	N_{pr}平均值
	暴露岩溶区主残丘单元	暴露岩溶区次残丘单元	覆盖区主断裂缝洞单元	覆盖区次断裂缝洞单元	构造-断裂复合单元				
天然水体能量较强	TK407、S91、T702B、S67	T313				5/26.3	≥95	≥20 000~<100 000	29.52
							平均值 96.17	平均值 57 901	
具有一定天然水体能量	S65、S77、S66	S79CH、T436CH	S106		T705、T740	8/42.1	≥90~<95	≥5 000~<20 000	14.53
							平均值 93.16	平均值 13 581	
水体能量不足					S86	1/5.3	<90	<5 000	2.03
							平均值 81.6	平均值 2 350	

从水体能量的评价结果可以看出,暴露岩溶区主残丘单元一般天然水体能量水平为强—较强;暴露岩溶区次残丘单元部分天然水体能量较强、部分具有一定的天然水体能量;构造-断裂复合单元由于弹性能量作用时间长,目前天然水体能量还未真正发挥作用,表现为天然水体能量一定或不足;覆盖区主断裂缝洞单元具有一定的天然水体能量。

3）天然能量综合评价

结合单元生产过程中动态指标间的差异及单元单井水驱特征曲线(选取含水率≥40%的单元)对天然能量进行评价,其中 10 个单元的动态法评价与油藏工程方法一致,9 个单元的相近(表 2-4),说明动态指标与能量变化是关联的。

通过油藏工程法和动态指标法相结合,对 51 个典型多井单元天然能量进行评价计算,结果见表 2-5。由表 2-5 可以看出,暴露岩溶区主残丘单元、构造-断裂复合单元和内幕溶洞型单元天然能量整体充足或较充足;暴露岩溶区次残丘单元部分条件较好的单元天然能量较充足,储集体发育程度、储量规模、水体能量弱的单元天然能量一般或不足;覆盖区主断裂缝洞单元具有一定的天然能量;覆盖区次断裂缝洞单元天然能量整体不足。

表 2-4　19 个单元动态指标判断能量明细表

序号	单元	自喷井比例/%	平均自喷期/月	高产井比例/%	单井日产液量稳产期/月	平均月含水上升值/%	单元水驱曲线形态	单井水驱曲线形态	能量判断结论	能量判断	与其他方法判断
1	S106	85.7	28	14.3	20	4.62		以台阶状多直线段为主，但单直线段较长		有一定的天然能量	一致
2	S48	100	49	58.6	50	4.13	稳定、较好	以台阶状多直线段为主，少数单一直线段，比较稳定	储集体小洞多，有较大洞，能量较充足	天然能量较充足	相近
3	S65	100	38	45.5	20	3.39	初期稳定，近期变差	以台阶状多直线段为主，直线段较短，少数单一直线段	储集体小洞多，有比较复杂，有一定能量	有一定的天然能量	一致
4	S66	100	65	57.1	24	2.01	稳定、较好	以单一直线段为主，直线段较长	储集体以较大洞为主，能量较充足	天然能量较充足	相近
5	S67	100	50	66.7	36	3.13	初期稳定，近期变差	以台阶状多直线段为主，少数单一直线段，比较稳定	储集体小洞多，有较大洞，能量较充足	天然能量较充足	一致
6	S74	100	39	55.6	24	2.51	稳定、较好	单一直线段与台阶状多直线段均有，且直线段较长	储集体以较大洞为主，有较大洞，能量较充足	天然能量较充足	相近
7	S79CH	83.3	19	16.7	17	7.72	稳定、较好	以台阶状多直线段为主，直线段长度一般，少数单一直线段	储集体比较复杂，有一定能量	有一定的天然能量	一致
8	S80	96	55	72	47	4.62	初期较好，近期变差	以台阶状多直线段为主，少数单一直线段，比较稳定	储集体以较大洞为主，能量较充足	天然能量较充足	相近
9	S86	91.7	20	41.7	40	5.58	台阶式，目前稳定	以台阶状多直线段为主，少数单一直线段，直线段较短	储集体以中小洞为主，有一定能量	有一定的天然能量	相近

续表 2-4

序号	单元	动态指标					水驱特性曲线法			能量判断	与其他方法判断
		自喷井比例/%	平均自喷期/月	高产井比例/%	单井日产液量稳产期/月	平均月含水上升值/%	单元水驱曲线形态	单井水驱曲线形态	能量判断结论		
10	S91	100	30	80	22	9.76	稳定、变好	以台阶状多直线段为主、直线段较短、少数单一直线段	储集体以中小洞为主、有一定能量	有一定的天然能量	相近
11	T313	100	27	40	24	4.21	初期稳定、近期变差	以台阶状多直线段为主、少数单一直线段	储集体以中缝洞为主、能量较充足、主力水淹井水淹严重	天然能量较充足	一致
12	T414CH	90	51	50	24	5.06	稳定、较好	以台阶状多直线段为主、少数单一直线段	储集体大小洞均多、较大洞充足、能量较充足	天然能量较充足	相近
13	T436CH	83.3	31	28.6	23	6.75	稳定、近期略差	以台阶状多直线段为主、少数单一直线段、比较稳定	储集体大小洞均多、有一定能量	有一定的天然能量	一致
14	T702B	100	60	50	38	0.88				天然能量较充足	一致
15	T705	83.3	20	66.7	24	6.53				有一定的天然能量	一致
16	T740	100	22	55.6	16	3.43				有一定的天然能量	一致
17	TK407	90	32	20	15	5.6	稳定、较好	以单一直线段为主、且直线段较长	储集体以较大洞为主、能量较充足	天然能量较充足	一致
18	TK409	100	53	62.5	36	3.83	稳定、较好	以台阶状多直线段为主、但直线段较长	储集体大小洞较多、有大洞、能量较充足	天然能量较充足	相近

表 2-5　51 个典型多井单元天然能量评价计算结果表

单元类型	单元数/个	单元号	天然能量评价	备 注
暴露岩溶区主残丘单元	12	S48、S65、TK407、TK409、S91、T702B、S80、S67、S66、S74、TK7-456、T7-615CH	8 个能量充足,4 个能量较充足	67% 的能量充足,33% 的能量较充足
暴露岩溶区次残丘单元	24	T414CH、S79CH、T313、T436CH、S76、S46、S23CH、S70、S64、TK620、T7-444CH、T815(K)CH、TH10104、TH10209、TH10345、AD15、AD6CH、AD7、S94-1、S94CH、TH12312、TH12402、T443、S7201	6 个能量充足,4 个能量较充足,13 个有一定的能量,1 个能量不足	42% 的能量充足及较充足,58% 的能量较弱
内幕溶洞型单元	2	T738、TH10204	1 个能量较充足,1 个有一定的能量	50% 的能量较充足
构造-断裂复合单元	8	S86、T705、T740、TP101、T739、S99、AD13、TH12201	4 个能量充足,3 个能量较充足,1 个有一定的能量	88% 的能量充足及较充足
覆盖区主断裂缝洞单元	2	S106、TP7	2 个有一定的能量	100% 具有一定的能量
覆盖区次断裂缝洞单元	3	T709、T805(K)、AD11	1 个能量较充足,2 个能量不足	67% 的能量不足

2.1.2　缝洞单元能量变化规律及合理压力保持水平

1) 缝洞单元驱动阶段划分

通过整理、绘制多井单元静压、流压变化趋势图,对 19 个多井单元进行了驱动阶段划分,单元主要分布在二区、四区、六区、八区,分别包括 5、4、4、4 个单元;同时结合单元静压、流压数据和相对变化趋势,以及单元含水、累计注采比等开采曲线,将 19 个单元分为 3 种驱动类型,即弹性阶段、天然水侵阶段和注水与天然水侵混合水侵阶段,具体见表 2-6。

表 2-6　多井单元驱动阶段划分明细表

驱动类型	单元名称	单元数/个	单元比例/%
弹性阶段	S48、S65、TK407、TK409、S86、S91、T702B、T705、S77、T414CH、T313、S79CH、T436CH、S80、S67、S66、S74、S106、T740	19	100
天然水侵阶段	S48、S65、TK407、TK409、S86、S91、T702B、T705、S77、T414CH、T313、S79CH、T436CH、S80、S67、S66、S74、S106、T740	19	100
注水与天然水侵混合阶段	S48、S65、TK407、TK409、S86、S91、T705、S77、T414CH、T313、S79CH、T436CH、S80、S67、S66、S74、S106、T740	18	95

2）各阶段能量变化趋势

通过对弹性能量阶段、天然水体能量阶段及注水阶段的压力变化参数进行统计,发现其能量变化表现为以下三种形式:

（1）弹性阶段能量缓慢下降的单元有 11 个,占 57.9%,每采出 1% 地质储量压降平均为 0.64 MPa,阶段生产时间为 26.1 个月,阶段地质储量采出程度为 5.6%,年压降值为 1.1 MPa,阶段末压力保持水平为 96.4%。该类型单元在天然水侵阶段,水体补充类型以缓慢上升为主,占 45.5%,每采出 1% 地质储量压降平均为 0.19 MPa,弹性产率比值为 16.9,表现为水体能量充足,弹性阶段末压力保持水平为 96.1%。

（2）弹性阶段能量较快速下降的单元有 4 个,占 21.1%,每采出 1% 地质储量压降平均为 1.2 MPa,阶段生产时间为 15.5 个月,阶段地质储量采出程度为 6.4%,年压降值为 6.6 MPa,阶段末压力保持水平为 89.7%。该类型单元在天然水侵阶段,水体补充类型以快速上升为主,每采出 1% 地质储量压降平均为 0.46 MPa,弹性产率比值为 11.1,表现为水体能量较充足,弹性阶段末压力保持水平为 91.1%。

（3）弹性阶段能量快速下降的单元有 4 个,占 21.1%,每采出 1% 地质储量压降平均为 18.6 MPa,阶段生产时间为 5.5 个月,阶段地质储量采出程度为 1.1%,年压降值为 35.6 MPa,阶段末压力保持水平为 89.1%。该类型单元在天然水侵阶段,水体补充类型均为快速上升,每采出 1% 地质储量压降平均为 0.65 MPa,弹性产率比值为 34.8,表现为水体能量一般,弹性阶段末压力保持水平为 95.7%。

3）能量利用与保持状况

弹性驱动指数、天然水驱指数及人工水驱指数变化反映了开发过程中对能量的利用状况。其中,弹性驱动指数保持相对高值的时间及弹性驱动阶段末采出程度反映了弹性能量利用状况;单位产液下的天然水驱指数反映了对天然水体的利用状况,该值越小则水侵越慢,对天然水体的利用程度越高;天然水驱指数的变化则反映在天然水驱指数的波动变化上。塔河油田 19 个缝洞单元弹性驱动指数、天然水驱指数和人工水驱指数计算结果表明,三个阶段能量利用状况均较好的为暴露岩溶区主残丘 S48、TK407 单元,构造-断裂复合 S86、T740 单元,具体见表 2-7。

表 2-7 19 个单元各阶段能量利用状况统计表

单　元	单元类型	弹性驱动指数			天然水驱指数		人工水驱指数		
		生产时间/月	阶段地质储量采出程度/%	利用状况	单位产液下的水驱指数	利用状况	天然水驱指数有无下降	下降值	利用状况
S48	主残丘	25.1	2.8	较　好	0.002	好	有	0.1	较　好
S65	主残丘	0.4	0.1	差	0.073	一　般	有	0.3	好
TK407	主残丘	8.0	5.1	好	0.030	较　好	有	0.1	较　好
TK409	主残丘	9.7	0.9	差	0.025	较　好	有	0.1	较　好
S86	构造-断裂复合	45.5	10.1	好	0.019	较　好	有	0.1	较　好

单元	单元类型	弹性驱动指数			天然水驱指数		人工水驱指数		
		生产时间/月	阶段地质储量采出程度/%	利用状况	单位产液下的水驱指数	利用状况	天然水驱指数有无下降	下降值	利用状况
S91	主残丘	67.0	7.9	好	0.036	较好	无		差
T702B	主残丘	43.3	7.7	好	0.017	较好			
T705	构造-断裂复合	23.8	2.0	一般	0.064	一般	有	0.1	较好
S77	主残丘	9.8	3.2	一般	0.245	差	有	0.1	较好
T414CH	次残丘	8.0	2.0	一般	0.240	差	无		差
T313	次残丘	5.1	4.2	一般	0.076	一般	无		差
S79CH	次残丘	3.6	8.9	一般	0.025	较好	无		差
T436CH	次残丘	27.6	19.3	好	0.031	较好	无		差
S80	主残丘	26.6	7.9	好	0.002	好	无		差
S67	主残丘	7.7	0.9	差	0.005	好	无		差
S66	主残丘	5.0	1.6	一般	0.011	好	无		差
S74	主残丘	15.1	4.2	好	0.019	较好	有	0.0	一般
S106	主断裂	2.2	0.2	差	0.070	一般	无		差
T740	构造-断裂复合	38.4	2.2	较好	0.017	较好	有	0.2	好

4）合理压力保持水平确定

对于自喷开采的油藏,压力水平的确定以能充分发挥油井产能,保证油井有旺盛的自喷能力,延长自喷期为目标。

具体确定方法主要是通过计算油井停喷压力,确定出油井在不同含水阶段的停喷压力,然后将油层压力保持在高于停喷压力一个适当值的水平上。如果油田在初期利用天然能量开发阶段压降过大,不利于油田开发中期含水后的自喷生产,则需要恢复地层压力。若地层压力恢复速度过快,注水速度过高,则容易造成注入水沿裂缝窜流,油井提前见水,波及体积系数降低。根据冀中地区碳酸盐岩油田恢复地层压力的实际经验,地层压力恢复速度在 0.05～0.1 MPa/月之间较为合理,不会造成注入水沿裂缝窜流。

对缝洞型油藏来说,无水采油期是高产稳产的最有利时机,自喷生产是有利于实现高产稳产的生产方式,同时自喷生产也有利于延长无水采油期。为实现塔河油田缝洞型油藏早期开发阶段的自喷生产,必须将地层压力保持在较高水平。

对于抽油开采的油藏压力水平的确定,以满足排液量为目标。具体方法需通过统计有效下泵深度和合理沉没度,确定最低动液面,由最低动液面计算最低流压,将最低流压加上合理压差即得油藏的合理压力水平。

主要采用油藏工程法结合生产动态研究多井单元的合理压力保持水平。

研究步骤:首先研究流压下限,其次研究生产压差,从而得到油藏合理压力保持水平。

(1) 流压下限。

对于以自喷开采为主的油藏,首先研究停喷压力。研究停喷压力的一般做法是利用井口生产资料,预测井底流动压力。当井口压力为自喷条件下地面流程所需的最低压力时,其对应的井底流压即井的停喷压力。给定的最低井口油压取决于地面流程设计,这里选用华北石油管理局钻井工艺研究院朱亚东教授推导得出的停喷压力计算方法研究塔河油田多井缝洞单元的停喷流压。

一种适合于低饱和碳酸盐岩油藏(单井产量高、饱和压力低、油层温度高)的停喷流压计算公式为:

$$p_{wf} = 0.1 \left[f_w \frac{\rho_w}{B_w} + (1 - f_w) \frac{\rho_o}{B_o} \right] (H - H_b) + \lambda H + p_b \quad (2\text{-}3)$$

式中 p_{wf}——停喷流压,MPa;

f_w——含水率,%;

ρ_w、ρ_o——水、油的密度,kg/m³;

B_w、B_o——水、油的压缩系数;

H——油层厚度,m;

H_b——脱气点对应的油层厚度,m;

λ——比摩阻;

p_b——饱和压力,MPa。

式(2-3)中,等号右侧的第一项是脱气点以下液柱对井底的压力;第二项是摩阻损失,可由油井实测资料统计求得;第三项是脱气点以上混合液柱压力和井口压力之和,即饱和压力。

计算停喷流压的关键是求取比摩阻 λ。可以根据已有的系统试井以及试油、试采资料分别计算各单元的比摩阻 λ(表 2-8)。

表 2-8 部分单元比摩阻取值表

井 区	单 元	比摩阻
塔河二区	S79CH	0.001 844
塔河二区	T414CH	0.000 263
塔河二区	T443	0.002 622
塔河四区	S48	0.002 306
塔河六区	S67	0.000 99
塔河六区	S80	0.000 582
塔河八区	S86	0.001 775
塔河八区	T705	0.000 265
塔河十区	T740	0.000 951
塔河十一区	S106	0.001 896

确定比摩阻后,根据井口压力值分别计算出各单元不同含水率条件下的停喷流压,结果见表 2-9。

表 2-9　部分单元不同含水率条件下停喷流压计算表

序　号	单　元	比摩阻 λ	H/m	井口压力/MPa	目前含水停喷流压/MPa	停喷流压/MPa		
						$f_w=0\%$	$f_w=30\%$	$f_w=50\%$
1	S79CH	0.000 12	5 537.4	4.6	54.7	45.2	49.3	52.2
2	T414CH	0.000 26	5 604.8	8.5	54.9	53.6	57.0	59.3
3	T443	0.000 26	5 550.5	4.5	503.9	50.1	53.2	55.3
4	S7201	0.000 12	5 549.7	6.1	54.1	43.9	47.0	49.6
5	T436CH	0.000 83	5 497.0	2.3	51.8	45.2	49.7	53.0
6	S23CH	0.001 90	5 433.8	1.4	47.0	46.3	51.4	55.0
7	S48	0.000 55	5 484.4	5.5	54.2	47.7	52.0	55.0
8	TK407	0.000 83	5 436.5	1.8	50.5	44.9	49.2	52.3
9	TK409	0.000 83	5 548.0	4.3	52.7	51.1	54.9	57.5
10	S67	0.000 99	5 604.0	2.8	54.6	49.0	53.4	56.5
11	S80	0.000 58	5 593.3	4.0	54.4	49.4	53.3	55.9
12	S66	0.000 12	5 629.0	5.7	55.0	53.0	55.7	57.4
13	TK7-456	0.000 58	5 573.2	3.7	51.9	47.6	51.9	54.8
14	T702B	0.000 12	5 627.9	10.6	56.0	52.7	56.8	59.6
15	T705	0.000 27	5 783.8	6.5	55.5	54.5	57.6	59.7
16	S76	0.000 58	5 617.5	1.7	46.3	38.1	44.5	49.1
17	S86	0.001 78	5 775.4	2.8	53.6	46.0	52.6	57.5
18	S91	0.000 27	5 716.0	4.6	54.8	54.4	56.9	58.6

典型单元(T705 单元)的计算结果如图 2-8 所示。从图 2-8 中可以看出,随着含水率和井口压力 p_y 的提高,停喷流压也随之升高。当含水率达到 50% 以后,大多数单元的最小停喷流压已达到原始地层压力,因此中高含水井很难维持自喷生产。

对塔河油田而言,井深一般为 5 500~6 000 m,当含水率在 0%~80% 之间变化时,油水混合液柱的压力达 43.80~54.59 MPa,因此,必须强调的是,计算的停喷流压应作为最小自喷流压来理解。这也可以从一个方面说明低产井很难维持自喷生产的原因。

对于以抽油井生产为主的低饱和油藏,要求油藏压力在满足泵允许下入深度的条件下,还能够达到一定的排液量需求。由于塔河油藏埋深较深,因此其泵的充满程度达到 0.6 即可。

根据抽油井计算流压的方法分别计算了部分单元在目前的含水率、下泵深度条件下,当泵的充满程度为 0.6 时的最小合理井底流动压力。

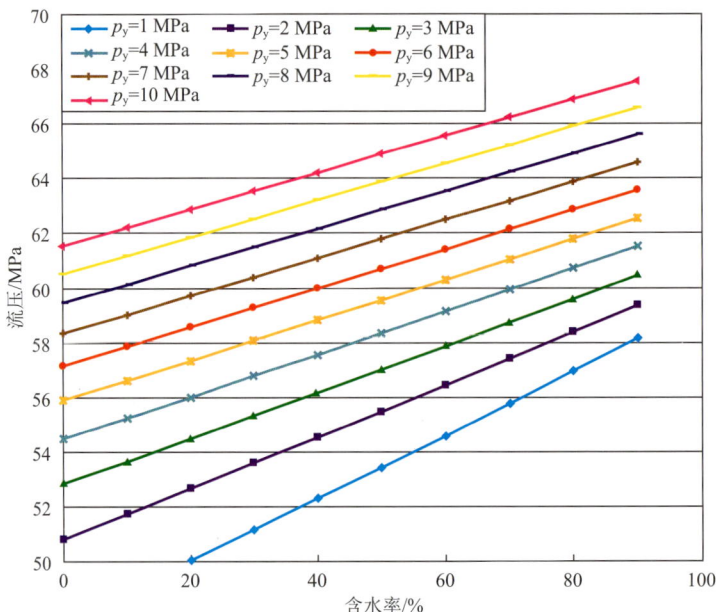

图 2-8 T705 单元停喷流压预测曲线图

以 S48 单元为例,计算不同含水率、不同下泵深度(泵深)条件下的最低合理流压,如图 2-9 所示。从图 2-9 中可以看出,随着含水率的增加,最低合理流压随之降低;随着下泵深度的提高,最低合理流压提高。

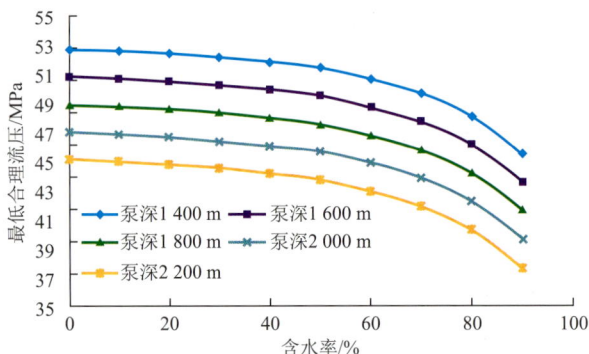

图 2-9 S48 单元最低合理流压预测曲线图

(2)合理生产压差。

对于低饱和碳酸盐岩油藏,合理的生产压差既要满足一定的产能需求,又要减缓含水上升的速度。

对于投产初期或基本不含水的油藏,可根据系统试井的成果确定生产压差。对于投产时间较长、已进入中高含水期的单元,合理的生产压差可以根据实际统计结果进行确定。

例如,S23CH 单元天然能量较充足,但连通性较差,于 1999 年 10 月投产,2008 年后部分井转抽,测压点集中在自喷期,从生产压差与含水率关系曲线(图 2-10)可以看出,其生产压差不断下降,当含水率达到 60% 时,压差稳定在 3 MPa 左右。

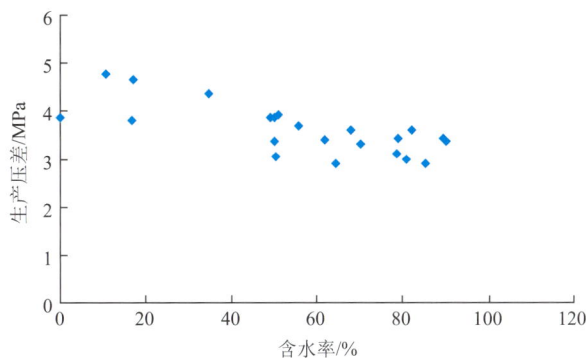

图 2-10　S23CH 单元生产压差与含水率关系趋势图

（3）压力保持水平。

根据计算的井底合理流压以及生产压差可以判断出不同生产期、不同含水率条件下单元合理的压力保持水平（表 2-10、表 2-11）。

表 2-10　各单元在自喷期最低合理压力保持水平计算结果

单　元	最低合理压力保持水平/%		
	$f_w=0\%$	$f_w=30\%$	$f_w=70\%$
T414CH	93.4	98.2	105.6
S23CH	90.4	98.5	109.8
S48	84.0	90.0	99.3
TK407	84.0	86.3	95.3
S67	84.1	89.9	98.3
S80	86.0	89.2	99.2

表 2-11　各单元转抽后最低合理压力保持水平计算结果

单　元	最低合理压力保持水平/%			
	$f_w=0\%$	$f_w=30\%$	$f_w=70\%$	$f_w=90\%$
S106	82.2	82.2	81.2	74.7
S23CH	87.7	88.7	87.4	82.4
S46	96.8	95.0	93.0	90.9
S48	88.6	86.5	81.4	74.2
S64	96.1	92.5	86.0	78.6
S67	81.6	79.2	78.1	75.1

对于目前自喷井较多的单元，其合理压力保持水平必须首先满足自喷的需要。从计算结果（表 2-10、表 2-11）可以看出，塔河油田各单元自喷时的无水期最低合理压力保持水平应在 80% 以上，低含水期最低合理压力保持水平为 80%～90%，中含水期最低合理压力保持水平应在 90% 以上，进入高含水期多数单元很难维持自喷生产。

转抽后,最低合理压力保持水平可适当降低。转抽后无水期最低合理压力保持水平应在 85% 以上,低含水期最低合理压力保持水平为 80%～85%,中含水期最低合理压力保持水平在 80% 左右,进入高含水期后最低合理压力保持水平可适当放低到 80% 以下,但最低不得低于 75%。

各种类型单元的合理压力保持水平的确定方法都是一致的,其合理压力保持水平的不同主要受自喷和机抽采油方式及含水率的影响。

2.2 缝洞型油藏油井产水特征和含水变化规律

2.2.1 油井含水类型及变化规律研究

1) 油井含水类型

根据对塔河油田缝洞型油藏开发历史上单井初期产量大于 80 t/d 的 180 口油井含水上升类型的研究,将油井的含水变化类型分为缓慢上升、台阶式上升、快速上升、暴性水淹、波动变化和含水下降等 6 种类型(图 2-11),并根据各类型油井的储层类型、含水率、含水上升速度等指标界限,建立缝洞型油藏油井含水上升变化类型定量划分的原则。

(1) 缓慢上升型:油井见水后,连续一年以上月含水上升速度在 3% 以内,此种见水特征的油井多处于裂缝-孔洞型储层,井周储层发育连通性较好,供油面积大,地层能量充足。

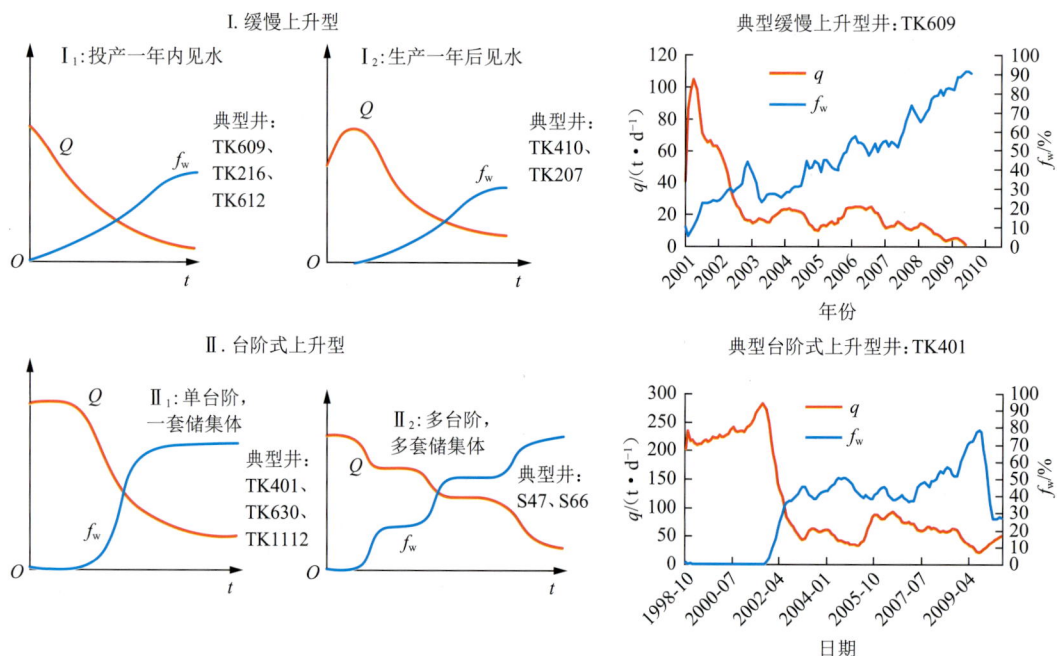

图 2-11　含水变化类型图版及典型井采油曲线实例

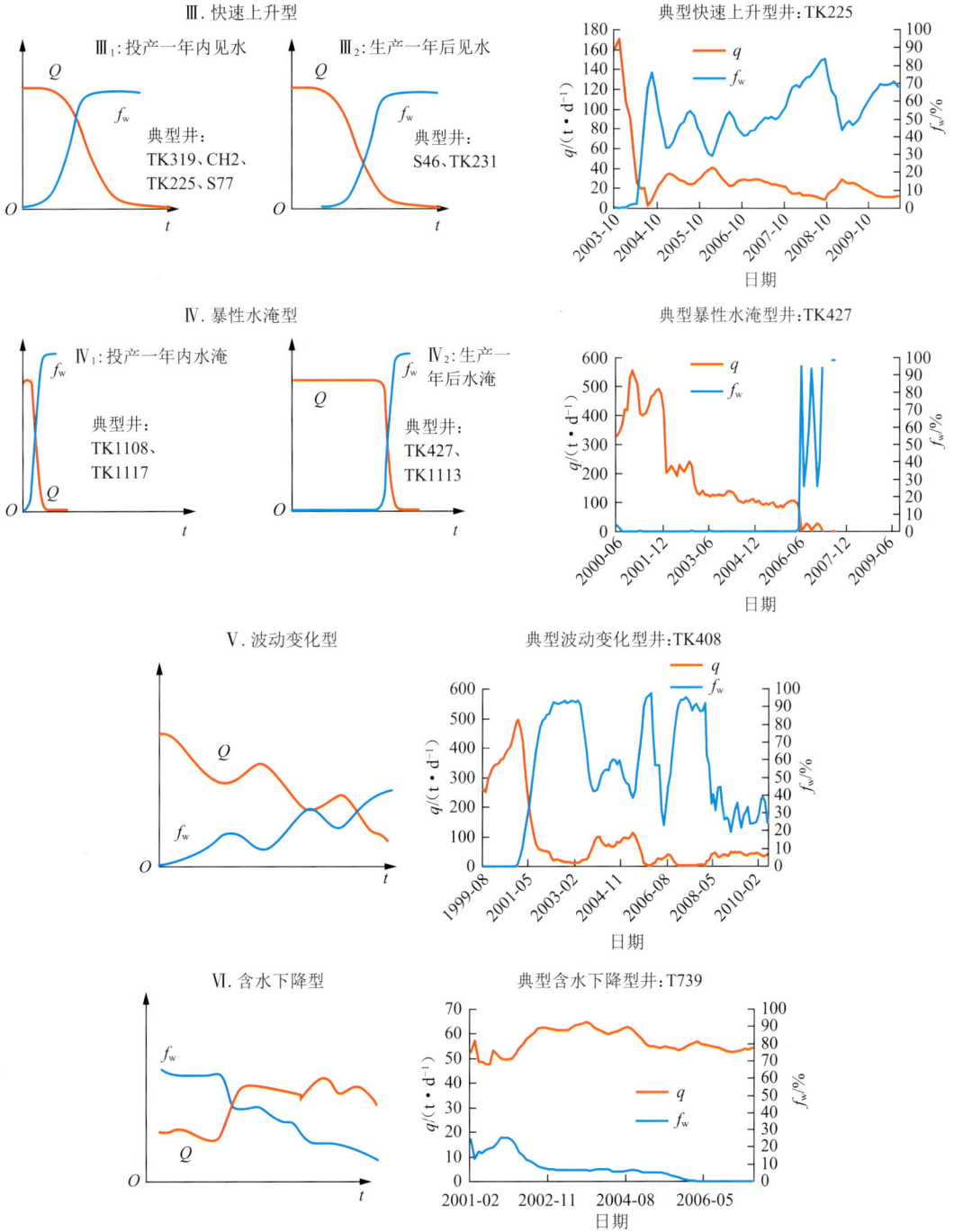

图 2-11(续)　含水变化类型图版及典型井采油曲线实例

f_w—含水率；Q—产油量；q—日产量

（2）台阶式上升型：油井见水后出现台阶，之后含水率在 60% 以下并保持半年以上相对稳定（台阶期含水波动范围在 5% 以内）；出现台阶前平均月含水上升速度一般小于 10%。此种特征的油井多处于多层溶洞型储层，井周纵向上发育两套以上溶洞，水驱油以逐洞水淹为主。

（3）快速上升型：见水后半年内月含水上升速度大于10％，当含水率大于60％以后，含水上升速度开始放缓，出现缓升段或者台阶。具有此特征的油井一般处于裂缝型储层。

（4）暴性水淹型：暴性水淹指油井突然见水，且迅速上升（见水后半年内月含水上升速度大于10％），一年内导致油井含水率在90％以上或因高含水而停产，月含水上升速度大于10％。此类油井多处于单层溶洞型储层。

（5）波动变化型：含水率变化曲线上下来回波动（波动周期小于半年，波动范围大于20％），推测为多套储层交替供油。

（6）含水下降型：缝洞储层内水体有限，生产过程中含水率变化曲线表现为逐步下降甚至含水率降到零的特征。

2）油井含水上升变化规律研究

前期利用生产动态数据计算相渗曲线，按照相渗曲线形态特征，将12个单元的相渗曲线分为A和B两类（图2-12和图2-13）。A类单元相渗曲线特征为：残余油饱和度高，含水上升较快，水驱油效率低；油水两相驱范围窄，表明储层结构不均一。此类单元主要为裂缝型和单一大型溶洞型储层。B类单元含水上升较慢，相渗曲线特征为：① 两相区范围较宽，表明储层结构相对均质（B类油藏），此类单元储层结构为多个缝洞系统或者孔洞型储层发育；② 残余油饱和度较低，水驱油效率高，极限采收率较大，按目前采出程度来看剩余油还较多，潜力较大。

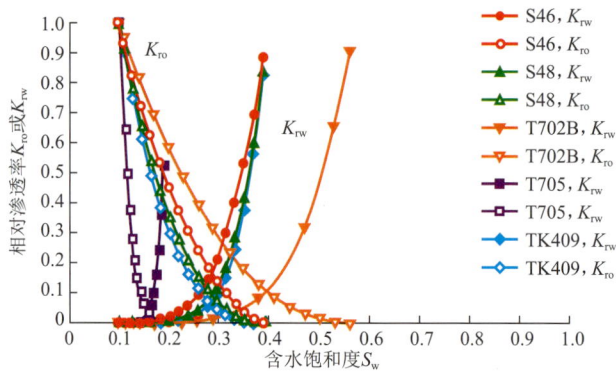

图 2-12　A类单元相渗曲线图

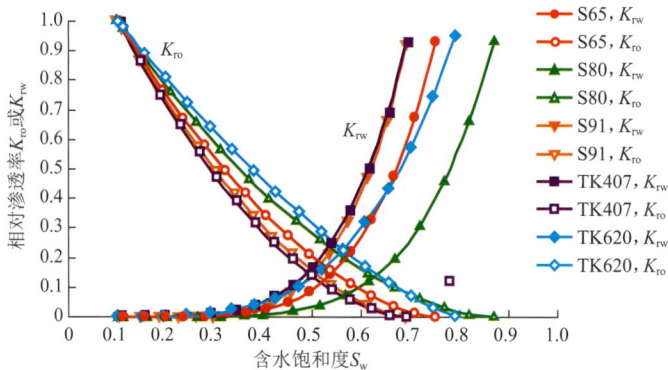

图 2-13　B类单元相渗曲线图

利用动态数据计算出来的相渗曲线,是通过油藏产油、产水动态拟合得到的,它不仅反映了储层结构和油水性质,而且反映了油藏目前的开发效果,受生产因素影响较大。该方法不适用于含水没有上升趋势、未见水或者低含水的情况。

2.2.2　缝洞单元含水上升类型的影响因素研究

不同类型缝洞单元含水上升的影响因素有油藏地质和动态开发两大方面,这里总结了流体性质、储层类型、能量状况等静态指标,以及累产水、累注水等动态指标对缝洞单元含水的影响规律。

1)黏度对油井含水的影响分析

对多井缝洞单元含水变化的统计表明,稀油单元一般含水上升快甚至暴性水淹,占总稀油单元的 62.5%,而稠油和超稠油单元含水上升一般较慢,缓慢上升占总稠油单元的 57%(除去含水上升无规律单元)。需要说明的是,塔河油田西北稠油区含水上升较慢,水体总体表现不活跃,推测原因可能是油藏底部存在沥青垫,成为抑制油藏底水快速上升的底部隔板,从而延缓了整个单元的含水上升速度,见表 2-12。

表 2-12　多井缝洞单元含水变化特征统计表

含水上升类型	缝洞单元		
	油品性质	个　数	比例/%
S 型/缓慢上升	稀油	3	25
	稠油	3	25
	超稠油	8	50
凹 S 型/缓慢上升	超稠油	1	100
凸 S 型/快速上升	稀油	2	11
	稠油	3	33
	超稠油	4	44
凸型/快速上升	稀油	1	33
	稠油	1	33
	超稠油	1	33
厂字型/暴性水淹	稀油	2	29
无规律/含水波动	稠油	4	14
	超稠油	1	29

2)储集体类型和能量状况对油井含水的影响分析

生产实践证实,不同的储集体类型、规模以及天然能量直接影响含水的类型。研究发现,可以利用水驱曲线研究储集体类型和能量对不同单元的含水的影响。影响水驱曲线的主要因素是油藏储集体类型、原始的油水分布和水体能量。可以对塔河油藏几种典型的水驱曲线模式进行归纳(图 2-14)。

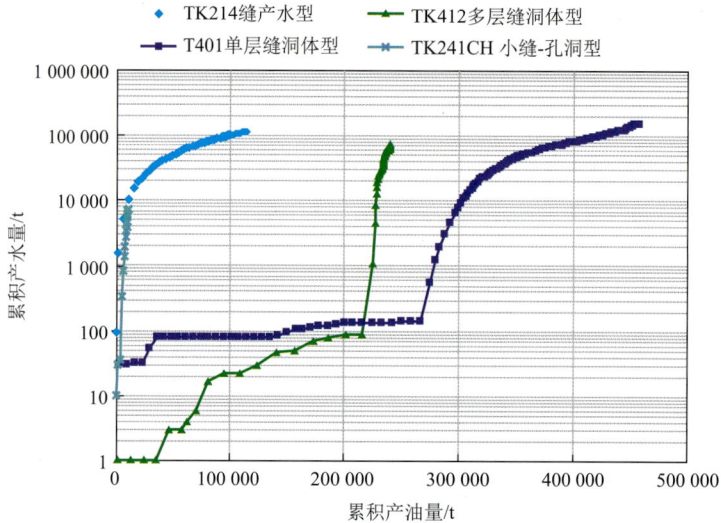

图 2-14 典型井水驱特征曲线图

（1）缝产水型。此类井在钻进过程中未钻遇缝洞体，但经酸压后，裂缝连通了周围的缝洞储集体，成为流体进入井筒的通道。水驱特征有一个明显的直线上升拐点，它对应的是生产过程中产水突然上升、含水率剧变、裂缝产水特征明显，如 TK214 井（图 2-14）。

（2）单层缝洞体型。此类井的水驱曲线形态明显只有一个直线段，直线段较长且稳定，说明水驱能量供给只有一个水体，缝洞发育。T401 井直线段非常明显，直线段平直，稳定水驱作用时间持续得比较长，说明水体供给能量稳定充足，缝洞发育；见水后，含水缓慢上升（图 2-15）。

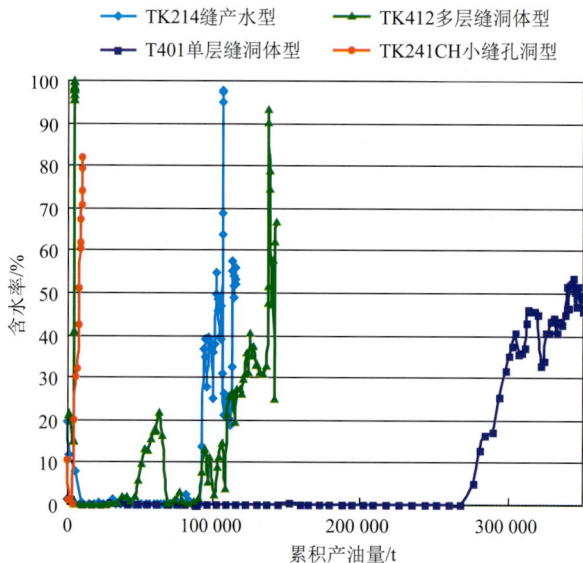

图 2-15 典型井含水率曲线图

（3）多层缝洞体型。此类井在钻井过程中有两次不同程度的放空，产层上下分布了两套独立的缝洞体且缝洞体之间存在致密隔挡，因此当一个缝洞底水锥进到井筒后含水快速上升而被水淹,而钻遇另一个缝洞体的井段还未见水而产纯油,因此在水驱曲线上会出现一个明显的波动变化,波动的大小取决于两缝洞体水体能量的大小,如 TK412 井。

(4) 小缝-孔洞型。此类井的水驱曲线直线段较短,说明水驱能量有限,且缝洞体发育一般,如 TK241CH 井开井见水,含水上升快,开发效果差。

基于以上分析可以看出,单元含水上升特征是单井特征的综合反映,因此可将水驱曲线法用于单元,研究多井缝洞单元储集体类型和能量强弱与含水上升的关系。

从水驱曲线来看,暴露岩溶区主残丘缝洞单元、内幕溶洞型单元、构造-断裂复合缝洞单元,水驱能量较强,缝洞较发育,见水后单元含水形态缓慢上升(图 2-16),单元含水上升类型为 S 型。暴露岩溶区次残丘缝洞单元中储集体组合方式多样,有多套储集体,如 T313 单元单井水驱曲线为台阶状,表明有多个供给水体,能量较强,为多层缝洞储集体,加之措施影响,含水上升形态为波动型(图 2-17)。覆盖区主断裂单元如 S106 单元单井单一直线段整体较短,水驱能量一般,水体沿断裂突破,含水上升较快,为凸 S 型。部分暴露岩溶区次残丘缝洞单元,如 S7201 单元,单井单一直线段且较短,水驱能量较弱,为缝-孔洞储集体,开井高含水,含水上升快,带水生产(图 2-18),为凸型。

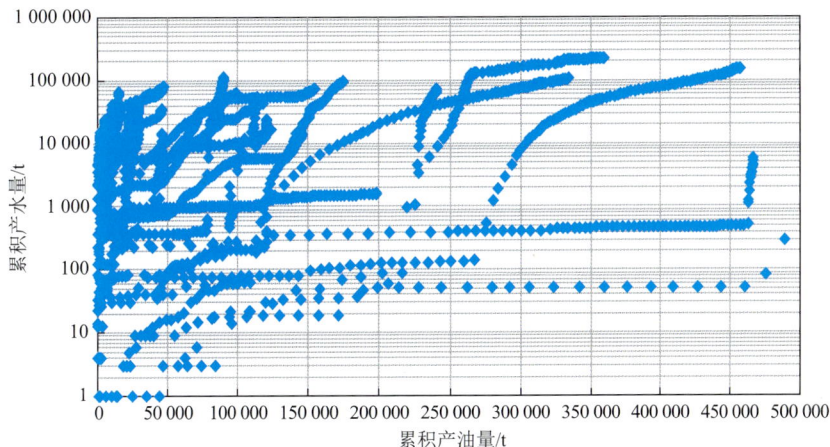

图 2-16　岩溶区主残丘 S48 单元单井水驱特征曲线图

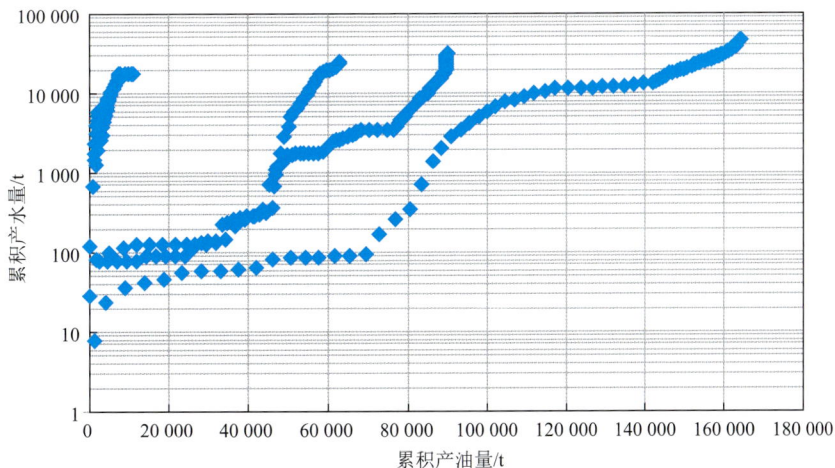

图 2-17　岩溶区次残丘 T313 单元单井水驱特征曲线图

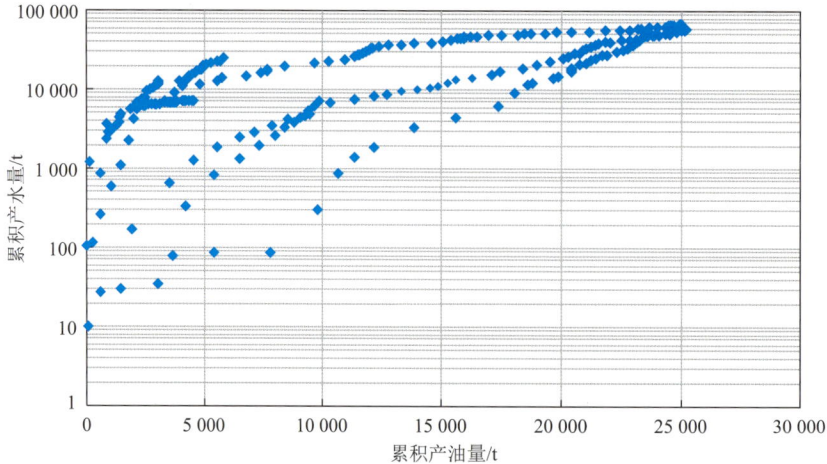

图 2-18 岩溶区次残丘 S7201 单元单井水驱特征曲线图

因此,储集体类型、储集体的发育程度和能量大小直接影响不同类型单元的含水变化类型。

3）不同生产指标对油井含水的影响分析

将塔河油田典型单元的生产动态指标如累积产油量、采油速度、开油井数、注水井数等分别进行相关性分析,寻找影响含水动态指标的主要因素,并且总结出动态指标的合理界限。

对以上影响含水动态指标的因素进行相关性分析,找出相关性最大的前 3 个因素,并且得出相关性最大分布指标、第二大分布指标和第三大分布指标比例表,见表 2-13～表 2-15。

表 2-13 典型单元相关性最大分布指标比例表

相关性最大分布指标	累积产油量	累积注水量	采油速度	开油井数	合　计
总单元数/个	38	10	1	1	50
占总单元比例/%	76.00	20.00	2.00	2.00	
注水单元/个	16	10			26
占注水单元比例/%	61.54	38.46			
未注水单元/个	22		1	1	24
占未注水单元比例/%	91.67		4.17	4.17	

表 2-14 典型单元相关性第二大分布指标比例表

相关性第二大分布指标	累积产油量	累积注水量	采油速度	开油井数	注水井数	合　计
总单元数/个	12	9	5	20	4	50
占总单元比例/%	24.00	18.00	10.00	40.00	8.00	
注水单元/个	10	9		3	4.000	26
占注水单元比例/%	38.46	34.62		11.54	15.38	
未注水单元/个	2		5	17		24
占未注水单元比例/%	8.33		20.83	70.83		

表 2-15　典型单元相关性第三大分布指标比例表

相关性第三大分布指标	累积产油量	累积注水量	采油速度	开油井数	注水井数	合　计
总单元数/个	1	4	18	14	13	50
占总单元比例/%	2.00	8.00	36.00	28.00	26.00	
注水单元/个		4	1	8	13	26
占注水单元比例/%		15.38	3.85	30.77	50.00	
未注水单元/个	1		17	6		24
占未注水单元比例/%	4.17		70.83	25.00		

统计结果表明,影响缝洞单元含水上升规律的最相关因素为累积产油量(76%)和累积注水量(20%),说明单元累积产油量和单元累积注水量对于缝洞单元含水上升规律具有明显影响。第二大相关性分布较广,主要包括开油井数(40%)、累积产油量(24%)及累积注水量(18%);第三大相关性分布包括采油速度(36%)、开油井数(28%)及注水井数(26%)。

在此次研究的基础上,进一步研究在合理的含水上升速率下,不同类型缝洞单元合理的生产动态指标界限,结果表明采油速度影响最为敏感。

研究表明,暴露岩溶区主残丘单元、部分次残丘单元、内幕溶洞单元、构造-断裂复合单元,天然能量较充足,合理采液速度在1.5%~2.5%之间;大部分次残丘单元及覆盖区主断裂、次断裂单元,天然能量一般,合理采液速度应在1.0%~2%之间。

综合分析发现,S型含水类型单元,即暴露岩溶区主残丘、部分次残丘及构造-断裂复合缝洞单元,采液速度基本合理,多数单元高产期平均采液速度低于3%;凸S型含水类型单元,即次残丘单元和覆盖区主、次断裂单元以及部分暴露岩溶区次残丘单元,开发中能量保持水平较高,一般保持在95%以上,一部分单元采液速度偏高,高产期平均采液速度高于3.5%,但工作制度不合理,初期单井产量过高,部分井高于极限产量生产,说明强化开采是导致含水上升的重要原因。

4) 驱动阶段划分对油井含水的影响分析

利用能量研究部分对各类型单元驱动阶段的划分,研究各类型单元能量、含水与产量递减的关系(表 2-16)。

表 2-16　现有各类型缝洞单元驱动阶段研究能量、含水、产量递减关系表

单元类型	天然能量	弹性阶段		水侵阶段		含水上升形态	含水上升类型	单　元
		弹性阶段递减类型	平均月递减率	水侵阶段递减类型	平均月递减率			
暴露岩溶区主残丘	天然能量充足、较充足	调　和	0.9%~7.1%	调　和	1.1%~15.4%	缓慢上升	S型、凸S型	S48、T702B、S67等
暴露岩溶区次残丘	天然能量充足到较充足	一般稳产波动		调　和	0.8%~17%	缓慢上升	S型、凹S型或凹型	T414CH、S64等
	具有一定天然能量或不足	指　数	9.90%	指　数	5.10%	快速上升	凸型、凸S型或厂字型	S46、AD11等

续表 2-16

单元类型	天然能量	弹性阶段		水侵阶段		含水上升形态	含水上升类型	单元
		弹性阶段递减类型	平均月递减率	水侵阶段递减类型	平均月递减率			
覆盖区主断裂	具有一定天然能量			指数	3.1%~3.9%	快速上升	凸 S 型	S106、TP7 等
覆盖区次断裂	具有一定能量或能量不足	指数	7.50%	调和	小于 1%	快速上升	凸型或厂字型	T709、AD11 等
构造-断裂复合	天然能量充足、较充足	调和	3.7%~6.5%	调和	1.1%~7.4%	缓慢上升	S 型	S86、T739 等
内幕溶洞型	天然能量较充足	调和	2.50%	处于低含水或未见水阶段	缓慢上升	由于处于低含水而待定	由于处于低含水而待定	T738、TH10204

对各驱动阶段进行递减拟合,发现各类型缝洞单元能量、含水与产量递减具有以下关系:

(1)天然能量特别是油藏自身弹性能量较强的构造-断裂复合缝洞单元、暴露岩溶区主残丘及内幕溶洞型单元,含水上升形态为缓慢上升,上升类型主要为 S 型;弹性阶段符合递减较慢的调和递减,月递减率一般为 0.5%~7.5%,且弹性驱阶段递减率小于水侵阶段。

(2)暴露岩溶区次残丘分两种情况,其中储集体规模较大、油气富集的单元能量较强,含水上升较缓,上升类型为 S 型、凹 S 型或凹型,递减为调和递减;储集体规模较小、水体活跃、能量较弱的单元,含水上升快,上升类型为凸型、凸 S 型或厂字型。

(3)覆盖区主断裂缝洞单元油井产层段通过断裂与深部水体沟通,在深部底水抬升至产层段并突破后,油井含水上升较快,产量递减规律为指数递减。

(4)能量较弱的覆盖区次断裂缝洞单元,由于产层段距离油水界面较近,含水上升很快,上升类型为凸型或厂字型;弹性阶段能量衰竭较快,符合月递减率较快的指数递减或调和递减,但由于孔洞型储集体在含水期能带水生产,水侵阶段为递减较慢的调和递减,且递减率一般小于弹性阶段。

以上结果表明,不同类型的单元,能量的强弱、含水类型及递减快慢具有密切的关系。

2.3 缝洞型油藏产量递减特征及递减规律研究

2.3.1 产量递减规律及研究方法

油田在开发初期总要经历一个逐步建设投产和形成生产规模的时期。在这一时期,油田的产量逐步上升并趋于稳定,达到其设计的生产能力,所以油田生产的第一时期是产量上升时期。在此之后,油田的生产往往都按配产指标进行有控制的工作,再加上其他增产稳产措施的保证,如注水保持压力等,油田就会进入一个相对稳定生产的阶段,并且能保持一个相当长的时期。之后,由于地下剩余储量的不断减少及单位采油量能耗的增加或采油工艺技术和增产措施已达到技术极限,油田将进入后期的递减生产阶段。总之,一个油田的产量一般都要经历上升、稳定和下降三个阶段,如图 2-19 所示。各阶段开始出现的时间和延续的长短以及采出油量的多少,视地质条件的差异、开发设计是否符合客观规律以及所采取的工艺措施是否合理有效等而有所不同。

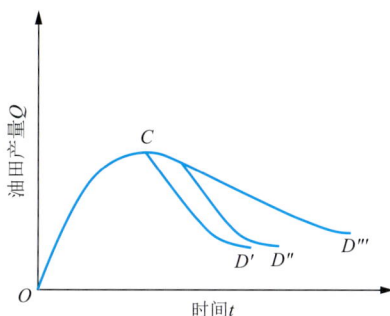

图 2-19　油田产量与时间的关系

这里所要讨论的是产量下降阶段的生产规律。油田产量可能以图中 CD' 方式递减,也可能以 CD'' 或 CD''' 方式递减。不同的递减规律对产量和最终采收率的影响不同,所以研究它们的递减规律,以便人们能够预测今后产量的变化及可采储量的大小。

1）产量递减率的定义及 Arps 产量递减类型

早在 20 世纪初期,R. Arnold 和 R. Anderson 就首次提出了产量递减的概念,即产量递减率是指单位时间内产量变化率或单位时间内产量递减的百分数。产量递减率是反映油田生产能力受采出程度增加和地层能量下降等因素影响而降低的程度指标。按研究范围和影响产量递减因素的不同,可以计算老井产量自然递减率和老井产量综合递减率。

根据矿场实际资料的统计分析,首先绘制产量与时间变化的关系曲线,由该曲线可以看出产量是随时间而下降的。可以把产量递减率表达为下面的形式:

$$a = -\frac{1}{Q} \cdot \frac{\mathrm{d}Q}{\mathrm{d}t} \tag{2-4}$$

式中　a——产量递减率,通常用小数表达和计算,月$^{-1}$ 或 a^{-1};

　　　Q——递减产量,t/月或 t/a;

　　　$\mathrm{d}Q$——阶段初至阶段末的产量递减值,t/月或 t/a;

　　　$\mathrm{d}t$——阶段初至阶段末的时间间隔,月或 a。

式(2-4)中的负号表示随着开发时间的延长,产量是下降的。

各油田的产量递减规律是不同的,同一油田在不同开发阶段的产量递减规律也不相同,因此首先需要对不同的产量递减规律特性、表达方式和应用方法有切实的了解。

1945 年,J. J. Arps 将产量随时间的递减规律归纳为指数递减、双曲线递减和调和递减三种类型,并建立了与之对应的数学方程,从而把对递减特征的研究提高到定量化的新水平。递减类型的判断及递减参数的求解是油气藏工程中应用极为广泛的一种方法。下面主要介绍油气田矿场应用最广泛的 Arps 产量递减规律分析方法。

油田产量递减规律一般包括指数递减、双曲线递减、调和递减和产量衰减曲线四种类型。产量与递减率的关系可用下式表示:

$$\frac{a(t)}{a_i} = \left[\frac{Q(t)}{Q_i}\right]^n \tag{2-5}$$

式中　Q_i——递减期初始产量,t/月或 t/a;

　　　a_i——初始时刻的产量递减率,月$^{-1}$ 或 a^{-1};

n——递减指数,是用于判断递减类型、确定递减规律的重要参数,当 $n=1$ 时为调和递减,当 $n=0$ 时为指数递减,当 $n=0.5$ 时为产量衰减,当 $0<n<1$ 且 $n\neq0.5$ 时为双曲线递减。

(1) 指数递减规律。

当 $n=0$ 时,为指数递减规律,此时式(2-5)变为 $a=a_i$,递减率 a 是一个常数,因此指数递减规律也叫常递减规律。这种形式的递减主要表现在某些封闭型弹性驱动油藏、重力驱动油藏和一些封闭气藏。它的优点是公式简单,使用方便;缺点是利用这一规律来预测油田今后的产量变化时一般不能外推很远,不然会引起较大的误差,用它计算的可采储量通常比实际的偏低。

由产量递减率的定义式(2-5)可得:

$$\frac{\mathrm{d}Q}{Q}=-a\cdot\mathrm{d}t \tag{2-6}$$

如果当 $t=0$ 时,即在开始递减的时刻产量为 Q_i,而在任一时刻的产量为 $Q(t)$,则式(2-5)积分后可得:

$$\ln\frac{Q(t)}{Q_i}=-at \tag{2-7}$$

或

$$Q(t)=Q_i\mathrm{e}^{-at} \tag{2-8}$$

式(2-8)为指数递减的基本方程,对其两端取对数得:

$$\ln Q(t)=\ln Q_i-at/2.302\,6 \tag{2-9}$$

或

$$\ln Q(t)=A-Bt \tag{2-10}$$

式(2-9)表明,若油田产量服从指数递减规律,则在单对数坐标系中实际产量的对数与时间呈一直线关系,直线的截距 A 即 $\ln Q_i$,由此可求出式(2-9)中的初始产量 Q_i,而由直线的斜率 B 可以求得产量递减率 a 为:

$$a=2.302\,6B \tag{2-11}$$

由式(2-10)还可以推导出一个重要的概念,即递减周期。设在某一时刻 T_0 时,油田产量正好变为初始产量 Q_i 的 $1/10$,则 T_0 为一个递减周期。

由产量递减率的定义将 $\ln Q(t)=\lg(Q_i/10)$ 代入式(2-11)可得:

$$-aT_0=-2.302\,6 \tag{2-12}$$

即

$$T_0=\frac{2.302\,6}{a} \tag{2-13}$$

或

$$a_0=\frac{2.302\,6}{T_0} \tag{2-14}$$

(2) 双曲线递减规律。

当 $0<n<1$ 且 $n\neq0.5$ 时,为双曲线递减规律,适用于各种天然驱动油藏,更主要的是适用于各种不同的水压驱动油藏,因此它有较广泛的适用性。双曲线递减规律的特点:递减率 a 随时间而变,而且越变越小,即愈接近油田开发末期,递减愈慢。其表达式为:

$$\frac{a(t)}{a_i}=\left[\frac{Q(t)}{Q_i}\right]^n \tag{2-15}$$

不同油田产量的递减规律不同,表现在其初始递减率和递减指数不同,这主要取决于 n 值的变化情况。影响 n 值的因素很多,如岩芯性质、驱动方式、地质条件和开采方式等。n 值变化范围很广,其选择和应用都比较麻烦,因此在实际应用中更多地使用标准曲线对比法而不是解析方法来求解。

(3)调和递减规律。

当 $n=1$ 时,为调和递减规律。调和递减规律可以看成是双曲线递减规律的一种特殊形式。调和递减规律的特点是递减率与递减产量成正比,其表达式为:

$$\frac{a(t)}{a_i} = \frac{Q(t)}{Q_i} \tag{2-16}$$

当调和递减产量随时间变化的公式中 $n=1$ 时:

$$Q(t) = \frac{Q_i}{1+a_i t} \tag{2-17}$$

根据累积产量的定义得:

$$N_p(t) = \int_0^t Q(t) \, dt \tag{2-18}$$

代入 $Q(t)$ 的表达式并积分得:

$$N_p(t) = \frac{Q_i}{a_i} \ln(1+a_i t) \tag{2-19}$$

根据递减率的定义可以得到递减率的表达式为:

$$a(t) = \frac{a_i}{1+a_i t} \tag{2-20}$$

从式(2-20)可以看出,调和递减规律的递减率与时间 t 有关,t 越大,递减率 a 越小。

(4)产量衰减规律。

当 $n=0.5$ 时,为产量衰减规律。产量衰减规律也是双曲线递减规律的一种特殊形式,将 $n=0.5$ 代入式(2-5)得:

$$Q(t) = \frac{Q_i}{(1+0.5a_i t)^2} \tag{2-21}$$

上式可以进一步变为:

$$Q(t) = \frac{B}{(t+c)^2} \tag{2-22}$$

式中:

$$B = 4Q_i a_i^2 \quad c = 2/a_i$$

当递减时间很长时,$t \gg c$,$t+c \approx t$,式(2-22)变为:

$$Q(t) = \frac{B}{t^2} \tag{2-23}$$

式中　t——递减期内的开发时间,月或 a;

　　　　B——常数,t·月或 t·a;

　　　　$Q(t)$——年(或月)产量,t/月或 t/a。

此时的产量是随时间而递减的,且递减率逐步变小,这样的产量变化规律称为产量衰减规律。目前这一规律在我国许多油田上都有较广泛的应用,可以用来预测油气田生产动态和确定一、二次采油的可采储量。实践表明,多种不同驱动类型的油气田,其产量变化都可以用衰减规律来描述,且具有一定的普遍意义。此方法简单易行,对于油气田动态计算及预测是很有用的。

2）产量递减类型的判断

油田进入产量递减阶段之后，可根据生产变化规律，采用不同的方法，判断其所属的递减类型，确定递减参数，从而应用相关经验公式，进行未来产量的预测。目前常用的判断方法有图解法、试凑法、曲线位移法、典型曲线拟合法和二元回归法。所有这些方法的应用都需要建立在线性关系的基础上，线性关系和线性关系程度是判断递减类型的标志。

（1）图解法。

首先将实际生产数据按照指数递减和调和递减的线性关系画在相应的坐标系中，若能得到一条直线，就可判断它符合哪一种递减类型，逐一排除后便可确定递减类型；然后利用线性回归法确定直线的截距、斜率和相关系数；最后由直线方程确定初始产量、递减率和初始递减率的数值，并建立相关的经验公式。

（2）试凑法。

当图解法判断不是指数递减时，为了区分双曲线递减和调和递减可以采用试凑法。其主要关系式为：

$$\left(\frac{1}{Q}\right)^{\frac{1}{n}}=A+Bt \tag{2-24}$$

式中：
$$A=\left(\frac{1}{Q_i}\right)^{\frac{1}{n}}, \quad B=\frac{D_i}{n}\left(\frac{1}{Q_i}\right)^{\frac{1}{n}}$$

所谓试凑法，就是根据实际生产出的产量和相应的时间，给定不同的 n 值，计算 $\left(\frac{1}{Q}\right)^{\frac{1}{n}}$ 的不同数值，然后将 $\left(\frac{1}{Q}\right)^{\frac{1}{n}}$ 与 t 的对应数值画在直角坐标系中，若能得到一条直线，则所求的 n 值正确。如果 n 值偏大，则是一条向下弯曲的曲线；如果 n 值偏小，则是一条向上弯曲的曲线。

若试凑法得到一条直线，则可由 n 值判断递减类型，利用线性回归法求得截距和斜率，计算出初始产量和初始递减率。

（3）曲线位移法。

将产量与时间关系画在双对数坐标系中，并向右移动适当的距离，使曲线变为一条直线，其关系式为：

$$\lg Q=\lg Q_i-n\lg\left(1+\frac{D_i}{n}t\right) \tag{2-25}$$

上式可改写为：

$$\lg Q=A+B\lg(t+C) \tag{2-26}$$

式中：
$$C=\frac{n}{D_i}$$

对式（2-26）的曲线进行恰当的位移，使 Q 与 $t+C$ 的对应数值在双对数坐标系中呈一条直线。如果给定的 C 值偏大，则是一条向左弯曲的曲线；如果 C 值偏小，则是一条向右弯曲的曲线。通过曲线的位移得到一条直线，可按式（2-26）进行线性回归，求得直线的截距和斜率，计算出初始产量、初始递减率和递减指数。

（4）二元回归法。

将双曲线递减的累积产量公式化为二元回归方程，即

$$N_p = a_0 + a_1 Q + a_2 Qt \tag{2-27}$$

式中：

$$a_0 = \frac{Q_i}{D_i}\left(\frac{n}{n-1}\right) \tag{2-28}$$

$$a_1 = -\frac{1}{D_i}\left(\frac{n}{n-1}\right) \tag{2-29}$$

$$a_2 = -\left(\frac{n}{n-1}\right) \tag{2-30}$$

根据递减阶段的生产数据，进行二元回归分析后，可以得到 a_0、a_1、a_2 的数值，再由式（2-25）、式（2-26）、式（2-27）确定 Q_i、D_i 和 n 的数值。

2.3.2　递减类型及递减特征

多井缝洞单元在整个塔河油田储产量构成中处于绝对主导地位，缝洞单元的产量递减特征是关乎塔河油田开发效益的关键。塔河油田碳酸盐岩油藏历年投产的油井产量与归一化生产时间的统计表明，塔河油田呈现明显的两段式递减规律，即依靠弹性能量开发阶段的快速递减和注水开发阶段的较快递减。

1）缝洞型油藏单元递减类型

根据塔河油田岩溶缝洞型储集体的发育规律，以构造特征和成因为分类基础，缝洞单元天然能量作为一级分类的主要依据，储量规模作为二级分类的主要依据，结合单元产量、含水、开采方式、开发生产特征，将多井缝洞单元综合划分为 6 类，并对比分析各类单元的递减规律。由于储量规模、储层发育程度、生产能力、天然能量以及开采方式等因素的影响，多井缝洞单元产量变化趋势表现出不同的特征，一般经历了上产、相对稳产、快速递减、缓慢递减阶段。根据产量变化趋势，递减类型共划分为三种，即稳产递减型、递减型和波动变化型（图 2-20）。

根据单元递减曲线形态、单元储量规模、单元能量等综合因素，将塔河油田井数较多、开发历史较长的 41 个典型缝洞单元划分为以下三种类型：

（1）稳产递减型。

该类单元共计 20 个，单元类型包括暴露岩溶区主残丘缝洞型、暴露岩溶区次残丘缝洞型、构造-断裂复合溶洞型、内幕溶洞型，储集体类型主要为溶洞型。单元产量递减曲线形态呈几字型，储量规模较大，能量较强，生产井数较多，单元有一定的上产期和稳产期，稳产期为 6～30 个月，平均为 16 个月。产量递减曲线呈明显的两段式：快速递减阶段，年递减 40%～50%；平缓递减阶段，年递减 10%～20%。

（2）递减型。

该类单元共计 15 个，单元类型包括暴露岩溶区次残丘缝洞型、覆盖区主断裂缝洞型、构造-断裂复合溶洞型，储集体类型为溶洞型、孔洞型、裂缝型三类，与稳产递减型中同类单元相比较，构造幅度、储集体发育规模有所降低。单元产量递减曲线形态呈"∧"型，储量规模中等、能量一般，单元产量有一定的上产期，但基本没有稳产期，产量递减多为一段式递减，年递减 30% 左右，含水变化基本上是缓慢上升型的。

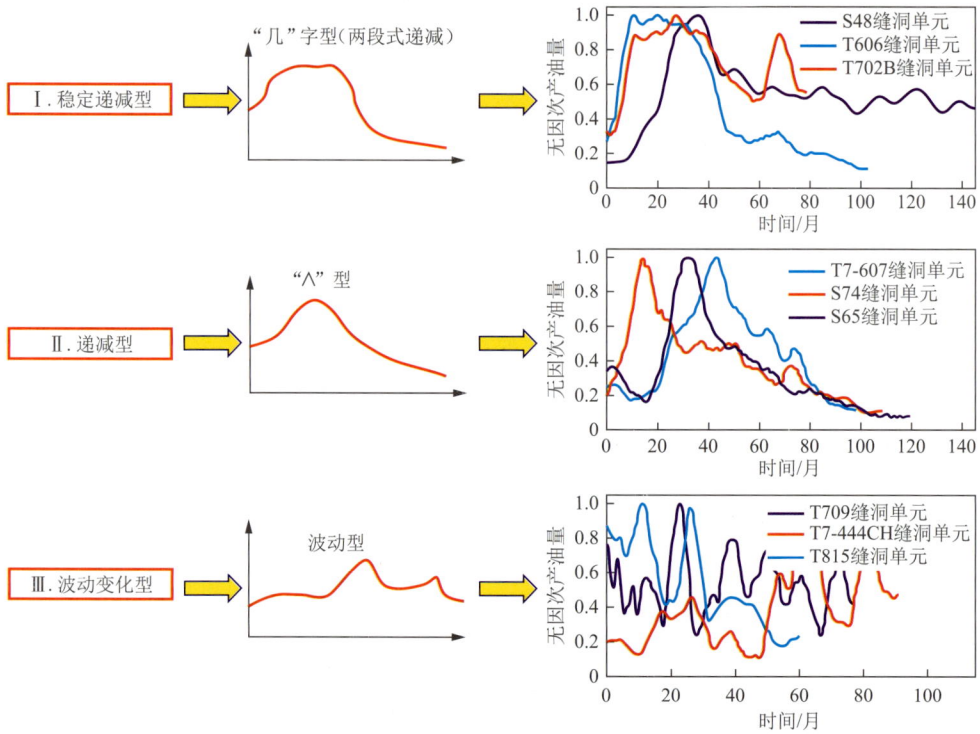

图 2-20 塔河油田奥陶系油藏多井缝洞单元各类产量递减曲线对比图

（3）波动变化型。

单元类型包括暴露岩溶区次残丘缝洞型、覆盖区次级断裂缝洞型，储集体类型主要为孔洞型，储集体规模有限，且缝洞系统之间连通性较差。该类单元共计 6 个，单元产量变化曲线呈波动型变化，单元规模小，能量较弱。该类单元没有明显的递减规律，曲线形态受开井数和单井措施的影响较大。

塔河油田奥陶系油藏典型多井单元产量变化分类表见表 2-17。

表 2-17 塔河油田奥陶系油藏典型多井单元产量变化分类表

递减类型	亚类	单元数/个	单元类型	储集体类型	储量规模/(10⁴ t)	油品性质	能量分类	备注
稳产递减型	几字型	20	A1（暴露岩溶区主残丘缝洞型单元）、A2（暴露岩溶区次残丘缝洞型单元）、C（构造-断裂复合溶洞型单元）、D（内幕溶洞型单元）	溶洞型	650	常规—超稠油	能量较强	单元有一定的上产期和稳产期，稳产期为 6～30 个月，平均为 16 个月。产量递减曲线呈明显的两段式：快速递减阶段，年递减 40%～50%；平缓递减阶段，年递减 10%～20%

递减类型	亚　类	单元数/个	单元类型	储集体类型	储量规模/(10^4 t)	油品性质	能量分类	备　注
常规递减型	"∧"型	15	A2（暴露岩溶区次残丘缝洞型单元）、B1（覆盖区主断裂缝洞型单元）、C（构造-断裂复合溶洞型单元）	溶洞型、孔洞型、裂缝型	420	常规—超稠油	能量一般	该类型的单元产量有一定的上产期，但基本没有稳产期，产量递减多为一段式递减，年递减 30%，含水变化基本上是缓慢上升型
波动变化型	波动变化型	6	A2（暴露岩溶区次残丘缝洞型单元）、B2（覆盖区次级断裂缝洞型单元）	孔洞型	370	常规—超稠油	能量较弱	单元产量变化曲线呈波动型变化，没有明显的递减规律，曲线形态受开井数和单井措施影响较大

2）Arps 递减曲线法分析单元开发效果

油藏开发中—后期的评价方法主要有旋回预测方法、Arps 递减曲线法和水驱特征曲线法。旋回预测方法有很多，包括 HCZ 法、翁氏旋回法、Weibull 模型等，主要适合大型整装油藏的全程产量拟合和预测。目前 Arps 递减曲线法和水驱特征曲线法由于机理清楚、适应性强，而且简单易行，得到了广泛应用。

Arps 递减曲线法在碳酸盐岩多井单元递减中的应用包括：结合水驱特征曲线预测单元可采储量，判别单元各阶段的递减类型，拟合阶段递减率，评价单元开发效果等。

41 个多井单元总地质储量为 26 123×10^4 t，Arps 递减曲线法预测可采储量 5 048×10^4 t，目前累积产油量 2 418×10^4 t，剩余可采储量 2 630×10^4 t，地质储量采出程度 9.3%，可采储量采出程度 49.7%，采出程度均较低(图 2-21)。

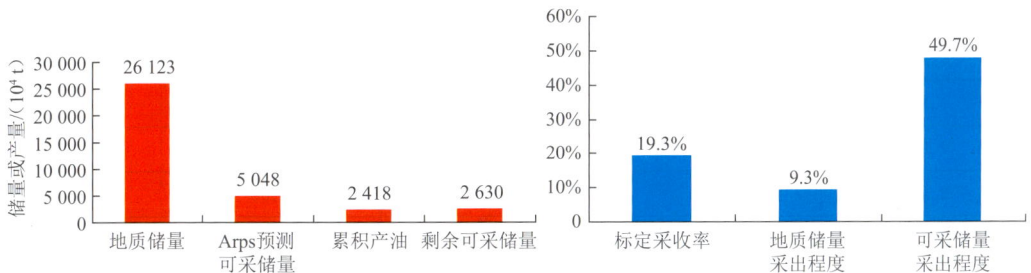

图 2-21　塔河油田奥陶系油藏 41 个多井单元储量、采出程度对比图

根据不同类型单元的递减类型及递减指数大小，将 41 个单元划分为三种类型：

（1）递减基本正常的单元。

该类型单元有 28 个，分别是 AD7、S106、S23、S65、S67、S74、S76、S80、S86、T740、TK409、TK620、TK7-456、TK738、AD15、T7-615、T805K、TH12402、TH12201、T443、

T709、AD6、S99、T815CH 、TH12204、T7-444CH、TH12312、S70,其基本特征为:单元实际产量变化趋势与 Arps 递减曲线法预测的产量变化趋势一致,递减趋势相同,各阶段递减率大致相等(图 2-22)。

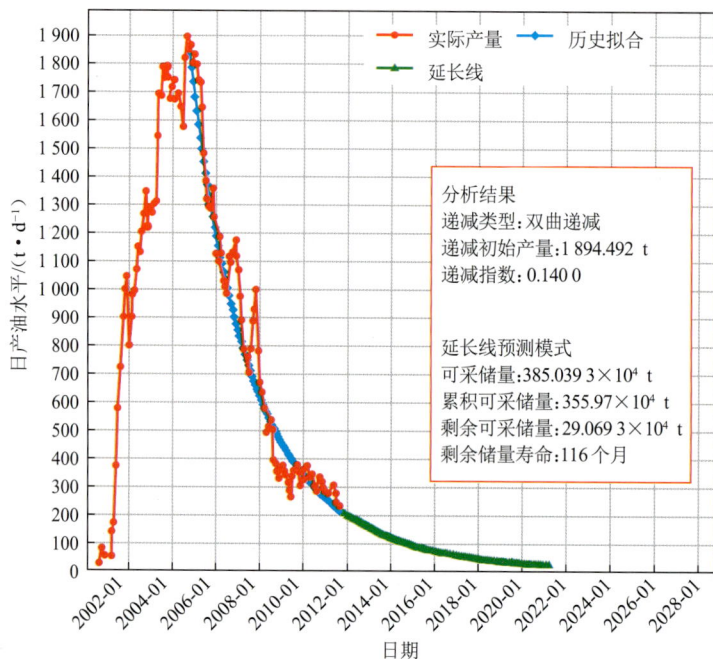

(a) S80单元产量递减曲线
(双曲线递减产量预测)

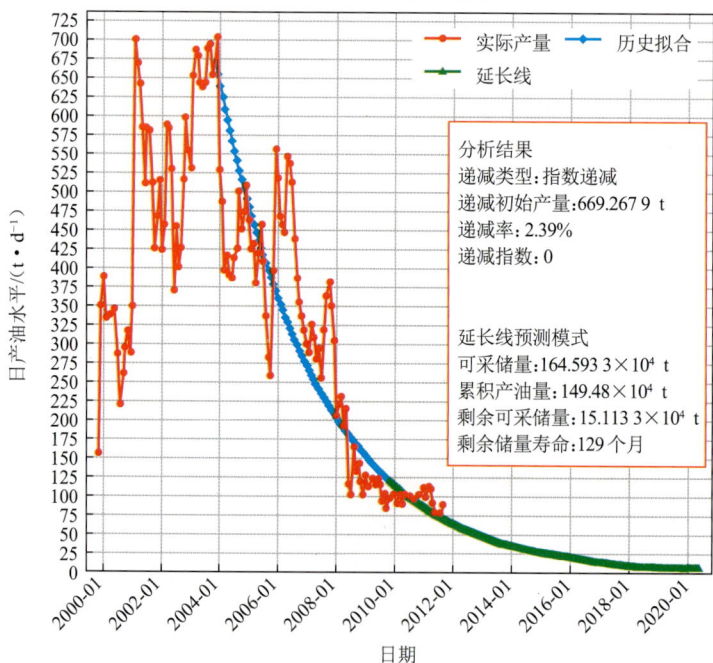

(b) S67单元产量递减曲线
(指数递减产量预测)

图 2-22　塔河油田奥陶系油藏正常开发单元递减趋势图

（2）通过调整开发效果得到改善的单元。

该类型单元有 14 个，分别是 S46、S48、S64、S66、S94、S79、S91、S7201、T436、T414、T313、T702B、TH10104、TK407 等，其基本特征为：单元实际产量变化趋势初期与 Arps 递减曲线法预测的产量变化趋势一致，递减趋势相同，但实际产量略低于预测产量，后期通过开发调整措施（完善井网增加储量动用程度、人工注水补充地层能量、储层重复改造、卡堵水等）使实际产量高于预测产量，且递减率小于预测递减率（图 2-23）。

（3）递减法判断开发效果差的单元。

该类型单元仅有 4 个，分别是 AD13、T739、T705、TH10345，产量递减有加大趋势，其基本特征为：单元实际产量下降趋势比 Arps 递减曲线法预测的产量下降趋势快，各阶段递减率均大于预测曲线递减率。AD13 单元储集体欠发育，多数油井投产后供液不足现象较明显，油井有效生产年限较短，且后期注水替油失效导致产量快速递减；T739 单元靠近北东向主干断裂，储集体较发育，油柱高度大，水体能量较强，开采过程中由于开采速度过快，且后期单元动态监测资料显示油井见水风险较大时未及时调整开发技术政策，导致 TH10419、TH10420X、TH10422CX 井暴性水淹，油井产能恢复措施效果较差，单元产量持续快速下降（图 2-24）。

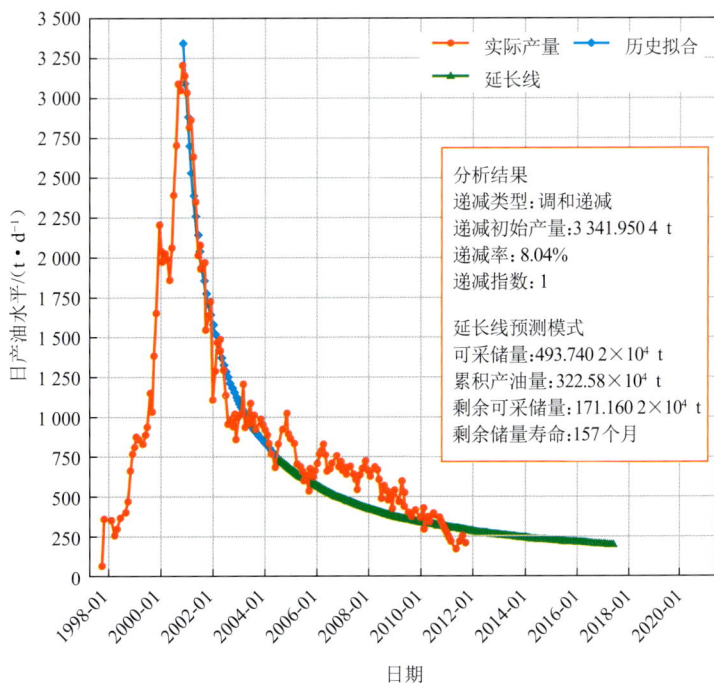

（a）S48 单元产量递减曲线
（调和递减产量预测）

图 2-23　塔河油田奥陶系油藏开发效果改善单元递减趋势图

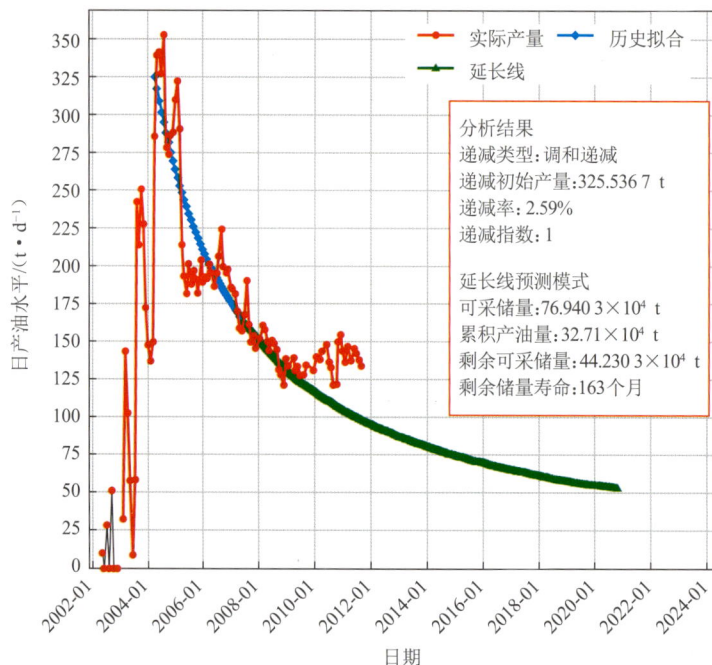

（b）S91单元产量递减曲线
（调和递减产量预测）

图 2-23(续) 塔河油田奥陶系油藏开发效果改善单元递减趋势图

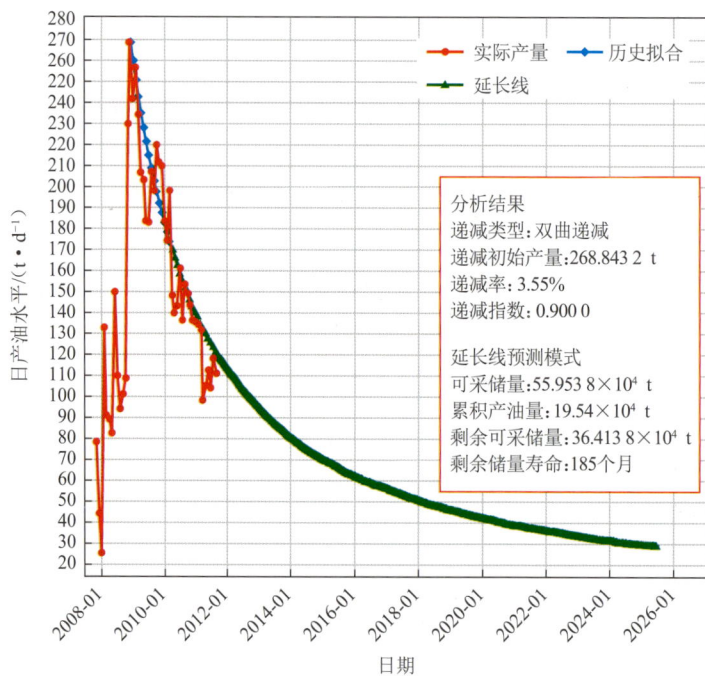

（a）AD13单元产量递减曲线
（双曲线递减产量预测）

图 2-24 塔河油田奥陶系油藏开发效果差单元递减趋势图

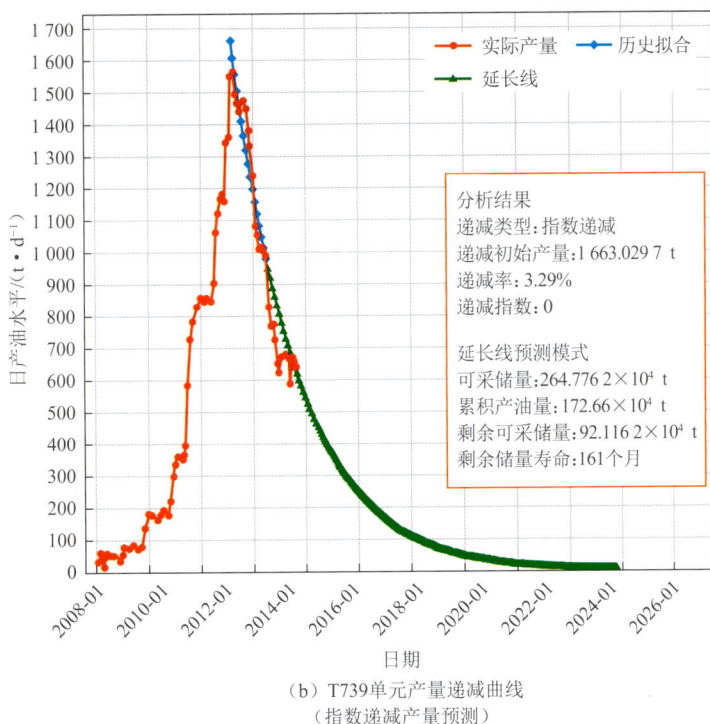

（b）T739单元产量递减曲线
（指数递减产量预测）

图 2-24(续)　塔河油田奥陶系油藏开发效果差单元递减趋势图

2.3.3　产量递减主控因素分析

缝洞型油藏的储集体组合和流体分布的多样性决定了这类油藏产量递减规律的复杂性。产量递减往往不是由某个单一因素决定的，而是多种因素共同作用的结果，并且随着生产过程中开发方式、各种措施实施的变化，不同的生产阶段有不同的产量递减主控因素。

1）单元产量递减因素分析

缝洞型油藏产量递减的原因主要有两个方面：

（1）含水上升。

含水上升是影响油井和缝洞单元产量递减的主要因素。统计高含水井的生产资料可以明显看出，90%以上油井一旦见水，含水上升很快，一般 3～5 个月就会上升到高含水期，不到一年含水率就高达 90% 以上，相应的产量则快速递减，平均月递减高达 20% 以上，单井日产油由 100 t 以上下降到 2 t 左右甚至水淹停产，不同区块的油井和 1/3 的单元均表现出见水后产油量大幅度递减特征，如 S23CH，S46，S48，S74，T414，T606 等单元的大多数油井过早见水，就是由于开发初期油嘴过大、采油速度过高，导致油井过早底水锥进，致使油井停喷、产量大幅度递减。

（2）能量下降。

能量下降是导致产量递减的另外一个重要因素。通过对典型井、典型单元采液速度随含水的变化趋势的分析可知，大部分单元和油井的产液量随含水上升呈下降趋势，60% 左右的油井由自喷转机抽时产液能力大幅度下降，说明整个油藏能量不足，仅有 1/3 的单元或油井产液能力随含水上升而增加或保持稳定。

其他影响产量递减的因素见表 2-18。

表 2-18 塔河油田奥陶系油藏单元递减因素分类表

递减因素分类			特征描述
油藏地质因素	储集体类型及规模	储集体类型	钻遇溶洞型储集体,见水前一般产量不递减,见水是递减的主要原因;钻遇裂缝-孔洞型储集体,控制的储量较小,递减原因为能量不足和油井见水;钻遇裂缝型储集体,产量低,递减很快,对开发贡献小
		储集体规模小	钻遇大型溶洞时,产量递减较慢;钻遇定容溶洞(或者储层欠发育)时,储集体规模小,地层能量下降快,产量递减大
	水体能量大小		水体能量小的油藏产量递减快;对于水驱油藏(水体能量较大),水侵作用有有利的一面,即为油藏开发提供能量,只是在开发速度较快或水侵较快时,水侵的指状锥进将造成产量递减,严重影响采收率
	边底水水侵	生产一段时间油井见水	生产一段时间,油井累积产油量较高,油藏亏空,边底水侵入,造成油井见水,多数油井见水后缩嘴控锥,导致油井产量下降
		投产即见水	新井钻到油水界面附近,或者井区油柱高度小,造成油水同产
	地层能量下降		稳定工作制度下,油井生产过程中油压、产量自然下降
工程因素	储层污染	地层供液能力下降	钻井、修井过程中储层污染,造成地层供液能力下降
	井筒原因	井底垮塌	地层供液能力下降,修井探井底发现比原井底高出许多
	套漏	含水上升,产量下降	固井质量不好的井,上覆地层的水层容易在套管接箍处漏失,在生产曲线上表现为突然见水
	油品原因	井筒堵塞	稠油中胶质、沥青质、蜡质堵塞井筒,油井产液能力下降,但地层压力保持平稳,未见水
管理因素	采油强度偏大	油井过早见水	频繁调整工作制度使井底地层油水两相流平衡被打破,底水突进
		已见水井提液造成油井含水上升	带水生产井提液造成油井含水上升
	邻井注水	本井见水	邻井新增注水井或者注水强度加大时,造成油井见水
	注水不足	能量低	储集体规模小、生产压差大,地层能量衰竭快,产量下降迅速
	注水效果变差	单井注水替油效果变差	单井注水替油后期,注水替油效果变差,造成产量及增油量下降
		单元注水效果变差	单元注水后期,周期采油量降低或者油井含水升高
	主动缩嘴	邻井见水,本井缩嘴	单元内邻井见水,本井为规避见水风险主动缩嘴,造成产液量下降
		本井累积产量高,主动缩嘴控制	本井累积产量高或者有见水异常信号主动缩嘴控制
	生产时效降低	修井等造成油井开井时效低	修井、停电、洪水、地面设备维修等造成油井开井时效低
		机采井泵效降低	示功图异常,显示泵漏、泵卡、杆断、管漏、管断、电泵机组损坏等,造成机采井不能正常生产,泵效降低

　　需要指出的是,随着开发历程的变化,影响碳酸盐岩油藏递减因素的比例也在变化。从碳酸盐岩油藏递减影响因素所占的比例曲线看,2006—2010 年含水对递减的影响比例有所下降,相应地随着外围新区投入开发,地层能量对产量递减的影响比重有所加大。其中,塔河主体区递减以含水影响为主(图 2-25),含水造成产量递减占总递减量的 60% 左右;塔河十二区、托甫台区等外围区块递减以能量影响为主(图 2-26),能量衰竭造成产量递减占总递减量的 57% 左右。这是因为塔河油田碳酸盐岩油藏主体区块水体能量较充足,含水上升是导致产量递减的主要因素,而塔河十二区、托甫台区等外围区块水体能量较弱,能量不足是导致产量递减的主要因素。

图 2-25　塔河油田奥陶系油藏主体区 2006—2010 年递减因素比例曲线

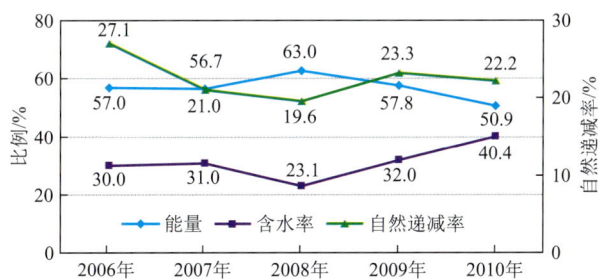

图 2-26　塔河油田奥陶系油藏外围 2006—2010 年递减因素比例曲线

　　在多井单元能量评价、含水变化分析的基础上,结合单元储集体类型、储量规模、油品性质等单指标,对比分析并综合分类单元不同驱动阶段的产量递减影响因素。

　　弹性驱阶段:暴露岩溶区主残丘型、暴露岩溶区次残丘型、覆盖区次级断裂型、构造-断裂复合型四类单元产量递减主要由采油强度偏大所致;覆盖区主断裂型、内幕溶洞型两类单元产量递减主要由地层能量下降所致,且递减率与储量规模无关,而与开采速度正相关,即开采速度越大,递减越快。

　　天然水驱阶段:暴露岩溶区主残丘型、暴露岩溶区次残丘型、构造-断裂复合型三类单元产量递减主要由边底水水侵所致,部分单元利用高产井见水风险评价方法对油井进行了主动缩嘴工作,延长了油井无水采油期;覆盖区主断裂型、覆盖区次级断裂型两类单元产量递减主要由地层能量下降、注水效果变差所致,主要是因为储集体连通性差,单井注水替油后期高含水。

　　混合水驱阶段:暴露岩溶区主残丘型、构造-断裂复合型两类单元产量递减主要由注水效果变差、偏向含水轴所致,单元注水后期,注水井与采油井之间形成优势通道,当注采比较大时，注入水直接沿优势通道流入采油井井底，导致采油井高含水间开生产或关井。

2) 典型单元递减分析

(1) S48 单元(暴露岩溶区主残丘型缝洞单元)。

该单元位于塔河四区，该区属于奥陶系上统剥蚀区，产层为奥陶系中—下统鹰山组。单元总油井数 36 口，地质储量 3 327.4×10⁴ t；单元综合分类划分为 A 类(主体区残丘洞穴型)，储集体类型为溶洞型，能量较强，流体为一般稠油；单元经历了上产、稳产、递减三个阶段。目前油井数 15 口，注水井数 21 口，日产液量 585 t/d，日产油量 121 t/d，综合含水率 79.4%，累计产油 392.8×10⁴ t，采出程度 11.8%(图 2-27)。

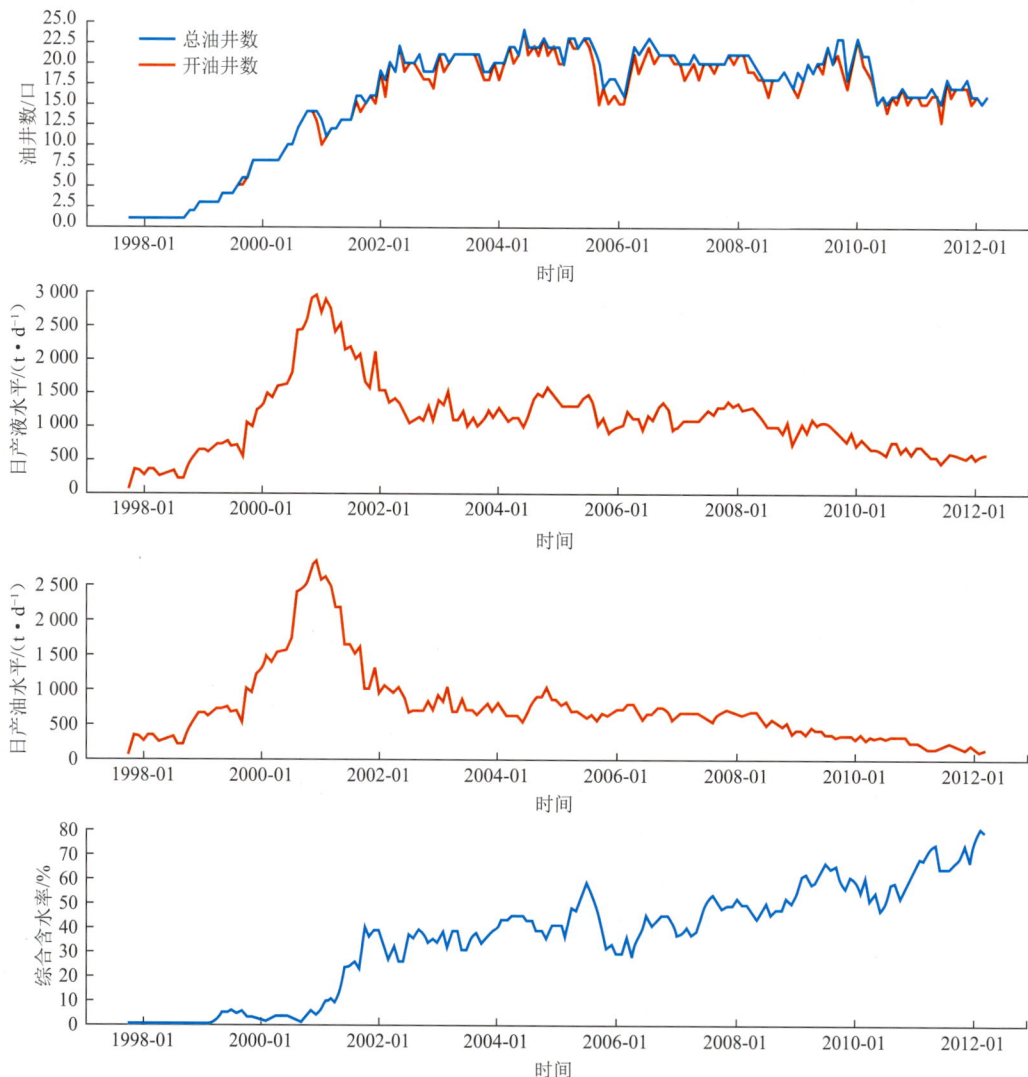

图 2-27 塔河油田奥陶系油藏 S48 单元开发生产曲线

下面从不同驱动阶段分析 S48 单元的产量递减规律。

弹性驱阶段：1997 年 10 月—2000 年 9 月，开采时间近 3 年，阶段末压力保持水平为 97.5%，高于阶段末理论合理压力保持程度，但阶段递减率较大，月递减为 11.7%，主要由采油强度偏大引起,采油速度为 2.7%,部分油井油嘴>8 mm。

天然水驱阶段:2000 年 10 月—2005 年 5 月,开采时间 4 年零 7 个月,阶段末压力保持水平为 96.3%,高于阶段末理论合理压力保持程度,阶段递减率较弹性驱阶段有所降低,月递减为 3%,采油速度为 0.7%,阶段递减影响因素主要为边底水水侵,但只油井含水快速上升,阶段含水上升率为 6.3%。

混合水驱阶段:2005 年 5 月—2012 年 5 月,历时 7 年,阶段末压力保持水平为 96.7%,高于阶段末理论合理压力保持程度,人工注水有效补充了地层能量,但在采油速度很低的情况下,递减率仍然较大,月递减为 1.9%,折算年递减为 20.4%,阶段部分井由采转注、高含水井关井,含水缓慢上升,阶段含水上升率为 3.2%,产量递减主要由单元注水效果变差,偏向含水轴所致(表 2-19)。

鉴于单元目前注水效果变差导致高含水,产量递减仍然较快等问题,同时考虑单元储集体发育程度高,储量规模大,因此单元急需优化注水开发政策,提高水驱波及效率,从而提高单元最终采收率。

表 2-19　塔河油田奥陶系油藏 S48 单元不同驱动阶段递减规律统计表

弹性驱阶段				
阶段末压力保持水平/%	理论压力保持水平/%	阶段递减率/%	采油速度/%	递减影响因素
97.5	84	11.7	2.7	采油强度偏大(d>8 mm)
天然水驱阶段					
阶段末压力保持水平/%	理论压力保持水平/%	阶段递减率/%	采油速度/%	含水变化特征	阶段含水上升率/%	递减影响因素
96.3	92.3	3	0.7	快速上升	6.3	边底水水侵
混合水驱阶段					
阶段末压力保持水平/%	理论压力保持水平/%	阶段递减率/%	采油速度/%	含水变化特征	阶段含水上升率/%	递减影响因素
96.7	94.6	1.9	0.18	缓慢上升	3.2	注水效果变差,偏向含水轴

(2)TP7 单元(覆盖区主断裂型缝洞单元)。

该单元位于托甫台区,该区属于奥陶系上统覆盖区,产层主要为奥陶系中统一间房组,部分井在中—下统鹰山组测试建产。单元总油井数 12 口,地质储量 938.9×10⁴ t,单元综合分类划分为 E 类(断控缝洞型),储集体类型为孔洞型,能量一般,流体为常规原油,单元经历了上产、递减两个阶段。目前油井数 9 口,注水井数 3 口,日产液量 261 t/d,日产油量 231 t/d,综合含水率 11.4%,累计产油 40.7×10⁴ t,采出程度 4.3%(图 2-28)。

下面从不同驱动阶段分析 TP7 单元的产量递减规律。

弹性驱阶段:2006 年 8 月—2008 年 6 月,开采时间近 2 年,阶段末压力保持水平为

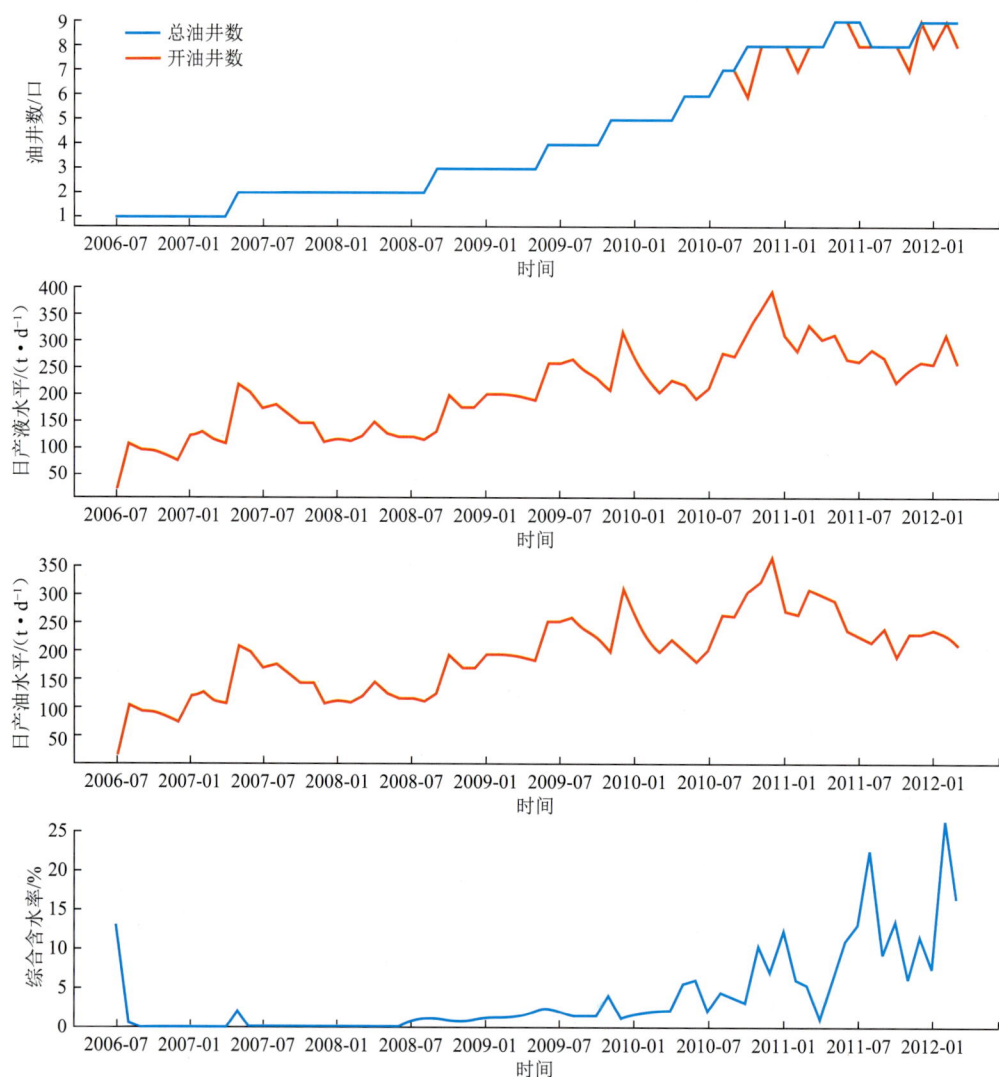

图 2-28 塔河油田奥陶系油藏 TP7 单元开发生产曲线

89％,低于阶段末理论合理压力保持程度,阶段采油速度 0.5％,阶段月递减为 5.3％,单元递减主要由于地层能量下降所致。

天然水驱阶段:2008 年 7 月—2012 年 5 月,开采时间近 4 年,阶段末压力保持水平为 79.4％,低于阶段末理论合理压力保持程度,阶段采油速度 1％,含水波动变化,阶段含水上升率为 1.3％。由于底水活跃程度较低,地层能量下降明显,且 TP201 井、TP216 井作单元注水井邻井无受效现象,单元阶段月递减为 3.3％,折算年递减为 32.7％(表 2-20)。

鉴于单元目前递减较快、储集体连通性差、注水无见效特征等问题,同时考虑单元储集体发育程度高,因此对于部分井(如 TP223X、TP230X 井)可以通过大规模储层改造沟通更多的缝洞体来提高储量动用程度。

表 2-20　塔河油田奥陶系油藏 TP7 单元不同驱动阶段递减规律统计表

弹性驱阶段				
阶段末压力保持水平/%	理论压力保持水平/%	阶段递减率/%	采油速度/%	递减影响因素
89	92.1	5.3	0.5	地层能量下降
天然水驱阶段					
阶段末压力保持水平/%	理论压力保持水平/%	阶段递减率/%	采油速度/%	含水变化特征	阶段含水上升率/%	递减影响因素
79.4	95.3	3.3	1	波动变化	1.3	地层能量下降，单元注水无效

第 3 章
缝洞型油藏高产井水锥机理及评价指标

缝洞型油藏流体动力学模型是描述油藏内部油水运动规律和水锥形成、演化及突破过程，从而准确预测油井见水时间的理论基础。本章基于缝洞型油藏开发实验及孔、缝、洞多重储渗介质的基本特征，介绍缝洞型油藏渗流-管流耦合模型及其数值求解方法，讨论高产井生产过程中各驱动阶段压力变化特征及底水锥进机理。在此基础上，结合塔河油田已见水油井动静态资料，筛选三大类、九亚类高产井水淹预警敏感参数，建立塔河油田高产井风险评价指标体系，为高产井定量化预测方法夯实理论基础。

3.1 缝洞型油藏流体动力学机理及流动数学模型

碳酸盐岩缝洞型油藏储集空间类型多，含油储集体空间分布随机，以溶洞和大型裂缝为主要储渗空间，渗流和自由流等多种流动模式复合出现。本节在对缝洞型油藏特殊储渗机理进行分析的基础上，建立了符合缝洞型油藏流体流动的耦合数学模型，并应用有限元方法进行了数值求解，为缝洞型油藏高产井见水时间预测提供了理论基础。

3.1.1 缝洞型油藏耦合流动数学模型

如前所述，碳酸盐岩缝洞型油藏经历了多期构造运动和岩溶作用，导致介质中发育着大量裂缝和溶蚀孔洞，储集空间类型多样并可跨越多个尺度。因此，碳酸盐岩缝洞型油藏流动模式及开发方式与碎屑砂岩油藏明显不同。其一，油藏流体流动模式复杂且流体流速不同。在相同的生产压差下，缝洞型油藏未充填洞穴和岩溶管道内流体流速明显高于以孔隙为主的碎屑砂岩油藏，尤其在充填程度较低的洞穴型储层近井区域，流体流速高，在运动方程中惯性力不可忽略。其二，由于缝洞型油藏存在大型未充填洞穴、大型酸压裂缝和裂缝-孔隙储层等多种储渗介质，流体在不同介质中所遵循的流动模式显著不同。以表征流体惯性力与黏滞力比值的雷诺数作为判别标准，将裂缝-孔隙型储层、大型酸压裂缝和未充填洞穴划分为不同的流动模式（表 3-1）。由于储集体内溶洞洞径和裂缝开度远大于砂岩喉道内径，根据毛细管力方程，缝洞型油藏内部毛细管力很小，因此界面系统对多相流体流动的影响低于中低渗透碎屑砂岩油藏，尤其是当油田处于天然能量驱动的弹性开发初期，天然水侵尚未发生时,油藏近井区域只有单相原油发生流动,此时界面能可以忽略。其三,碎屑砂岩油藏有效储层空间分布稳定、相对均质,且储层呈层状分布。该类油藏纵向上以开发层系为基本单元,平面上以面积井网和切割井网等相对规则的井网系统为主。而缝洞型油藏没有传统意义上"油层"的概念,含油储集体在奥陶系内离散分布,储层预测难度大。由于洞穴、溶蚀孔洞及裂缝等储集空间多样,所以储层非均质性极强。该类油藏以缝洞单元为基本开发对象,以地震反演及缝洞雕刻的串珠状"甜点"作为靶点,以点状非规则布井为主。相对于碎屑砂岩油藏,缝洞型油藏开发井网欠完善,井控地质储量低,井间通道及水侵路径识别难度大,尤其是油井见水后产量锐减,调控治理手段有限,一次和二次采收率较低。

表 3-1   碳酸盐岩缝洞型油藏与碎屑砂岩油藏流动模式及开发方式对比

油藏类型	储层类型	储渗空间	流动模式	简化条件	开发层系	井网系统
碎屑砂岩油藏	碎屑砂岩	粒间孔隙、喉道	达西(Darcy)和低速非达西渗流模式	惯性力可忽略,界面效应明显	储层呈层状分布	规则面积井网形式
碳酸盐岩缝洞型油藏	缝洞型碳酸盐岩	洞穴、溶蚀孔洞、裂缝等	裂缝-孔隙储层为达西渗流,大型酸压裂缝为Forchheimer高速非达西渗流,未充填洞穴为Navier-Stokes自由流	流体流速高,惯性力不可忽略	缝洞单元为基本开发对象	以"甜点"为靶点的非规则井网形式

缝洞型油藏是一种介质类型多样、尺度相差悬殊、流动形态多样的油藏,既存在大尺度的溶洞、裂缝介质,又存在尺度较小的裂缝、溶孔型介质,既有渗流、溶洞自由流动,又有裂缝高速非达西渗流及多种流动形式并存,可以用离散缝洞模型进行简化表征,如图 3-1 所示。油水等流体在缝洞型油藏中的流动模式宏观上表现为渗流-自由流耦合特征。在该模型中,基质岩块和裂缝组成渗流系统,为经典的离散裂缝模型,其中的流动满足 Darcy 定律;溶洞系统为自由流区域,流体流动采用 Navier-Stokes 方程(N-S 方程)。基于缝洞型油藏开采机理及流体运动规律,遵循质量守恒和压力平衡,将 Darcy 方程与 N-S 方程耦合在一起,根据矿场工作制度和开发方式,确定合适的边界条件和初始条件,剖分精细模拟网格系统,对耦合方程进行数值求解。

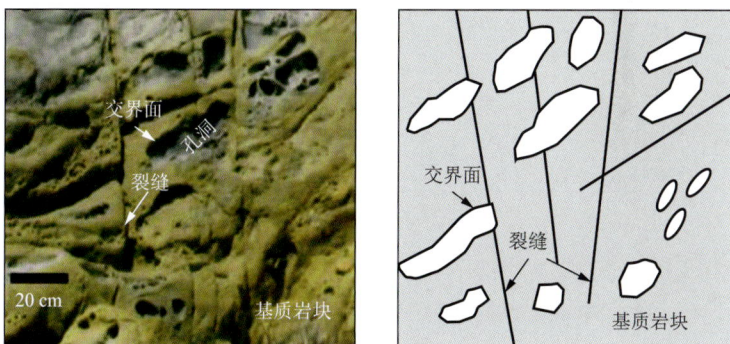

图 3-1   缝洞型油藏岩芯及离散缝洞模型示意图

在油田开发过程中，油水被视为不可混溶的两相流体，每一相都有其自身的压力、速度和饱和度等，其中某相流体的饱和度代表其在同时流动的若干相流体中所占的体积分数，一般用 S 表示。

1) 多孔介质中的控制方程

令 j 相的压力、速度、饱和度、黏度、密度分别用 p_j、u_j、S_j、μ_j、ρ_j 来描述，$j=o、w、g$。用 Darcy 定律来描述油、气、水三相的速度，则多孔介质内流动的控制方程组为：

$$\begin{cases} \dfrac{\partial}{\partial t}(\phi\rho_j S_j)+\nabla\cdot(\rho_j u_j)+q_j=0 \\[2mm] u_j=-\dfrac{Kk_{rj}}{\mu_j}(\nabla p_j-\rho_j g\nabla h)=-\lambda_{tj}(\nabla p_j-\rho_j g\nabla h) \\[2mm] \sum S_j=1 \\[2mm] p_c=p_n-p_w \end{cases} \tag{3-1}$$

式中　K——储层的绝对渗透率；

　　　k_{rj}——相 j 的相对渗透率；

　　　λ_{tj}——相 j 的总流度（相对流度与绝对渗透率的乘积）；

　　　q_j——源汇项；

　　　ϕ——孔隙度；

　　　h——垂直距离；

　　　p_c、p_n、p_w——毛管力、非润湿相压力及润湿相压力。

2) 洞穴流区控制方程

洞穴流区的控制方程采用 N-S 方程。在洞穴流区域，油、水、气不可混溶。下面分两种情况进行讨论。

(1) 第一种情况：孔洞内油水两种流体间有明显的界面，且可以明确地表示出来。对于这种情况，控制方程包括油区域的控制方程、水区域的控制方程以及油水界面运动方程。分别对油、水、气存在的区域给出质量守恒、动量守恒方程。

油相方程：

$$\begin{cases} \dfrac{\partial\rho_o}{\partial t}+\nabla\cdot(\rho_o u_o)=0 \\[2mm] \dfrac{\partial(\rho_o u_o)}{\partial t}+\nabla\cdot(\rho_o u_o u_o)-\nabla\cdot D_o+\nabla p_o=\rho_o g+f_\sigma \end{cases} \tag{3-2}$$

水相方程：

$$\begin{cases} \dfrac{\partial\rho_w}{\partial t}+\nabla\cdot(\rho_w u_w)=0 \\[2mm] \dfrac{\partial(\rho_w u_w)}{\partial t}+\nabla\cdot(\rho_w u_w u_w)-\nabla\cdot D_w+\nabla p_w=\rho_w g+f_\sigma \end{cases} \tag{3-3}$$

气相方程：

$$\begin{cases} \dfrac{\partial\rho_g}{\partial t}+\nabla\cdot(\rho_g u_g)=0 \\[2mm] \dfrac{\partial(\rho_g u_g)}{\partial t}+\nabla\cdot(\rho_g u_g u_g)-\nabla\cdot D_g+\nabla p_g=\rho_g g+f_\sigma \end{cases} \tag{3-4}$$

上述式中，D_o、D_w、D_g 分别为各相偏应力张量，f_σ 表示界面张力，它有两种表示形式。

① 以 ϕ 记任意点到交界面的距离，则界面张力可表示为：

$$\boldsymbol{f}_\sigma = \sigma K(\phi)\delta_\varepsilon(\phi)\boldsymbol{n}(\phi) \tag{3-5}$$

式中 σ——表面张力；

$\delta_\varepsilon(\phi)$——界面两侧压力差；

$K(\phi),\boldsymbol{n}(\phi)$——界面曲率和界面法向方向向量。

$$\delta_\varepsilon(\phi) = \begin{cases} \dfrac{1}{2\varepsilon}\left[1+\cos\left(\pi\dfrac{\phi}{\varepsilon}\right)\right], & |\phi|<\varepsilon \\ 0, & 其他 \end{cases} \tag{3-6}$$

② 以 C 记目标流体的体积分数，则界面张力可表示为：

$$f_\sigma = -(\sigma\nabla C)\nabla\cdot\left(\frac{\nabla C}{|\nabla C|}\right) \tag{3-7}$$

界面张力的计算比较复杂。考虑到在油藏中交界面的曲率比较小，可以将表面张力项忽略，则此时式(3-2)~式(3-4)变为：

在油相区域：

$$\begin{cases} \dfrac{\partial \rho_o}{\partial t} + \nabla\cdot(\rho_o u_o) = 0 \\ \dfrac{\partial(\rho_o u_o)}{\partial t} + \nabla\cdot(\rho_o u_o u_o) - \nabla\cdot D_o + \nabla p_o = \rho_o g \end{cases} \tag{3-8}$$

在水相区域：

$$\begin{cases} \dfrac{\partial \rho_w}{\partial t} + \nabla\cdot(\rho_w u_w) = 0 \\ \dfrac{\partial(\rho_w u_w)}{\partial t} + \nabla\cdot(\rho_w u_w u_w) - \nabla\cdot D_w + \nabla p_w = \rho_w g \end{cases} \tag{3-9}$$

在气相区域：

$$\begin{cases} \dfrac{\partial \rho_g}{\partial t} + \nabla\cdot(\rho_g u_g) = 0 \\ \dfrac{\partial(\rho_g u_g)}{\partial t} + \nabla\cdot(\rho_g u_g u_g) - \nabla\cdot D_g + \nabla p_g = \rho_g g \end{cases} \tag{3-10}$$

这就是微可压缩流体的两相流动方程。作为特例，假设油、水、气不可压缩，则密度为常数，此时在方程(3-8)中消去密度常数可得：

$$\begin{cases} \nabla\cdot u_o = 0 \\ \dfrac{\partial u_o}{\partial t} + \nabla\cdot(u_o u_o) - \dfrac{1}{\rho_o}\nabla\cdot D_o + \dfrac{1}{\rho_o}\nabla p_o = g \end{cases} \tag{3-11}$$

水、气两相的表达式与式(3-11)类同。以上就是标准的 N-S 运动方程，它们的区别在于流体的性质如密度、黏性不同。

下面考虑油水界面的运动方程。关于界面有两种表达形式，针对不同的算法可以选取不同的形式。

① 界面用点集描述，即

$$\Gamma(t) = \{s(t,\theta):\theta\in(0,1]\}$$

在这种情况下，界面上的点以流体速度按如下规律运动：

$$\frac{\partial s}{\partial t} - u(s, t) = 0 \tag{3-12}$$

式中　t——时间；

　　　θ——相分数；

　　　s——质点距离；

　　　u——速度。

② 界面上的点用方程 $F(x, t) = 0$ 确定，即

$$\Gamma(t) = \{x : F(x, t) = 0\}$$

此时 $F(x, t)$ 满足：

$$\frac{\mathrm{d}F}{\mathrm{d}t} = \frac{\partial F}{\partial t} + u \cdot \nabla F = 0 \tag{3-13}$$

其中，u 表示流体运动速度。在油、水两种流体的分界面上，压力、速度等物理量都是连续的，而密度、黏度等表示流体特性的物理量则不同。

（2）第二种情况：油、水、气间的界面不明显，或者宏观上不宜区分，此时可引入流体所占的体积分数进行分析。

为了与多孔介质的记号有所区分，这里记 k 相所占的体积分数为 a_k，$k = \mathrm{o}$、w、g，则有：

$$a_\mathrm{o} + a_\mathrm{w} + a_\mathrm{g} = 1 \tag{3-14}$$

k 相的质量守恒和总动量守恒方程为：

$$\frac{\partial(a_\mathrm{o}\rho_\mathrm{o})}{\partial t} + \nabla \cdot (a_\mathrm{o}\rho_\mathrm{o}u_\mathrm{o}) = 0 \tag{3-15}$$

$$\frac{\partial(a_\mathrm{w}\rho_\mathrm{w})}{\partial t} + \nabla \cdot (a_\mathrm{w}\rho_\mathrm{w}u_\mathrm{w}) = 0 \tag{3-16}$$

$$\frac{\partial(a_\mathrm{g}\rho_\mathrm{g})}{\partial t} + \nabla \cdot (a_\mathrm{g}\rho_\mathrm{g}u_\mathrm{g}) = 0 \tag{3-17}$$

$$\frac{\partial(a_\mathrm{o}\rho_\mathrm{o}u_\mathrm{o} + a_\mathrm{w}\rho_\mathrm{w}u_\mathrm{w} + a_\mathrm{g}\rho_\mathrm{g}u_\mathrm{g})}{\partial t} + \nabla \cdot (a_\mathrm{o}\rho_\mathrm{o}u_\mathrm{o}u_\mathrm{o} + a_\mathrm{w}\rho_\mathrm{w}u_\mathrm{w}u_\mathrm{w} + a_\mathrm{g}\rho_\mathrm{g}u_\mathrm{g}u_\mathrm{g}) -$$

$$\nabla \cdot (a_\mathrm{o}D_\mathrm{o} + a_\mathrm{w}D_\mathrm{w} + a_\mathrm{g}D_\mathrm{g} - pI) = (a_\mathrm{o}\rho_\mathrm{o} + a_\mathrm{w}\rho_\mathrm{w} + a_\mathrm{g}\rho_\mathrm{g})g \tag{3-18}$$

这种模型不考虑流体间的界面。当把动量守恒方程写成每一种流体的动量守恒方程时，在某个区域若只有一种流体存在，则另外一种流体的体积分数为零，同时两相流体间存在动量交换。

3）洞穴流区与多孔介质区的交界面条件

交界面条件包括浓度连续性、压力平衡、流通量平衡和 Beavers-Joseph-Saffman 滑移速度边界条件（简称 BJS 滑移条件），即

$$\begin{cases} c_\mathrm{s} = c_\mathrm{d} \\ u_\mathrm{s} \cdot \boldsymbol{n} = u_\mathrm{d} \cdot \boldsymbol{n} = -\dfrac{K}{\mu}(\nabla p_\mathrm{d} - \rho g) \cdot \boldsymbol{n} \\ p_\mathrm{s} - \boldsymbol{n}_\mathrm{s} \cdot 2\mu\phi(u_\mathrm{s}) \cdot \boldsymbol{n}_\mathrm{s} = p_\mathrm{d} \\ u_\mathrm{s} \cdot \boldsymbol{\tau}_j = -\dfrac{\sqrt{k_j}}{\alpha_1}\boldsymbol{n}_\mathrm{s} \cdot \phi(u_\mathrm{s}) \cdot \boldsymbol{\tau}_j \end{cases} \tag{3-19}$$

式中　下标 s、d、w、o、g——自由流区域、多孔介质区域、水相、油相、气相；

　　　c——浓度，$\mathrm{mol/L}$；

u——速度，m/s；

K——渗透率，10^{-3} μm^2；

p——压力，Pa；

$\boldsymbol{n}$——法向方向向量；

k——系统滑移系数；

ρ——密度，kg/m^3；

t——时间，s；

a——体积分数；

ϕ——孔隙度；

$\boldsymbol{\tau}_j$——交界面切向方向向量，$j=1,2,\cdots,N-1$；

α_1——交界面切线方向上的滑移速度，可由实验测得。

考虑油藏实际情况，可以对交界面条件进行简化。其中，$\mu_o\varepsilon(u_{o,s})$ 与速度梯度和黏性系数有关；地层压力，不论是多孔介质的压力 p_d 还是洞穴的压力 p_s 都很大；相对于地层压力，速度和黏性都很小，因此可以忽略。同时，可以假设洞穴流区域和多孔介质区域在边界切线方向上没有滑移。在这种假设下，上述交界面条件可以简化为：

$$\begin{cases} c_s = c_d \\ u_s \cdot \boldsymbol{n} = u_d \cdot \boldsymbol{n} \\ p_s = p_d \\ u_s \cdot \boldsymbol{\tau}_j = u_d \cdot \boldsymbol{\tau}_j \end{cases} \tag{3-20}$$

这组条件实际上表示在交界面上浓度、压力和速度的连续性。在实际计算过程中，交界面条件容易使用，特别是当使用有限差分和有限体积进行离散时。在使用有限元方法求解推导的过程中，式(3-19)可以直接应用。

3.1.2　缝洞型油藏耦合数值模拟方法

油藏数值模拟是一种以数值计算手段模拟地下油水流动规律的方法，其主要作用是认识地下流体的运动规律，分析剩余油分布特征，设计开发调整方案，以及预测未来生产指标等。目前，商业软件在模拟缝洞型油藏时，主要根据试井解释、室内实验等结果，通过增大不同区域（断裂、溶洞和孔隙-裂缝型储层）的孔隙度和渗透率来间接地模拟不同介质，虽然在一定程度上简化了数值求解的难度，但归根结底仍是基于 Darcy 方程进行求解的，无法从根本上考虑断裂、溶洞和孔隙-裂缝型储层的流动特征。通过联立 Darcy 方程和 N-S 方程，可以精准地描述缝洞型油藏流体从深部储集体经断层破碎带、酸压通道等进入近井带洞穴型产层段，最后流入井筒，采出地面的全过程。在本书中，采用有限元方法求解上述离散缝洞型油藏流固耦合数学模型。其中，渗流区域采用标准的 Galerkin 有限元方法，自由流区域采用 Taylor-Hood 混合元方法，如图 3-2 所示。

联立上述两个物理过程的控制方程及边界条件，保证流体质量守恒和压力平衡，建立网格系统，应用计算流体力学方法进行数值求解，研究缝洞型油藏油水运动规律，具体过程如图 3-3 和图 3-4 所示。

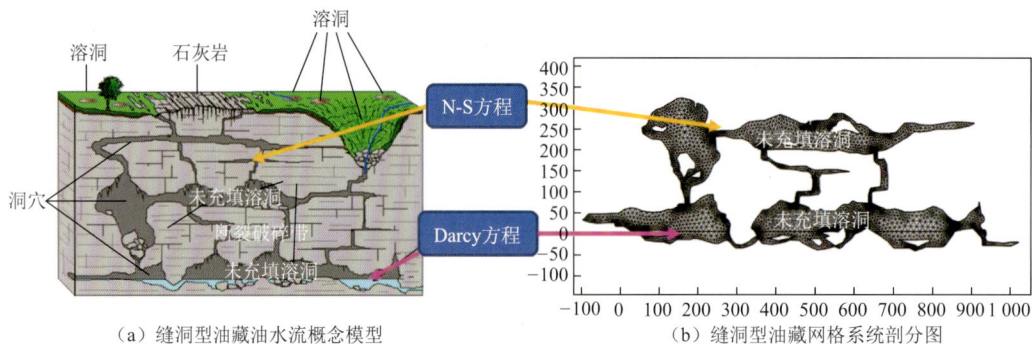

（a）缝洞型油藏油水流概念模型　　　　　（b）缝洞型油藏网格系统剖分图

图 3-2　缝洞型油藏流动模式及网格系统剖分图

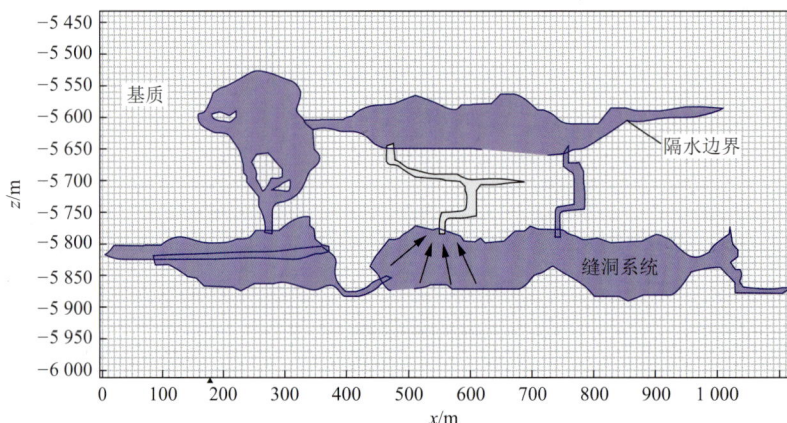

图 3-3　缝洞型油藏管渗流动数值模拟耦合条件示意图

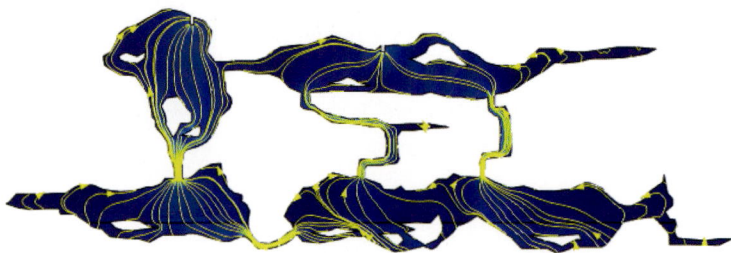

图 3-4　缝洞型油藏管渗耦合流体流速和流线模型

3.2　缝洞型油藏底水锥进机理

塔河油田碳酸盐岩油藏的开发历程表明,高产井一直是油田生产的主力,而高产井无水采油量占单井累积产油量的一半以上,因此如何高效开发未见水高产井,已成为油田开发生产管理的关键任务之一。

由于水体多样,储集体组合方式多样,没有统一的油水界面,塔河油田高产井见水特征表现出多样性和复杂性,但都是底水产生锥进的结果。这里利用现场大量已见水高产井的生产资料,统计分析其见水预警参数,研究水淹预警机理,并结合油井见水影响因素,建立油井见水预警机制,为高产井的生产管理提供指导。

3.2.1 缝洞型油藏底水锥进机理地质模型分析

1) 塔河油田典型缝洞储集体类型的划分

在对单井含水变化进行分类的基础上,结合钻井、测井资料及缝洞发育情况,将塔河油田奥陶系油藏的主要储集体类型划分为溶洞型和裂缝-孔洞型(表 3-2)。

表 3-2　塔河油田缝洞型油藏储集模式及特点

储集模式	模式特点	示意图
溶洞型	大型的溶蚀孔洞比较发育,在钻井过程中一般都发生了放空、漏失,底水不会发生明显的锥进,油水界面呈整体抬升的趋势,见水后含水缓慢上升,对应的见水类型大多为缓慢上升型	
裂缝-孔洞型	裂缝比较发育,往往通过高角度裂缝和深部底水或储集体沟通,油井在开采时因生产压差形成水锥,且高度不断增加,油井一旦见水,含水迅速上升到很高水平,对应的见水类型大多为暴性水淹型	

2) 不同类型缝洞储集体的底水锥进过程中压力的变化

对矿场 180 余口已见水高产井生产动态指标的统计及理论模拟表明,碳酸盐岩缝洞型油藏高产井在生产过程中,压力变化是油井见水的重要特征因素。塔河油田缝洞型油藏的开采一般经过弹性能驱动到天然水驱阶段,再到混合水驱阶段的过程。底水突破会产生压力异常。油井见水前由于进入水驱阶段,水侵会对溶洞系统产生压力干扰,从而使油井在见水前有异常压力信号显示。根据节点系统分析(图 3-5)可知,油井见水前油压和回压升高,且流压和油压在各驱动阶段具有一致性的变化模式。

首先对高产井生产过程中的压力变化进行详细研究。高产井投产之后,油井周围形成"压降漏斗",随着开采的进行,水体经历水侵前→成锥期→托锥期→突破期 4 个阶段的变化。图 3-6 为溶洞型或大孔洞型油藏底水锥进过程示意图。开采初始阶段即水侵前,依靠地层的自身能量驱动流体,不考虑气量大小或假设气量相等,则井口压力与井筒流体压力之和等于井底流压(见图 3-6a)。当生产时间为 t_1 时,流压降低,地层压力系统不再平衡,底水锥进维持压力平衡,高势能底水开始向低势能空间渗流扩散,向井底方向流动的有效流速小于底水锥进的速度(即 $v_1 < v_w$),井口压力仍然下降(见图 3-6b),即成锥期。当生产时间为 t_2 时,底水驱动能量占主导地位,向井底方向流动的速度与底水锥进速度相等(即 $v_2 = v_w$),流压增大,井口压力发生波动,甚至出现升高的现象,当底水能量充足时,井口产液量升高(见图 3-6c),即托锥期。当底水锥进到井筒时(t_3 时刻),井筒流体发生变化,存在两相以上流体,井筒流体自身压力增大,井口压力下降,井口产出液含水上升(见图 3-6d),即突破期。

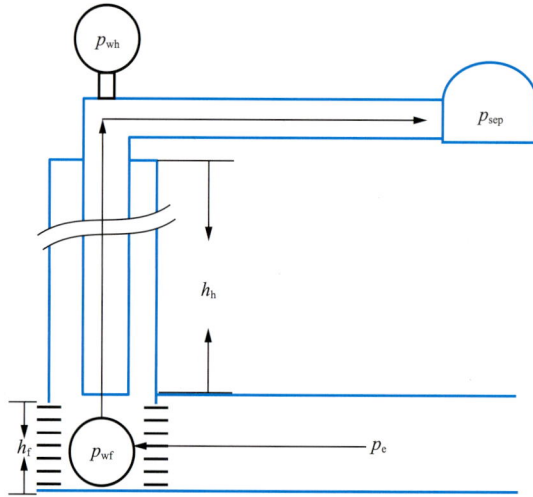

图 3-5　油井生产系统图

p_{wh}—井口压力；p_{sep}—分离器压力；p_{wf}—井底流压；p_e—地层压力；h_h—井筒油柱高度；h_f—油层厚度

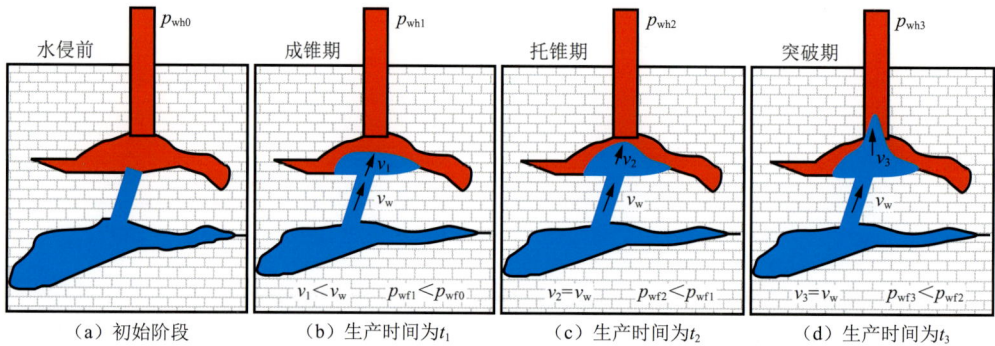

水侵前	成锥期	托锥期	突破期
p_{wh0}	p_{wh1}	p_{wh2}	p_{wh3}
（a）初始阶段	（b）生产时间为 t_1	（c）生产时间为 t_2	（d）生产时间为 t_3

图 3-6　塔河油田奥陶系溶洞型或大孔洞型油藏底水锥进过程示意图

图 3-7 为塔河油田奥陶系裂缝-孔洞型油藏底水窜进过程示意图。开采初始阶段如图 3-7(a)所示。生产到一定时间后,流压降低,底水上侵,即进入成锥期(见图 3-7b)。之后流压继续下降,底水驱动能量占主导地位,充填较弱的高渗高孔空间优先启动,不同缝洞空间油水界面不统一,当高渗高孔空间地层压力降低时,其他空间水体开始上侵(见图 3-7c),即托锥期。多缝洞空间的压力不间断平衡过程导致底水不断上行锥进,出现单孔见水(见图 3-7d);当压力降低到一定程度时,出现多孔见水,含水急剧上升或水淹(见图 3-7e),即突破期。

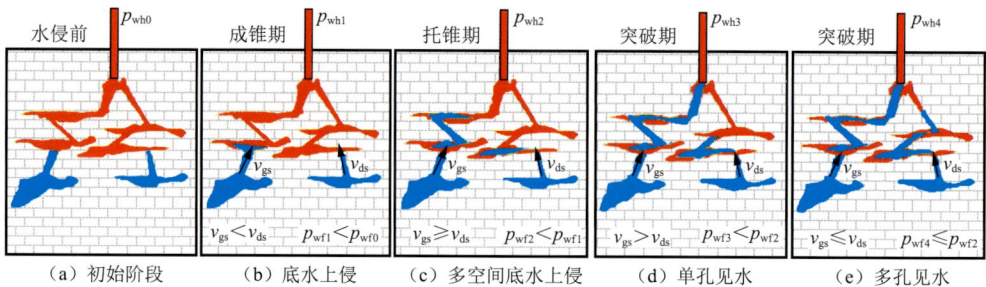

水侵前	成锥期	托锥期	突破期	突破期
p_{wh0}	p_{wh1}	p_{wh2}	p_{wh3}	p_{wh4}
（a）初始阶段	（b）底水上侵	（c）多空间底水上侵	（d）单孔见水	（e）多孔见水

图 3-7　塔河油田奥陶系裂缝-孔洞型油藏底水窜进过程示意图

v_{ds}—低渗空间水体的流速；v_{gs}—高渗空间水体的流速

3）缝洞型油藏高产井水锥模式及成因机理分析

假设塔河油田奥陶系油藏水锥形成的 4 个过程中油井工作制度不变,并且由于缝洞型油藏地饱压差大,所以在油藏和井底都不会发生脱气。油压和累积产液量存在相关性,各阶段的压力变化模式如图 3-8 所示。

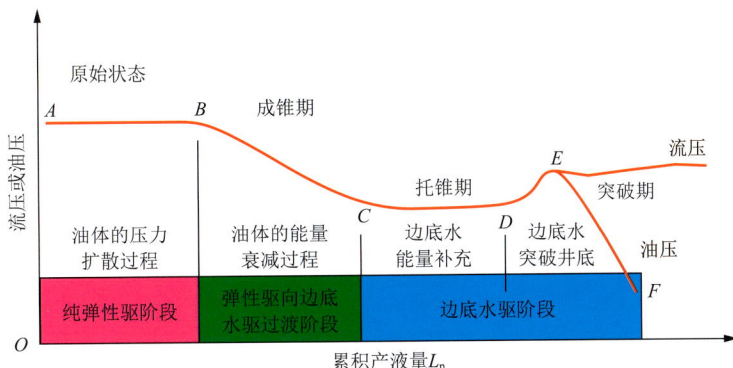

图 3-8　塔河油田奥陶系油藏油井油压-累积产液量关系图

图 3-8 为缝洞型油藏高产井流压或油压与累积产液量理论图版。根据油井见水前不同累积产液量阶段下压力的变化特征,将其划分为 5 个特征阶段。其中,AB 段体现油藏压力扩散到油体边界前的压力变化特征;BC 段代表油藏压力扩散至油体边界后,油压缓慢下降、边底水能量尚未充分补充的阶段,BC 段的斜率反映油体能量的衰竭速度;BD 段的长度体现边底水的补充速度;CD 段边底水能量补充占主导,其长度反映底水能量的大小;E 点反映底水突破至井底附近时油压的波动,是见水前明显的异常反映,但一般油压变化幅度很小(小于 0.5 MPa),部分井见水前没有油压异常阶段。此阶段油井由不含水到零星含水,或者由零星含水到连续相含水。

塔河油田缝洞型油藏埋藏深、地饱压差大,故可以近似认为见水前井筒中仍为油的单相流动模式。根据油井生产系统建立油藏到井底、井底到井口等各流动环节的流动方程,应用节点分析法分析油井生产系统中各环节流压、油压、套压或产量等参数的变化特征。

碳酸盐岩缝洞型油藏主要储集体类型为溶穴、溶蚀孔洞,流体在该类储层和井筒中的流动属于流体动力学范畴,其流动遵循有黏伯努利定理,地层压力 p_e 与井底流压 p_{wf} 存在如下关系:

$$p_e = p_{wf} + \rho_o g h_o + \frac{\rho_o v_f^2}{2} \tag{3-21}$$

井底压力与井口压力的关系为:

$$p_{wf} + \rho_o g h_o + \frac{\rho v_f^2}{2} = p_{wh} + \rho_o g h_h + \frac{\rho v_h^2}{2} + \Delta p_f \tag{3-22}$$

假设井筒半径不变,则井底流入速度等于井口流出速度,则式(3-22)可简化为:

$$p_{wf} + \rho_o g h_o = p_{wh} + \rho_o g h_h + \Delta p_f \tag{3-23}$$

式中　　p_{wh}——井口压力,MPa;

　　　　p_{wf}——井底流压,MPa;

　　　　p_e——地层压力,MPa;

　　　　ρ_o——原油密度,kg/m³;

h_o——油层厚度，m；

v_f——流体在地层中的流动速度，m/s；

h_h——井筒油柱高度，m；

v_h——流体在井筒中的流动速度，m/s；

g——重力加速度，m/s²；

Δp_f——流动摩阻损失，MPa。

当产量不变时，流动摩阻损失不变，即 Δp_f 不变，因此当 p_{wf} 增大时，p_{wh} 也增大。

结合缝洞型油藏高产井开发动态特征，重点分析 $A-B-C-D-E-F$ 段井口油压和井底流压的变化关系。

AB 段，水侵之前，溶洞和裂缝-孔洞系统内为单相流，井底流压计算公式为式(3-21)。

$BC-CD$ 段，边底水侵入油藏后，含油区出现油水两相流区，此时井底流压的表达式为：

$$p_e + p_{wf} + \rho_{ow} g h_o' + \frac{\rho_{ow} v_f^2}{2} \tag{3-24}$$

式中 ρ_{ow}——油水两相流的混合密度，kg/m³。

与单相油流动相比，油水两相流体黏滞阻力增大，将会消耗更大的驱动能量，因此在该阶段井底流压 p_{wf} 降低，从而 p_{wh} 降低。

DE 段，油井见水前外围为水油复合区，因为水的黏度小，因而水体突破油体，即井口出现油压上升的异常现象。计算流体力学模拟表明，水侵入溶洞前、刚侵入溶洞时以及侵入溶洞后，油相、流线、速度及压力分布均有显著变化。由图3-9～图3-11可以看出，当溶洞中有水体侵入时，溶洞内部压力场和速度场将受到扰动，原本均匀分布的压力场出现局部高压或低压区，形成震荡的压力波。井口压力显示：水体刚侵入时井口压力升高，侵入一段时间后压力降低。

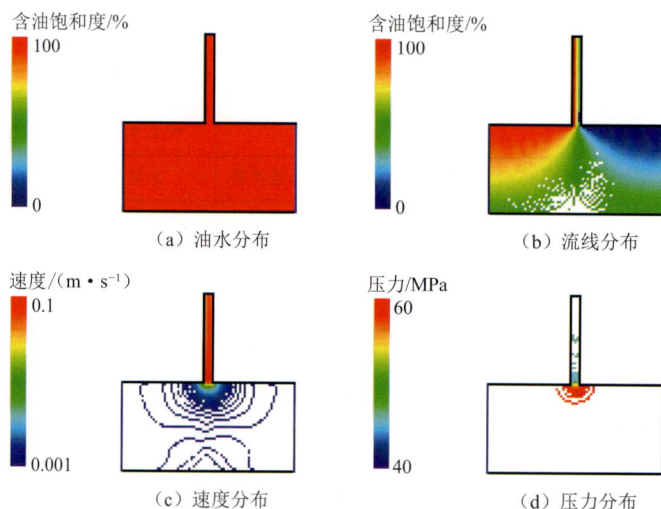

含油饱和度/%

（a）油水分布

（b）流线分布

（c）速度分布

（d）压力分布

图3-9　水体侵入之前油相、流线、速度及压力分布

从图3-9～图3-11中的(b)图对比发现，分布有序的流线变得杂乱和密集。从流体力学原理可知，流线簇的疏密程度反映了该时刻流场中各点速度的变化情况，其中疏的地方流速变化慢，密的地方流速变化快，使得溶洞内部本身处于均匀分布的压力产生局部高压

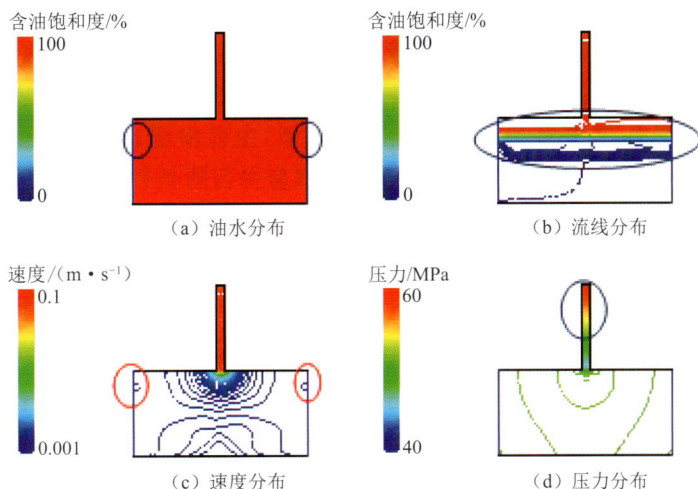

图 3-10 水体刚侵入时油相、流线、速度及压力分布

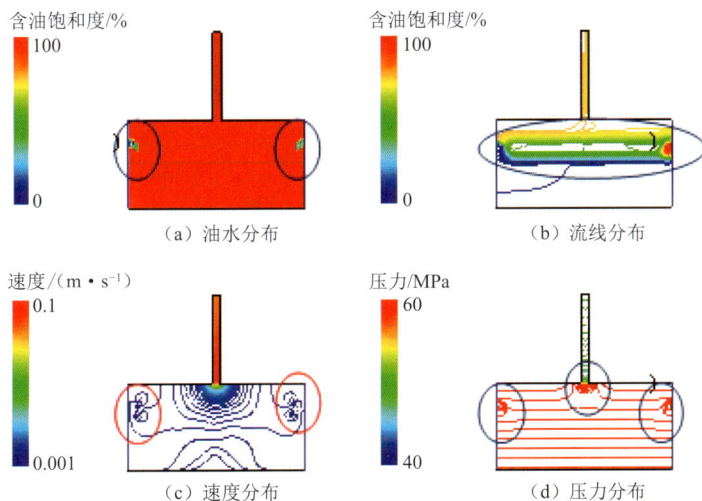

图 3-11 水体侵入后一定时间油相、流线、速度及压力分布

或低压区,形成震荡的压力波。从图 3-9～图 3-11 中的(c)图(圈内)可以看出,溶洞中有水体侵入的地方流速出现局部的增大,使得溶洞系统的压力发生震荡。对比图 3-9～图 3-11 中的(d)图可以看出这种压力震荡变化,其中图 3-10(d)中的井口压力升高,到图 3-11(d)时又降低,对于实际生产中的井表现为井口有异常信号出现。

EF 段,水体突破到井底,油管中含水率上升、混合液流密度增大、回压上升,导致油井油压快速下降,生产动态表现为油井随即见水。

上述分析均假设地层压力保持不变,水体与溶洞有良好的连接,底水侵入会对溶洞系统产生压力干扰影响,因而油井见水前会有异常信号影响。但也有部分油井见水前无异常信号,当水体距离油体较远时,向油体方向水侵速度不断减小,从而使压力震荡不断减弱,到达井底时扰动很小,便不会产生压力异常。

以上流动模拟及机理分析说明,水侵会使溶洞系统压力发生震荡,这种震荡会以压力波的形式很快传到溶洞体内的各个位置,因此会对井底流压有一定的影响。根据节点分析思想,当 p_{wf} 变化时,p_{wh} 也变化,在生产指标信号上会有流压、油压、套压或产量的异常反应。因而,通过捕捉油井生产参数的异常反应,预测油井的见水时间,是油井进入托锥后期或底水上侵后期防止水体快速锥进的有力手段。

3.2.2 缝洞型油藏油井见水前油压变化特征

塔河油田已见水高产井的生产特征统计表明,在相对稳定的工作制度前提下,有 63% 的井在见水前即托锥期会出现油(套)压或者产量的异常波动,主要表现为压力上升。该类变化井约占 84%,出现异常的时间(Δt)主要分布在半年以内(图 3-12),其中,① $\Delta t < 3$ 个月,井数占 71%;② $\Delta t < 6$ 个月,井数占 86%。

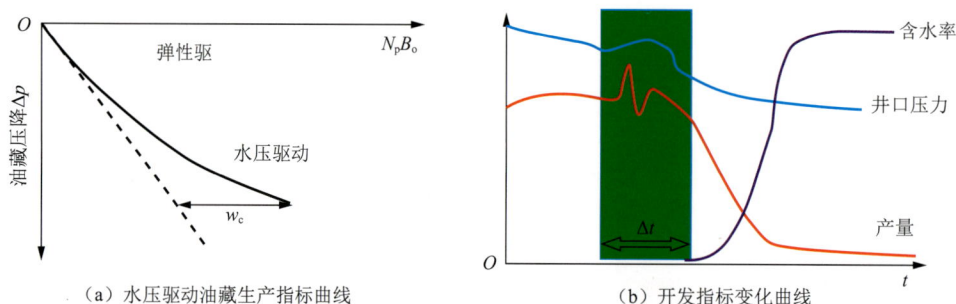

图 3-12 塔河油田天然能量变化示意图

N_p一累积产油量;B_o一地层压力下的原油体积系数;w_c一压降偏离值

统计表明:各区块见水前异常信号类型差异较小,主要表现为压力上升。各含水变化类型对应的异常信号类型主要表现为压力上升。根据见水前压力等参数的异常建立预警机制,可有效指导生产,延长无水采油期,这对高产井的有效管理非常有意义。本节重点分析缝洞型油藏油井见水前油压的变化特征。

从塔河油田不同岩溶背景的六区、十二区和托甫台区的 1 015 口井中分别筛选出塔河六区 29 口、塔河十二区 87 口、托甫台区 57 口共 173 口高产井进行井口压力变化特征分析。结果表明,井口油压具有明显的阶段变化特征,以此作为油井各驱动阶段划分的依据,在后续的数值模拟不同岩溶背景油藏油水流动规律中进行验证。

根据研究区块 173 口高产井见水前的油压变化特征,将缝洞型油藏油井井口油压变化特征分为 4 个阶段:① 油压平缓阶段,② 油压下降阶段,③ 油压再次平缓阶段,④ 油压变化特征明显阶段。在上述分析的基础上,绘制缝洞型油藏油井井口见水前油压变化特征曲线,如图 3-13 所示。

分析研究区块 173 口高产井的见水油压变化特征,将 3 个区块的油井划分为 4 类(图 3-14):

1 类:包括完整 4 个阶段的井;

2 类:有阶段①且阶段④不明显的井;

3 类:无阶段①且阶段④明显的井;

4 类:无阶段①且阶段④不明显的井。

3 个区块油井按油压阶段特征划分的类型统计结果见表 3-3。其中,无阶段①井占各区的 69% 以上,六区阶段④明显的井占 69%,阶段④不明显的井在十二区和托甫台区分别占 69% 和 72%。

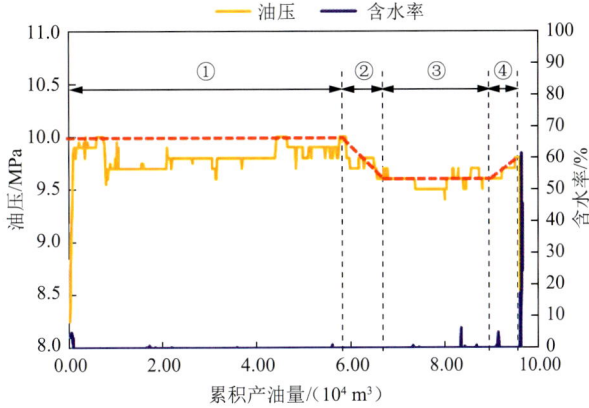

图 3-13　TK471 井见水前油压变化曲线

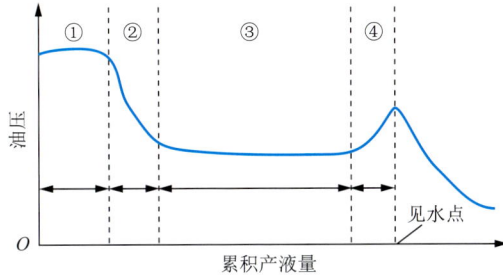

图 3-14　缝洞型油藏油井井口见水前油压变化特征曲线

表 3-3　3 个区块的井按油压阶段特征划分类型统计表

类　型	类型特征	井数/口			占比/%		
		六区	十二区	托甫台区	六区	十二区	托甫台区
1	完整 4 个油压阶段	6	2	7	21	2	12
2	有阶段①且阶段④不明显	3	2	5	10	2	9
3	无阶段①且阶段④明显	14	25	9	41	29	16
4	无阶段①且阶段④不明显	6	58	36	28	67	63
小　计	无阶段①	20	83	45	69	95	79
	阶段④不明显	9	60	41	31	69	72

上述统计结果表明：

（1）油井井口油压变化特征中具有阶段①油压平缓段的油井占比小于 31%，占比较小，不作为研究区块油压变化特征的重点。

（2）油井井口油压变化特征中都具有阶段②油压下降段和阶段③油压再次平缓段，以此作为油井见水前油压主要的变化特征。

（3）3 个区块油井见水前油压变化特征有明显差异，六区的阶段④变化特征明显（占比大于 69%），十二区、托甫台区的阶段④变化特征不明显（占比大于 69%）。

综上所述，十二区和托甫台区油井见水前油压特征主要为阶段②油压下降＋阶段③油压平缓,而六区油井见水前油压特征主要为阶段②油压下降＋阶段③油压平缓＋阶段④油压变化明显(包括油压下降和油压上升)。

通过对 4 类井油压变化曲线的分析对比,选取典型井建立 4 类井的曲线图版,如图 3-15 所示。1 类井的典型井如 TK667、TP20CH 井等,其中 TK667 井见水前油压变化呈现

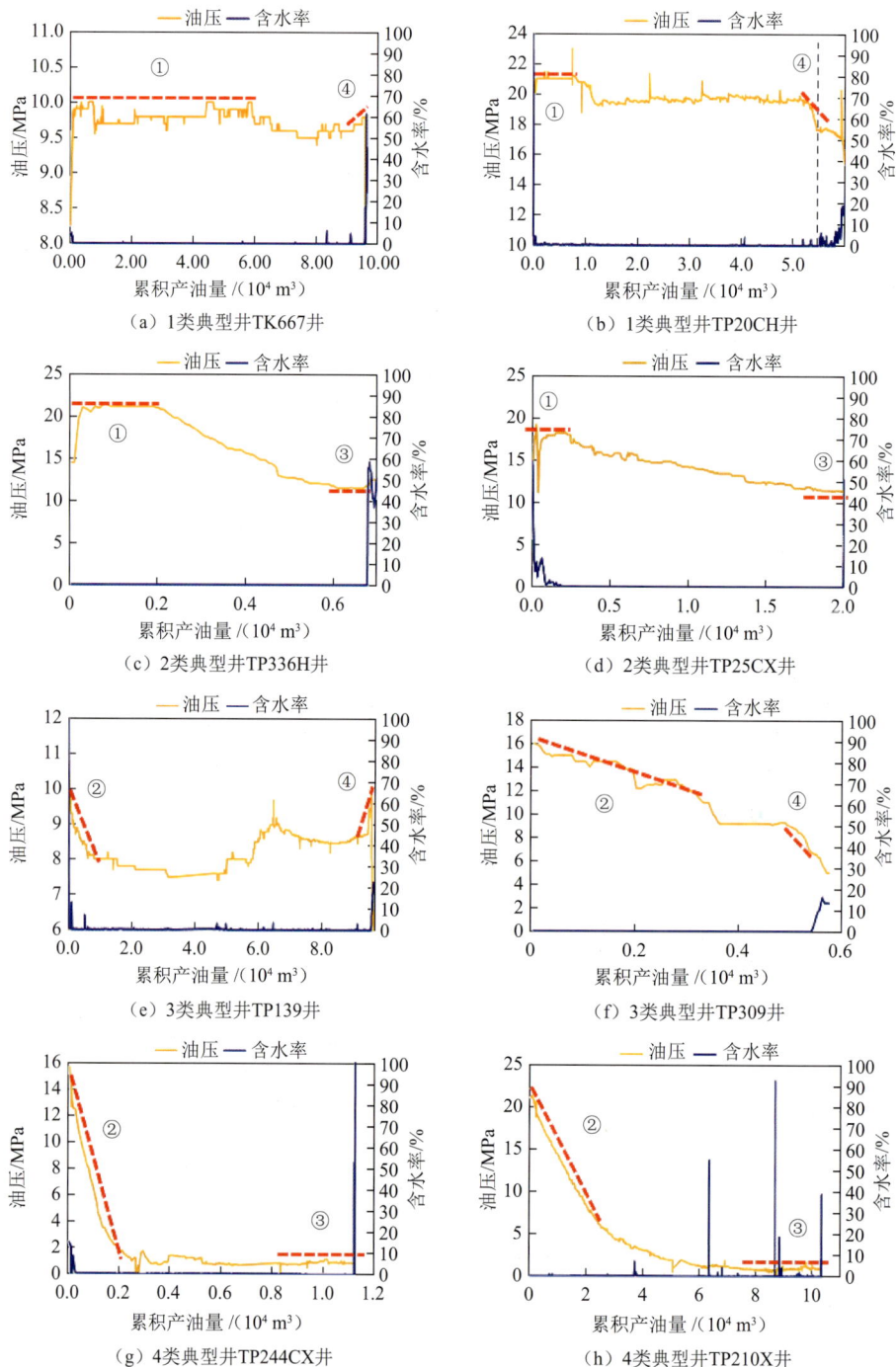

（a）1类典型井TK667井

（b）1类典型井TP20CH井

（c）2类典型井TP336H井

（d）2类典型井TP25CX井

（e）3类典型井TP139井

（f）3类典型井TP309井

（g）4类典型井TP244CX井

（h）4类典型井TP210X井

图 3-15　4 类典型井油压变化曲线

阶段①油压平缓＋阶段②油压下降＋阶段③油压平缓＋阶段④油压上升的变化特征；TP20CH 井见水前油压变化呈现阶段①油压平缓＋阶段②油压下降＋阶段③油压平缓＋阶段④油压下降的变化特征。2 类井的典型井如 TP336H，TP25CX 井等，见水前油压变化呈现阶段①油压平缓＋阶段②油压下降＋阶段③油压平缓的变化特征。3 类井的典型井如 TP139、TP309 井等，其中 TP139 井见水前油压变化呈现阶段②油压下降＋阶段③油压平缓＋阶段④油压上升的变化特征；TP309 井见水前油压变化呈现阶段②油压下降＋阶段③油压平缓＋阶段④油压下降的变化特征。4 类井的典型井如 TP244CX、TP210X 井等，见水前油压变化呈现阶段②油压下降＋阶段③油压平缓的变化特征。

1 类井曲线图版具有油压先平缓后下降再平缓的油压特征，且见水前油压变化明显（下降或上升）。TK667 井为该类井的典型井，其所在储层为溶洞型，见水前油压上升明显，如图 3-16 所示，见水后呈暴性水淹特征，其刻画的溶洞型地质模型如图 3-17 所示。

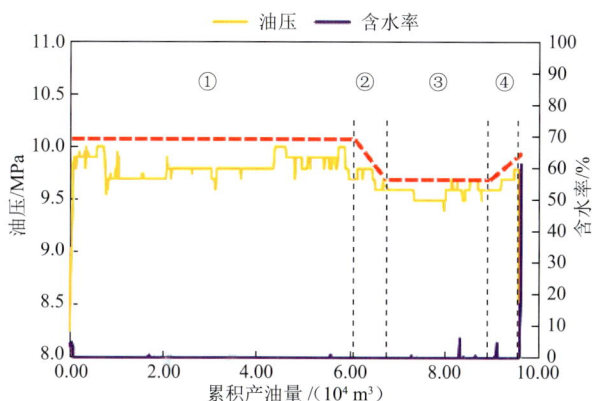

图 3-16　TK667 井累积产油量与油压、含水率关系曲线　　　　图 3-17　TK667 井的溶洞型地质模型图

TK647 井为 1 类曲线图版的典型井，其所在储层生产层为半充填溶洞型，见水前油压下降如图 3-18 所示，见水后呈暴性水淹特征，其刻画的上溶洞下裂缝型地质模型如图 3-19 所示。

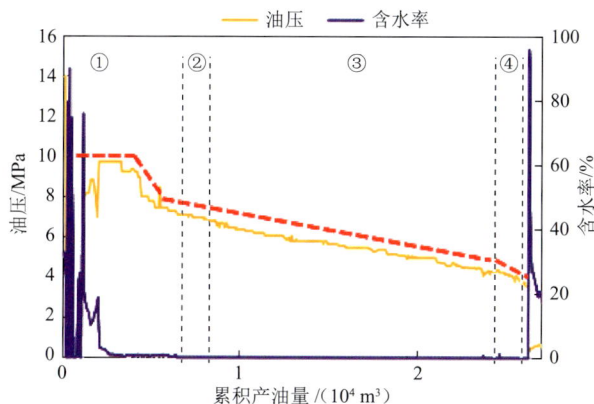

图 3-18　TK647 井累积产油量与油压、含水率关系曲线　　　　图 3-19　TK647 井的上溶洞下裂缝型地质模型图

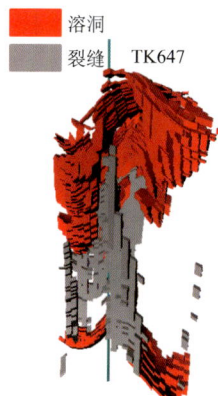

2 类曲线图版具有油压先平缓后下降再平缓的油压变化特征,见水前油压变化不明显(油压平缓)。TK643 井为该类图版的典型井,其所在储层为裂缝-孔洞型,油压变化如图 3-20 所示,见水后含水缓慢上升,其刻画的裂缝孔洞型地质模型如图 3-21 所示。

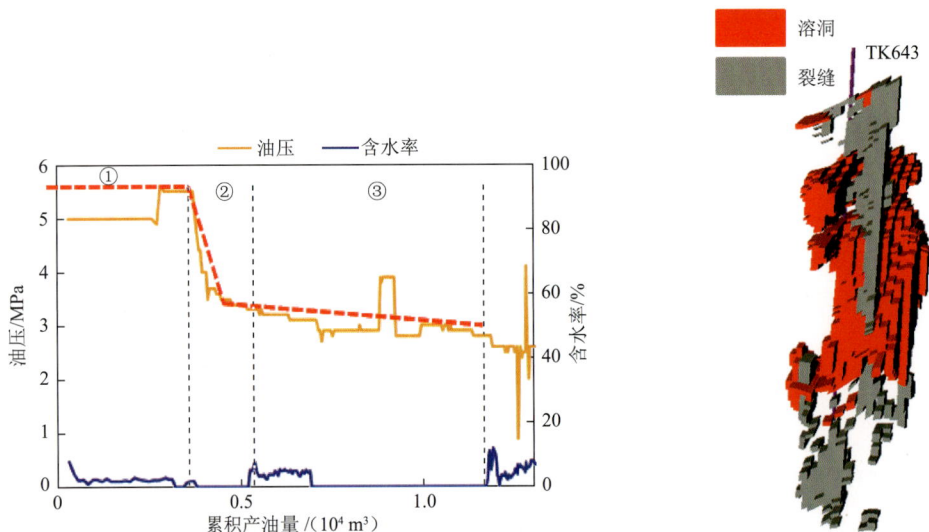

图 3-20　TK643 井累积产油量与油压、含水率关系曲线　　图 3-21　TK643 井的裂缝-孔洞型地质模型图

TP25CX 井为 2 类图版的典型井,其油压变化如图 3-22 所示,其所在储层为裂缝-孔洞型,见水前油压变化不明显,见水后呈暴性水淹特征。

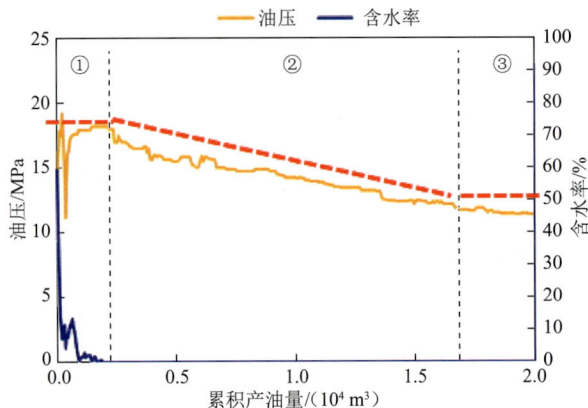

图 3-22　TP25CX 井累积产油量与油压、含水率关系曲线

3 类图版具有油压先下降后平缓的,但是在见水前油压异常降低或升高的特征。TH12117 井为该类图版的典型井,其所在储层为溶洞型,见水前油压变化如图 3-23 所示,见水后含水快速上升。

TP309 井为 3 类图版的典型井,其所在储层为裂缝-孔洞型,见水前油压下降如图 3-24 所示,见水后含水快速上升。

4 类图版具有油压先下降后平缓的变化特征,见水前油压变化不明显(油压平缓)。TH12380 井为该类图版的典型井,其所在储层为溶洞型,见水前油压变化如图 3-25 所示,见水后含水快速上升。

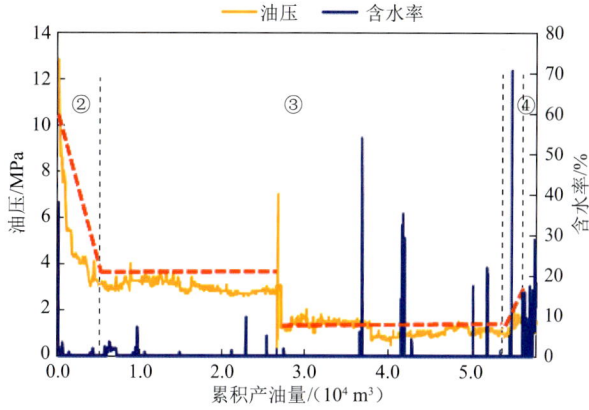

图 3-23　TH12117 井累积产油量与油压、含水率关系曲线

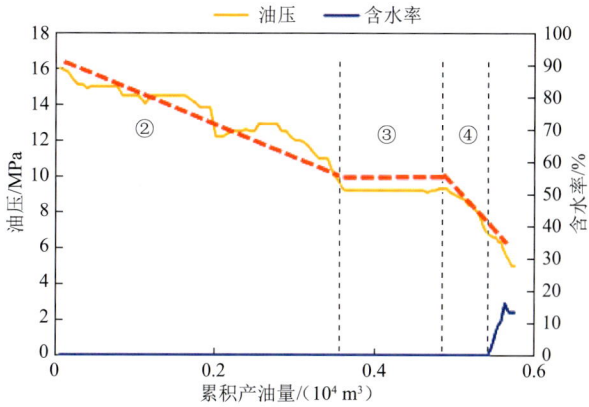

图 3-24　TP309 井累积产油量与油压、含水率关系曲线

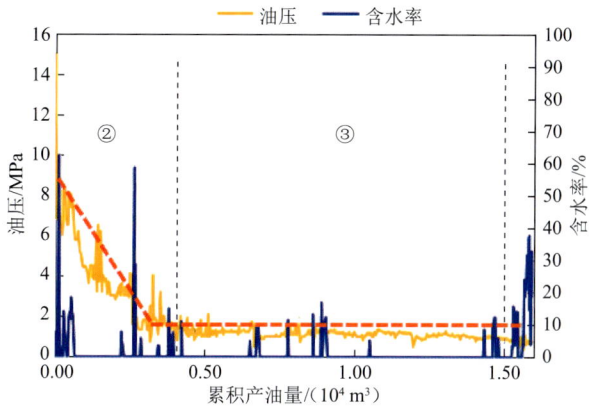

图 3-25　TH12380 井累积产油量与油压、含水率关系曲线

　　TP244X 井为 4 类图版的典型井,其油压变化如图 3-26 所示,其所在储层为溶洞型,见水前油压变化不明显(油压平缓),见水后呈暴性水淹特征。

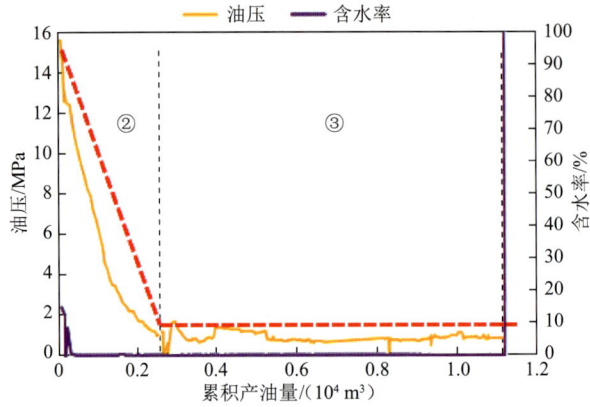

图 3-26　TP244X 井累积产油量与油压、含水率关系曲线图

　　3 个区块中部分井由于开井见水和无水采油期较短、目前未见水和措施调整频繁等，无法明确油压阶段特征，未参与油压阶段统计。主要有以下原因：油井开井见水、无水采油期较短及措施调整频繁的油井见水前油压变化特征不明显，导致无法参与统计分析，而未见水井未有完整的见水前油压变化特征，无法明确见水前油压完整的阶段变化特征，故亦无法参与油压变化特征统计分析。图 3-27 为未参与见水前油压阶段特征统计的油井生产曲线。

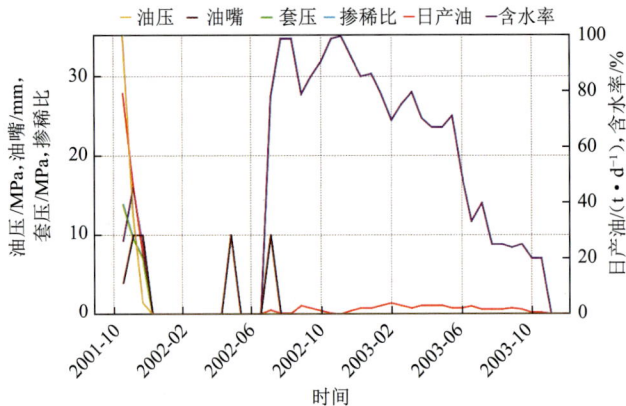

（a）TK613 井多参数曲线

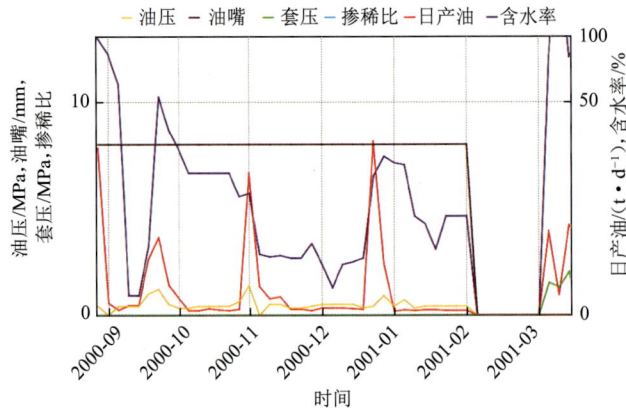

（b）TK601 井多参数曲线

图 3-27　未参与见水前油压阶段特征统计的油井生产曲线

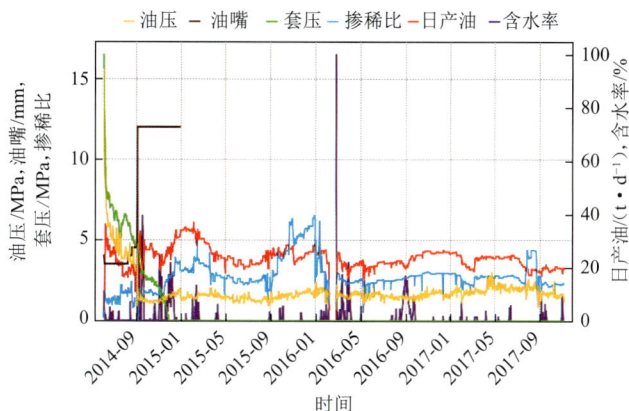

（c）TK698井多参数曲线

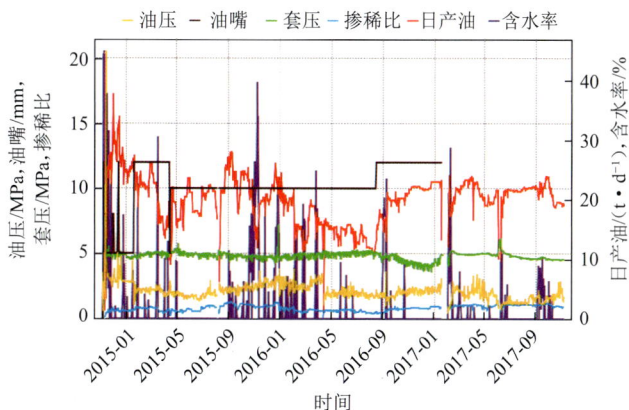

（d）TK6103井多参数曲线

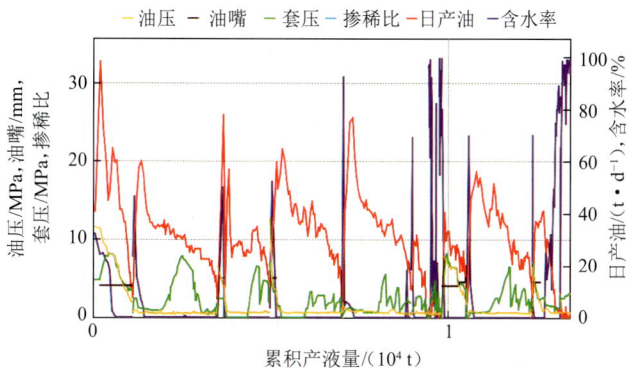

（e）TK678井多参数曲线

图 3-27(续)　未参与见水前油压阶段特征统计的油井生产曲线

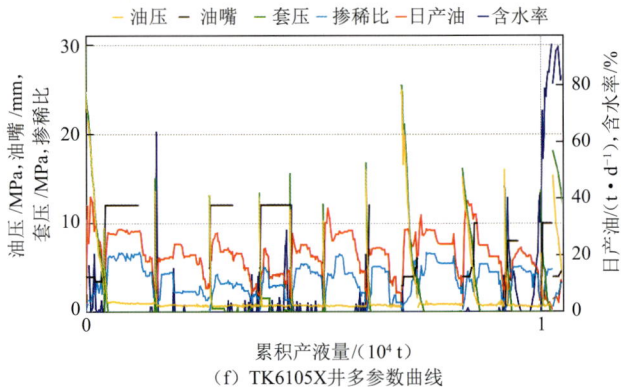

（f）TK6105X井多参数曲线

图 3-27(续)　未参与见水前油压阶段特征统计的油井生产曲线

3.2.3　缝洞型油藏数值模拟底水锥进过程

油藏数值模拟是研究油藏油水运动规律，探究油井生产过程中油藏内水锥形成、抬升、锥进及突破过程及其与油井产量、压力等动态指标对应模式的关键技术。基于塔河油田主体区地震雕刻和地质综合研究成果，建立典型缝洞单元精细地质模型，构建实际地质模型进行油水流动数值模拟研究。依据 4 个流动阶段特征建立典型井的地质模型，如 1 类井的典型井 TK647 井(图 3-28)。实际情况与模拟的油压阶段划分对比相符合，如图 3-29 所示，可进行流动规律研究。

通过典型井 TK647 井模型的数值模拟重现边底水原始状态、成锥、托锥及井底突破 4 个阶段的动态演化过程，油压的 4 个特征阶段与 4 个流动阶段相对应。图 3-30 所示为 4 个不同驱动阶段的动态演化过程。

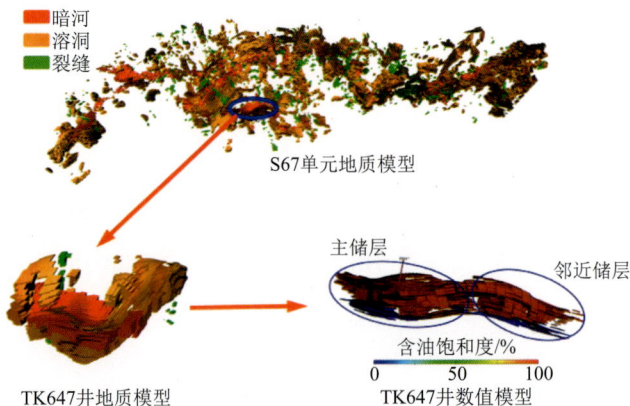

图 3-28　TK647 井建立数值模型流程图

（a）TK647井实际生产曲线图

（b）TK647井模型模拟生产曲线图

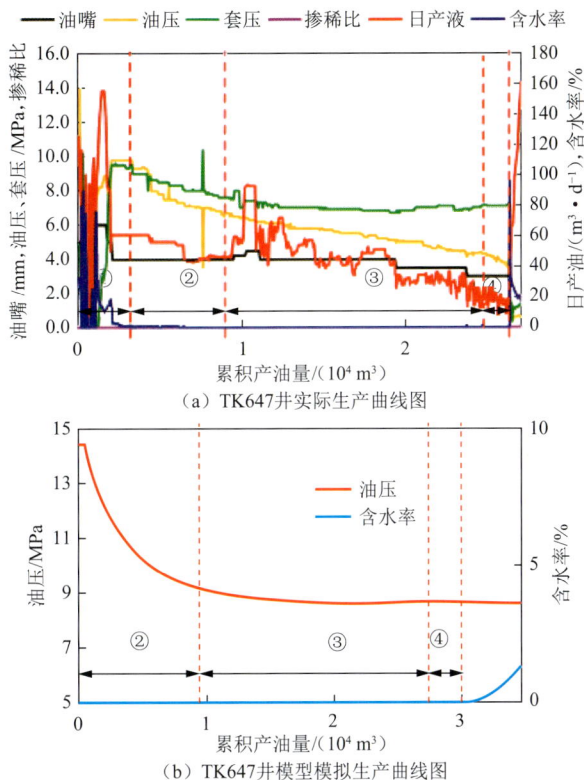

图 3-29　TK647 井实际与模拟的油压阶段划分对比图

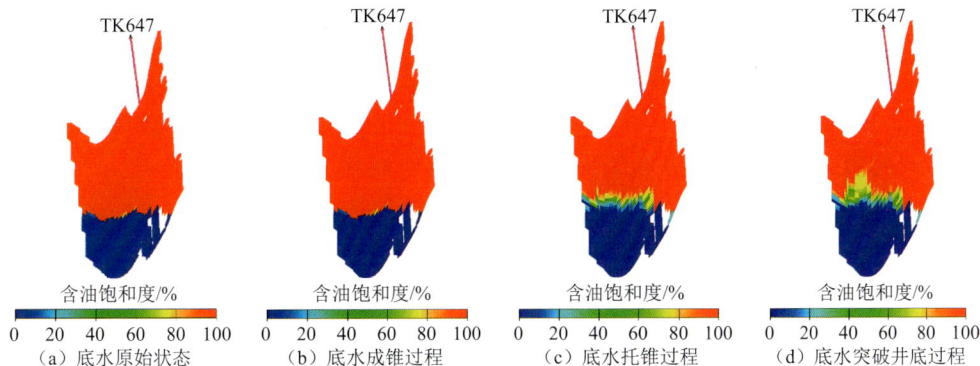

（a）底水原始状态　（b）底水成锥过程　（c）底水托锥过程　（d）底水突破井底过程

图 3-30　TK647 井模型不同流动阶段含油饱和度分布图

初步明确了不同类型油井油压变化特征的底水流动规律：1 类油井具有完整的 4 个流动阶段；2 类油井底水突破阶段不明显；3 类油井底水开井成锥，原始底水突破阶段明显；4 类油井底水开井成锥，无明显原始底水突破阶段。

3.3　缝洞型油藏油井见水影响因素及水淹前预警信号筛选

塔河油田缝洞型油藏油水关系复杂，油井见水后往往产量锐减，因此油井见水水淹是导致产量递减的主要原因。通过对暴性水淹和含水快速上升的 64 口井进行分析,结合塔河油田缝洞型油藏的特点,将导致油井水淹或高含水的影响因素归纳为以下 3 类:

(1) 地质因素。

主要包括构造、断裂、储集层展布与储量、储层连通性、水体规模及油水关系等。分析的 64 口高产井中,27 口井含水上升的主要影响因素属于此类,占分析井数的 42%。

(2) 工程因素。

塔河油田水体活跃区域油井钻入目的层厚度、完井方式(是否酸压)、上部地层的固井质量、下部深层近井筒活跃水体的控制程度及压裂改造工程质量等也是导致含水上升的重要因素。7 口井含水上升的主要影响因素属于此类,占分析井数的 11%。

(3) 生产管理等开发因素。

开发前、中期,因对油藏认识不足、管理不到位、控水和治水措施不力,以及连通的邻井注水、生产的影响,导致含水上升过快,甚至发生暴性水淹,严重影响油藏的开发效果。生产管理中因放大油嘴、提液等措施造成油井过早见水或水淹的现象很普遍。30 口井因前期产能高或油嘴过大导致停产或高含水生产,占分析井数的 47%。

通过统计现场典型生产井的油压变化特征,结合典型缝洞单元数值模拟以及已见水油井动静态资料,建立不同缝洞结构及不同水体倍数的油藏数值模型,进一步研究不同岩溶背景油井产水规律的影响因素,包括缝洞结构(缝洞配位数、流动通道、油水关系)、储量规模、水体倍数、采油速度、采出程度等。综合研究区已见水油井预警周期的异常信号统计情况与见水时间相关性分析,明确油井见水时间与各项预警异常信号的权重排序,为油井各驱动阶段划分及预警参数优选提供理论基础。

3.3.1 油井见水影响因素数值模拟

1) 相同缝洞结构油井见水影响因素数值模拟研究

依据已验证的 1 类典型井 TK647 井建立数值模型并设计不同影响因素(储层储量、采液速度、水体大小、储层底水连通性、油水相物性、储层间连通性等)的油井见水时间和无水期采油量的方案,包括基础方案在内共计 38 个方案,见表 3-4。

表 3-4　TK647 井模型不同见水影响因素的方案设计表

大　类	影响因素	参数项	方案(参数值)	方案数/个
地质因素	储层储量	TK647 井储量	$36、54、72、90、108(\times10^4 \ m^3)$	5
		邻近储量	$24、36、48、60、72(\times10^4 \ m^3)$	5
	储层间连通性	储层间连通程度 (裂缝通道渗透率)	$1、10、50、100、500(\times10^{-3} \ \mu m^2)$	5
油水关系	油水相性质	油相密度	$900、920、940、960(kg/m^3)$	4
		油相黏度	$20、30、40、50、60(mPa \cdot s)$	5

大　类	影响因素	参数项	方案（参数值）	方案数/个
油水关系	储层底水连通性	储层底水连通程度（裂缝通道渗透率）	$1、10、50、100、500（\times 10^{-3}\ \mu m^2）$	5
	储层底水活跃性	底水水体倍数	$1、5、10、15、20$	5
开发因素	采液速度	日产液量	$30、50、70、90（m^3/d）$	4

数值模拟结果表明：采液速度的提高加速了底水突破，减少了水驱波及体积，使见水时间提前，累积产油量减少（图 3-31），同时造成生产压差增大，降低了初始油压和见水前期的油压（图 3-32）。

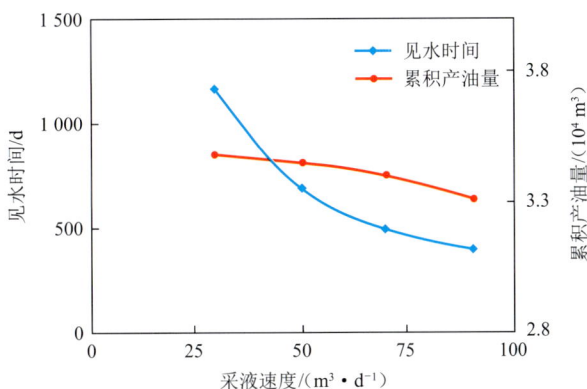

图 3-31　不同采液速度下累积产油量和见水时间的变化曲线

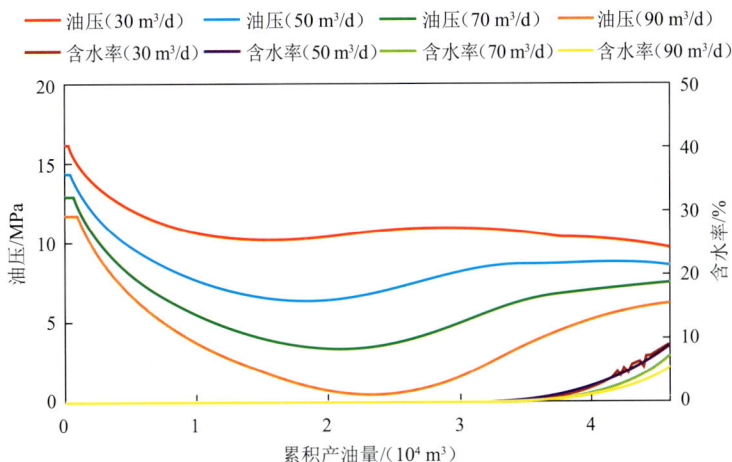

图 3-32　不同采液速度下累积产油量与油压和含水率的对比曲线

储量增加时，可采储量增加，相同采液速度下延长了成锥期和突破期，使见水时间和无水期累积产油量增加（图 3-33）；储层能量增加，降低了底水突破时井底生产压差（补充井底能量），底水突破期油压变化幅度减缓（图 3-34）。

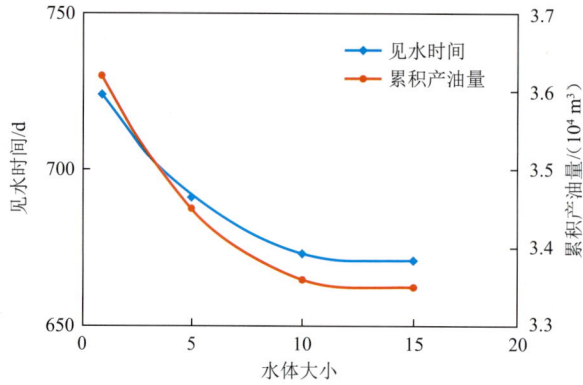

图 3-33 不同储量下累积产油量和见水时间的变化曲线

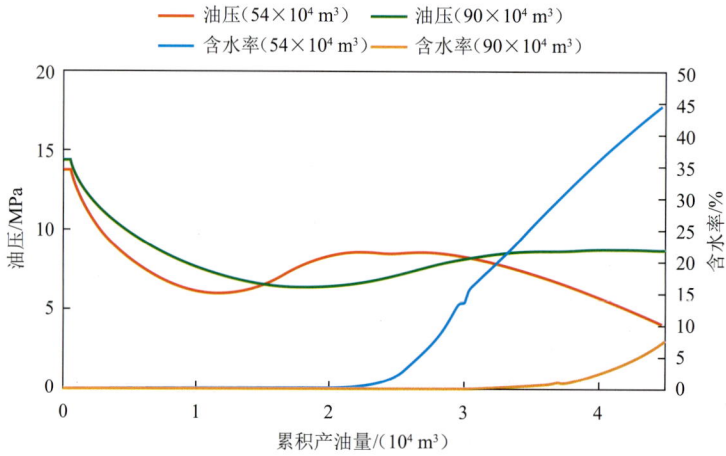

图 3-34 不同储量下累积产油量与油压和含水率的对比曲线

水体倍数增加,增强了底水沟通井底的能量,加速了底水沟通速度,见水时间提前,降低了累积产油量(图 3-35),同时降低了底水突破井底时的生产压差,补充井底能量可使底水突破期油压上升更加明显(图 3-36)。

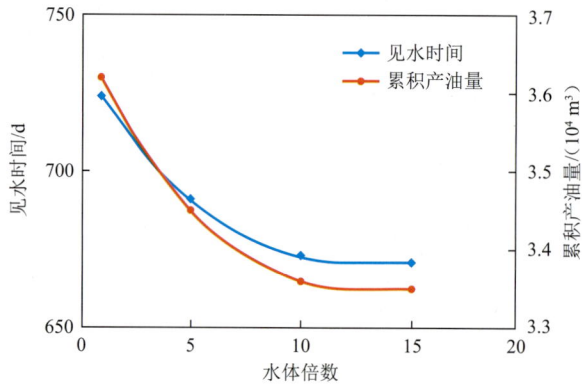

图 3-35 不同水体倍数下累积产油量和见水时间的变化曲线

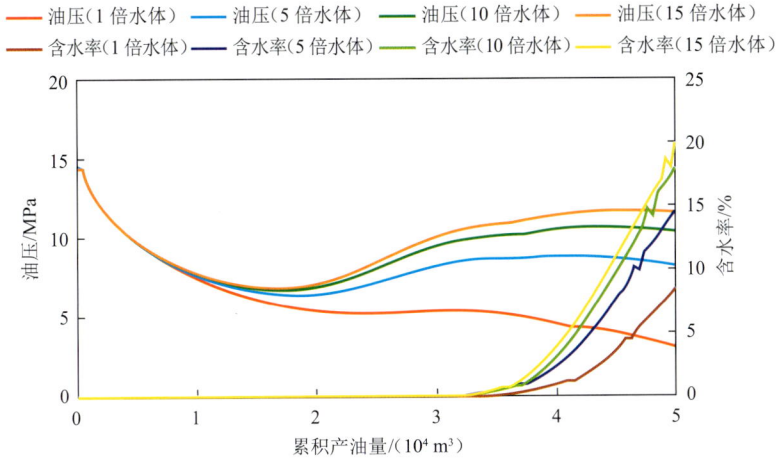

图 3-36　不同水体倍数下累积产油量与油压和含水率的对比曲线

　　底水储层间连通性(以底水与储层间裂缝渗透率表征)增加减少了底水沟通井底的阻力,见水时间提前,无水期累积产油量降低(图 3-37);在相同采液速度下,底水储层间连通性增加减缓了底水突破期前储层能量的下降幅度,生产压差降低,从而油压增加(图 3-38)。

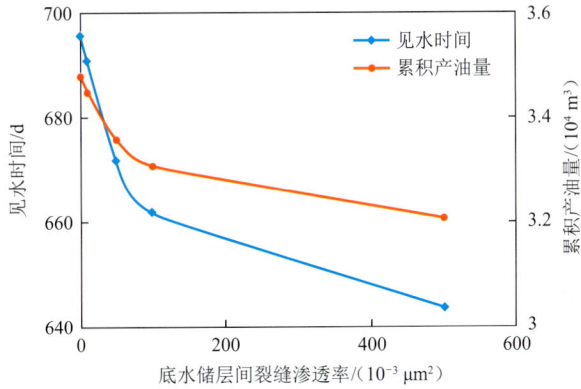

图 3-37　不同底水储层间连通性下累积产油量和见水时间的变化曲线

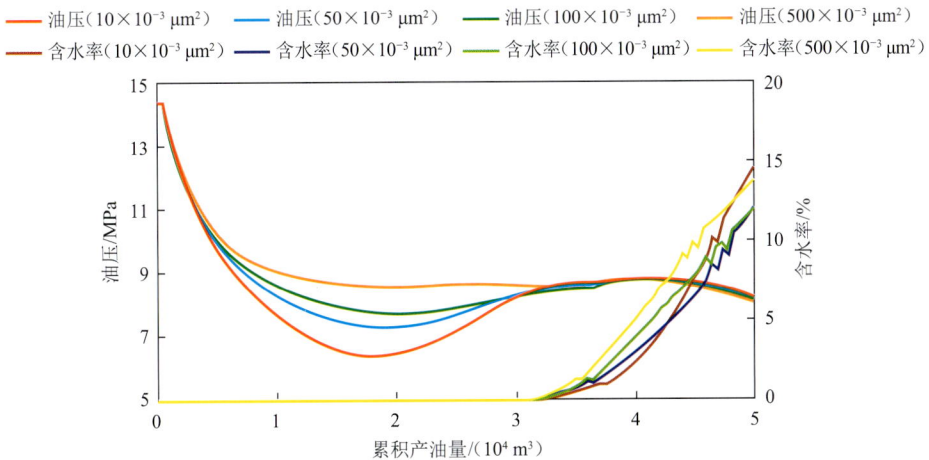

图 3-38　不同底水储层间连通性下累积产油量与油压和含水率的对比曲线

油相黏度增加,增加了油相在储层中的流动阻力,而沟通井底的底水阻力未减少,底水突破井底时间提前,无水期产油量降低(图 3-39);在相同采液速度下,随着油相黏度增加,生产压差加大,减缓了储层能量补充速度,托锥期及突破期油压降低(图 3-40)。上述结论为稠油井与稀油井油压变化特征的比较提供了依据。

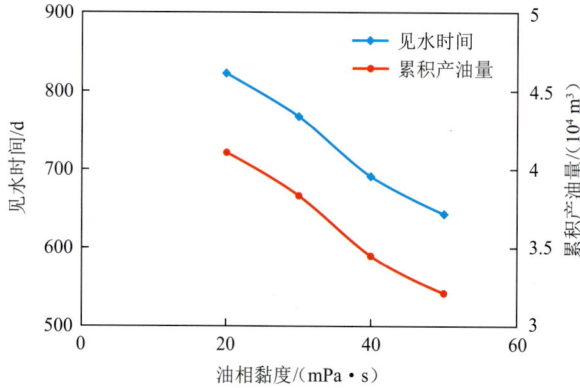

图 3-39 不同油相黏度下累积产油量和见水时间的变化曲线

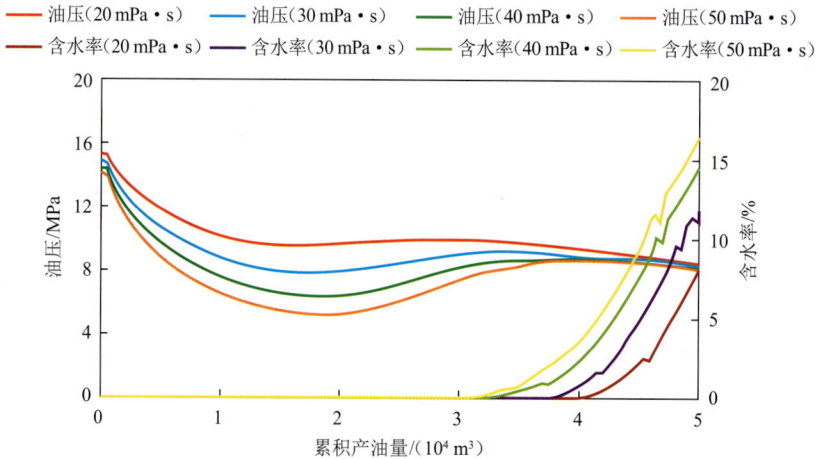

图 3-40 不同油相黏度下累积产油量与油压和含水率的对比曲线

综合上述研究,井口油压特征(初始油压、托锥期油压、见水前油压高差、底水突破阶段占比)具有以下变化规律:增加采液速度、降低储量和油相黏度,会使初始油压升高;增加采液速度、降低底水连通性和增加油相黏度,会导致托锥期油压升高;增加采液速度、降低底水连通性、降低储量和增加水体倍数,会导致见水前油压上升。

2)不同缝洞结构油井见水影响因素数值模拟研究

依据 3 类岩溶背景的地质特征,建立不同岩溶背景下的缝洞机理模型,以此研究不同缝洞结构下不同影响因素对见水时间的影响规律。

不同岩溶背景实际油井的缝洞构造图如图 3-41 所示。由图 3-41 可知,风化壳岩溶储层特征为面层状储层且以边水横向驱替为主,断控岩溶储层特征为串珠状储层且底水垂向驱替,复合岩溶储层特征为多层状储层且底水垂向驱替。

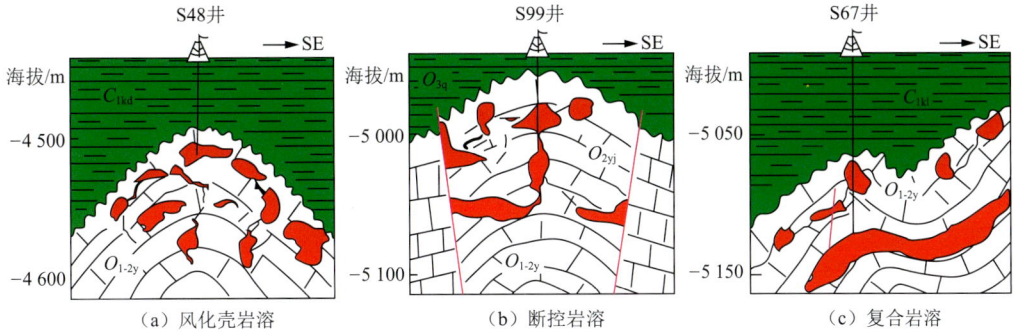

（a）风化壳岩溶　　　　　（b）断控岩溶　　　　　（c）复合岩溶

图 3-41　不同岩溶背景油井的缝洞构造图

根据上述驱替特征建立不同岩溶背景的机理模型，如图 3-42 所示。

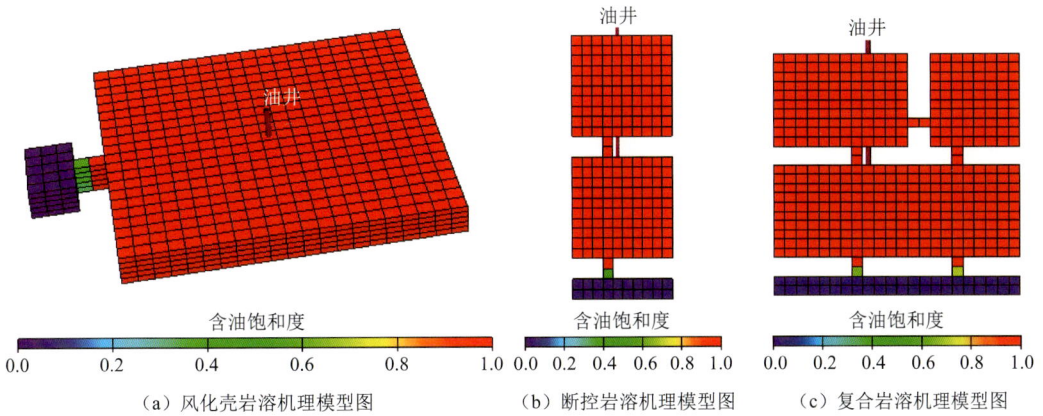

（a）风化壳岩溶机理模型图　　（b）断控岩溶机理模型图　　（c）复合岩溶机理模型图

图 3-42　不同岩溶背景的机理模型图

依据 3 个机理模型建立数值模型并设计不同影响因素（缝洞结构、储层储量、采液速度、水体规模、底水连通性等）的油井见水时间和无水期采油量的方案，包括基础方案在内共计 51 个方案，见表 3-5。其中，基础方案储量 100×10^4 m³，底水连通程度 500×10^{-3} μm²，水体倍数 20 倍，采液速度 0.18%／a(50 m³／d)。

表 3-5　TK647 井模型不同见水影响因素的方案设计表

大　类	影响因素	参数项	方案(参数值)	方案数／个
岩溶背景	缝洞结构	—	3 类	—
地质因素	储层储量	储　量	50、100、150、200($\times 10^4$ m³)	4
油水关系	储层底水连通性	储层底水连通程度（裂缝通道渗透率）	10、50、100、500、1 000($\times 10^{-3}$ μm²)	5
	储层底水活跃性	底水水体倍数	5、10、15、20	4
开发因素	采液速度	日产液量	30、50、70、100(m³／d)	4

其中,底水水体倍数主要通过物质平衡法确定,即通过物质平衡法中的压力降与累积产液量的直线拟合确定封闭水体和水侵量的大小,以此确定模拟选用的水体倍数范围为 $\leqslant 50$。

水体倍数的计算公式为:

$$R_{wo} = \frac{\left(\dfrac{N_p B_o + W_p B_w}{N_o B_{oi}} \right) \big/ \Delta p - C_t}{C_e} \tag{3-25}$$

式中 R_{wo}——水体倍数;

N_p——累积产油量,t;

B_o——目前地层压力下的原油体积系数;

W_p——累积产水量,t;

B_w——目前地层压力下的地下水体积系数;

N_o——地质储量,t;

B_{oi}——原始地层压力下的原油体积系数;

Δp——平均压降,MPa;

C_t——含油区综合压缩系数,1/MPa;

C_e——含水区综合压缩系数,1/MPa。

以 T606 单元为例计算水体大小,其平均压降与累积产油量的关系曲线如图 3-43 所示。由曲线可得总弹性产率为 87.72×10^4 m³/MPa,地质储量为 716.30×10^4 m³,封闭水体为 $28\,196.4 \times 10^4$ m³,水体倍数为 39.36,以此确定模拟选用的水体倍数范围小于 40。

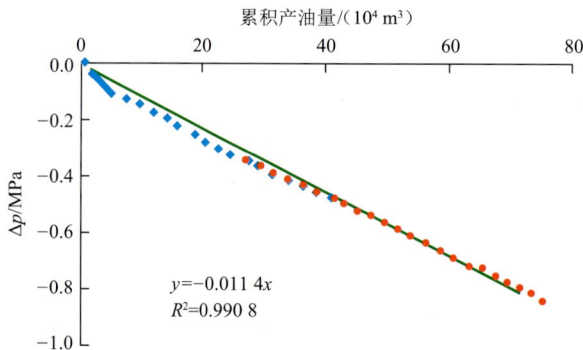

图 3-43 T606 单元平均压降与累积产油量关系曲线

通过对比不同岩溶背景下基于基础方案的机理模型油压特征(如图 3-44 和图 3-45 所示的不同机理模型油压变化曲线和流线图),得到以下几点认识:

(1)都有底水侵入储层和底水突破井底两个油压异常阶段;

(2)沟通水体和储层的高角度裂缝较横向裂缝的油压异常幅度较弱,且多条高角度裂缝下油压异常变化幅度更弱;

(3)单一高角度裂缝下底水突破井底时油压异常幅度较大。

（a）风化壳岩溶　　　　　　　　　（b）断控岩溶

（c）复合岩溶

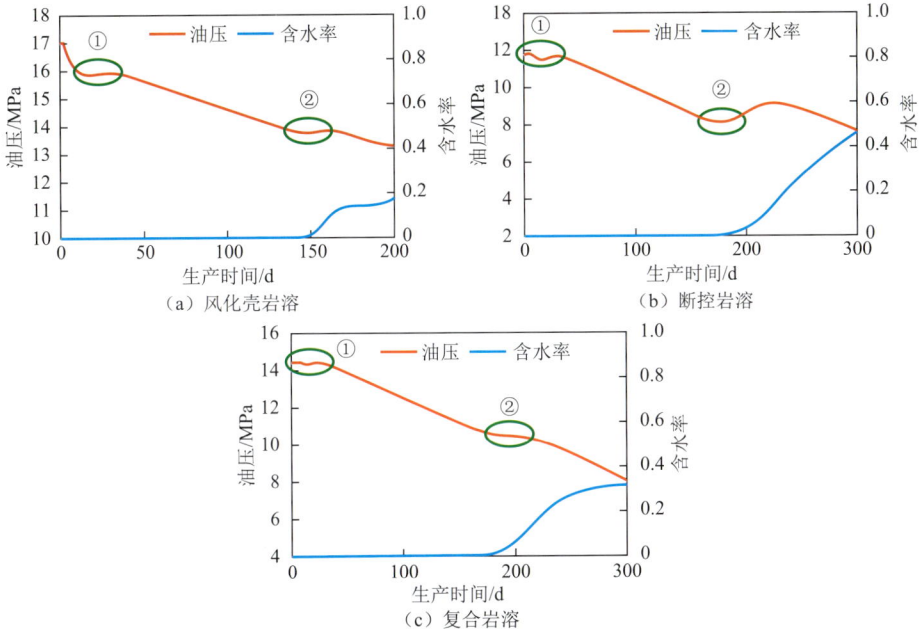

图 3-44　不同岩溶背景机理模型的油压和含水率变化曲线图

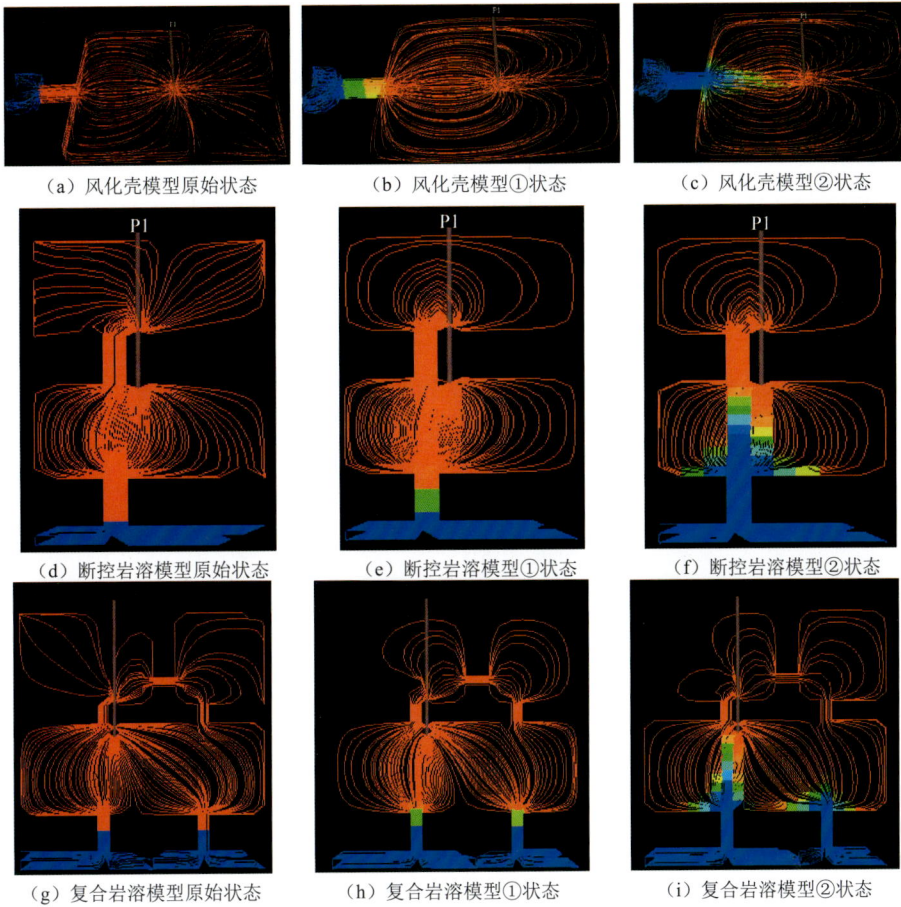

（a）风化壳模型原始状态　　　（b）风化壳模型①状态　　　（c）风化壳模型②状态

（d）断控岩溶模型原始状态　　（e）断控岩溶模型①状态　　（f）断控岩溶模型②状态

（g）复合岩溶模型原始状态　　（h）复合岩溶模型①状态　　（i）复合岩溶模型②状态

图 3-45　不同岩溶背景的机理模型在原始状态、①和②状态的流线图

3.3.2 油井见水影响因素权重分析

统计 TK647 井模型 30 个方案的 8 个影响因素,利用偏相关分析方法,筛选影响油井见水时间和无水期累积产油量的主控因素。其中,静态影响因素有 7 个,即储层储量、采液速度、水体大小、储层底水连通性、油相物性(包括油相黏度和油相密度)、储层间连通性;动态影响因素有一个,即采液速度。

比较多个影响因素对见水时间的影响时,一般采用相关性分析,即对两个或多个具备相关性的变量因素进行分析,从而衡量两个变量因素的相关密切程度。当多个影响因素相互间没有相关性和干扰性时,这种相关性分析方法才具有较可靠的相关性分析结果。简单的相关系数可能不能真实地反映变量 X 和 Y 之间的相关性,因为变量之间的关系很复杂,它们可能受到不止一个变量的影响。偏相关分析方法采用偏相关系数(净相关系数),可以在控制其他变量的线性影响条件下分析两个变量间的线性相关性,这就解决了上述问题。当控制变量个数为一时,偏相关系数称为一阶偏相关系数;当控制变量个数为二时,偏相关系数称为二阶偏相关系数;当控制变量个数为零时,偏相关系数称为零阶偏相关系数,也就是相关系数。偏相关分析也称为净相关分析。

(1)简单相关系数。简单相关系数又称皮尔逊相关系数,即利用样本相关系数推断总体中两个变量是否相关,可用来度量定量变量间的线性相关关系。

$$r = \frac{\sum_{i=1}^{n}(X_i - \overline{X})(Y_i - \overline{Y})}{\sqrt{\sum_{i=1}^{n}(X_i - \overline{X})^2}\sqrt{\sum_{i=1}^{n}(Y_i - \overline{Y})^2}} \tag{3-26}$$

式中 r——两个变量间的简单相关系数;

n——样本量;

X_i、Y_i——两个变量的观测值;

$\overline{X}$、$\overline{Y}$——两个变量的平均值。

(2)一阶偏相关系数。在 3 个变量中,若任意两个变量的偏相关系数是在排除其余一个影响因素后计算得到的,则称为一阶偏相关系数,其计算公式为:

$$r_{ij \cdot h} = \frac{r_{ij} - r_{ih} r_{jh}}{\sqrt{(1 - r_{ih}^2)(1 - r_{jh}^2)}} \tag{3-27}$$

式中 r_{ij}——变量 X_i 与 X_j 的简单相关系数;

r_{ih}——变量 X_i 与 X_h 的简单相关系数;

r_{jh}——变量 X_j 与 X_h 的简单相关系数。

(3)二阶偏相关系数。在 4 个变量中,若任意两个变量的偏相关系数是在排除其余两个影响因素后计算得到的,称为二阶偏相关系数,其计算公式为:

$$r_{ij \cdot hm} = \frac{r_{ij \cdot h} - r_{im \cdot h} r_{jm \cdot h}}{\sqrt{(1 - r_{im \cdot h}^2)(1 - r_{jm \cdot h}^2)}} \tag{3-28}$$

式中 i、j、h、m——取 1、2、3、4 的组合。

显然,二阶偏相关系数是由一阶偏相关系数求得的。

(4)高阶偏相关系数。一般地,假设有 $k(k > 2)$ 个变量 $X_1, X_2, \cdots, X_k$,则任意两个变

量 X_i 和 X_j 的 $g(g \leqslant k-2)$ 阶样本偏相关系数公式为：

$$r_{ij \cdot l_1 l_2 \cdots l_g} = \frac{r_{ij \cdot l_1 l_2 \cdots l_{g-1}} - r_{il_g \cdot l_1 l_2 \cdots l_{g-1}} r_{jl_g \cdot l_1 l_2 \cdots l_{g-1}}}{\sqrt{(1 - r_{il_g \cdot l_1 l_2 \cdots l_{g-1}}^2)(1 - r_{jl_g \cdot l_1 l_2 \cdots l_{g-1}}^2)}} \tag{3-29}$$

式中,等号右边为 $g-1$ 阶的偏相关系数。

偏相关系数检验的零假设为总体中两个变量间的偏相关系数为 0,使用 t 检验方法,则其计算公式如下：

$$t = \frac{\sqrt{n-k-2} \cdot r}{\sqrt{1-r^2}} \tag{3-30}$$

式中　r——相应的偏相关系数；

n——样本观察数；

k——可控制变量的数目；

$n-k-2$——自由度。

当 $t > 0.05(n-k-2)$ 或 $p < 0.05$ 时,拒绝原有假设。一般假设检验的显著性水平为 0.05,只需要将 p 值和 0.05 进行比较：如果 p 值小于 0.05,就拒绝原假设,说明两变量有线性相关的关系,它们无线性相关的可能性小于 0.05；如果 p 值大于 0.05,则一般认为无线性相关关系,至于相关的程度则要看相关系数 r 值,其中 r 值越大说明越相关,r 值越小说明相关程度越低。

当偏相关分析方法应用于筛选油井见水时间和无水期累积产油量的主控影响因素时,将各因素与见水时间的偏相关系数的绝对值进行从大到小排序,以确定影响见水时间的因素对见水时间的影响程度大小,从而明确影响油井见水时间的主控因素。

通过偏相关分析法,确定见水时间和无水期累积产油量的主控影响因素顺序为采液速度、自有储量、油相黏度、底水连通性、水体大小等,其中采液速度对见水时间的影响最大,但是在对无水期累积产油量的主控影响因素中仅排第 5(见表 3-6 和表 3-7)。

表 3-6　见水时间的影响因素偏相关分析表

影响因素	偏相关系数	显著性
采液速度	-0.888	0
自有储量	0.786	0
油相黏度	-0.427	0.068
底水连通性	-0.317	0.186
水体大小	-0.235	0.332
邻近储量	0.207	0.394
油相密度	0.194	0.427
储层连通性	-0.019	0.937

表 3-7　无水期累积产油量的影响因素偏相关分析表

影响因素	偏相关系数	显著性
自有储量	0.981	0
油相黏度	0.913	0

影响因素	偏相关系数	显著性
底水连通性	0.694	0.001
水体大小	−0.559	0.013
采液速度	0.417	0.076
邻近储量	0.361	0.129
储层连通性	0.359	0.131
油相密度	0.325	0.174

统计 3 个不同岩溶背景机理模型的 42 个数模方案,具体每个方案的见水时间和无水期累积产油量统计结果见表 3-8。

表 3-8 不同缝洞结构模型方案的见水时间和无水期累积产油量统计表(部分)

缝洞结构	储量 /(10^4 t)	水体大小	采液速度 /($m^3 \cdot d^{-1}$)	储层水体连通性 /m	见水时间 /d	无水期累积产油量 /m^3
风化壳	100	10	50	10	160	7 993.9
风化壳	100	10	50	50	99	4 897.5
风化壳	100	10	50	100	93	4 596.9
风化壳	100	10	50	500	86	4 297.2
风化壳	100	10	50	1 000	84	4 198.1
风化壳	50	10	50	500	49	2 299.3
风化壳	150	10	50	500	93	4 596.7
风化壳	200	10	50	500	101	4 996.9
风化壳	100	5	50	500	89	4 397.3
风化壳	100	15	50	500	85	4 197.6
风化壳	100	20	50	500	84	4 196.9
风化壳	100	10	30	500	130	3 897.2
风化壳	100	10	70	500	67	4 617.5
风化壳	100	10	100	500	53	5 195.8
断控岩溶	100	10	50	10	217	10 835.1
断控岩溶	100	10	50	50	210	10 484.4
断控岩溶	100	10	50	100	209	10 412.1
断控岩溶	100	10	50	500	207	10 139.8
断控岩溶	100	10	50	1 000	206	10 138.7
断控岩溶	50	10	50	500	120	5 944.3
断控岩溶	150	10	50	500	294	14 677.9
断控岩溶	200	10	50	500	382	18 874.3

缝洞结构	储量 /(10⁴ t)	水体大小	采液速度 /(m³·d⁻¹)	储层水体连通性 /m	见水时间 /d	无水期累积产油量 /m³
断控岩溶	100	5	50	500	245	12 227.1
断控岩溶	100	15	50	500	199	9 959.2
断控岩溶	100	20	50	500	195	9 784.8
断控岩溶	100	10	30	500	371	11 110.8
断控岩溶	100	10	70	500	154	10 762.4
断控岩溶	100	10	100	500	112	11 188.1

通过上述方案的模拟统计结果,采用偏相关分析法,确定见水时间的主控影响因素(见表 3-9 和表 3-10),明确见水时间的主控因素为缝洞结构、储量、采液速度,无水期累积产油量的主控因素为缝洞结构、储量,为见水时间预测方法提供基础。

表 3-9　见水时间的影响因素偏相关分析表

影响因素	偏相关系数	显著性
缝洞结构	0.711	0
储　量	0.586	0
采液速度	−0.562	0
水体大小	−0.152	0.361
水体连通性	−0.105	0.53

表 3-10　无水期累积产油量的影响因素偏相关分析表

影响因素	偏相关系数	显著性
缝洞结构	0.758	0
储　量	0.658	0
采液速度	−0.164	0.324
水体大小	−0.126	0.45
水体连通性	0.075	0.656

3.3.3　油井水淹前预警信号参数的筛选

分析了油井见水的影响因素之后,实现见水预警仍有一定的困难。经过多年的探索,终于形成了一套用于碳酸盐岩缝洞型油藏高产井预警的体系,其发展过程主要分为两个阶段。

1) 前期以静态参数、采出程度及油压为主的预警阶段

在上述值数模拟研究的基础上,前期研究结合现场油井易于取得的特征参数,筛选出3 个岩溶背景下 173 口高产井的 10 个见水影响因素,其中包括 6 个静态参数和 4 个动态参数(见表 3-11)。考虑零星见水频率、油压异常、套压异常、液量异常、流压异常等只是一种

见水前井口生产异常现象的反映而并非见水的本质机理,故不作为见水影响因素,未参与统计。预警参数筛选方法是:运用偏相关分析方法,按照不同地质背景分析上述 10 个见水影响参数与油井见水的相关系数和显著性,从而确定主要的预警参数。

表 3-11　见水影响因素表

静态参数	动态参数
地质储量	油井能量
底水发育程度	瞬时产能
储集体类型	是否零星见水
是否稠油井	采出程度
进山深度	—
是否酸压	—

统计油井见水的影响因素参数,并统计每口井的见水时间和无水期累积产油量,共统计 173 井次 1 382 组数据样本。

利用偏相关分析法分别筛选塔河六区、十二区和托甫台区见水时间的 10 个主控影响因素。3 个区块的见水时间的影响因素偏相关分析结果见表 3-12～表 3-14。

表 3-12　塔河六区见水时间的影响因素偏相关分析表

影响因素	偏相关系数	显著性
底水发育程度	0.309	0
零星见水	−0.265	0
是否稠油	−0.243	0
是否酸压	0.184	0.001
采出程度	−0.173	0.002
地质储量	0.121	0.034
能量水平	0.740	0.194
瞬时产量	−0.072	0.209
进山深度	0.061	0.289
储集体类型	0.005	0.935

表 3-13　塔河十二区见水时间的影响因素偏相关分析表

影响因素	偏相关系数	显著性
储集体类型	0.406	0
是否酸压	0.405	0
采出程度	−0.262	0
底水发育程度	−0.242	0
瞬时产量	0.202	0
能量水平	−0.168	0

续表 3-13

影响因素	偏相关系数	显著性
地质储量	−0.143	0.003
零星见水	−0.132	0.060
进山深度	−0.005	0.914
是否稠油	0	1

表 3-14 托甫台区见水时间的影响因素偏相关分析表

影响因素	偏相关系数	显著性
瞬时产量	0.263	0
采出程度	−0.218	0
底水发育程度	−0.195	0
能量水平	−0.115	0.014
是否酸压	0.111	0.018
进山深度	−0.108	0.210
地质储量	0.087	0.061
储集体类型	0.071	0.129
零星见水	−0.039	0.409
是否稠油	0	1

统计分析表明：3 个区块的前 5 个影响因素以静态或静态相关的因素为主，3 个区块相同主控因素为底水发育程度、采出程度、是否酸压。该方法在现场应用中取得了较好的效果，例如，基于油压、套压、产量异常波动与见水时间和无水采油量呈负的偏相关关系，提出控速等管控措施。统计 24 口井不同生产阶段的管控措施，其中边底水原始状态保持油压的缩嘴井 2 口、成锥期降低油压下降速度的缩嘴井 6 口、托锥期延长托锥期的缩嘴井 11 口和边底水突破期多为油套压异常下缩嘴井 5 口，如图 3-46 所示。

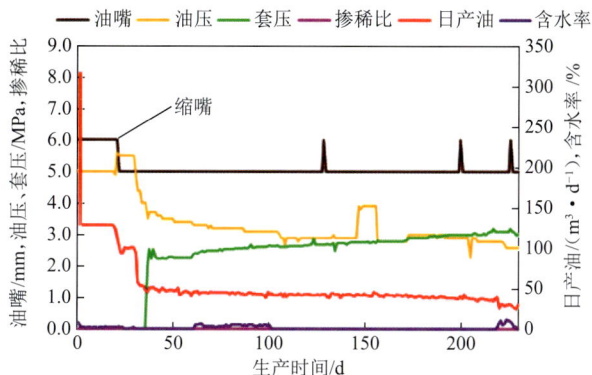

（a）TK643 井弹性驱阶段采取缩嘴措施

图 3-46 不同阶段采取缩嘴措施的典型井

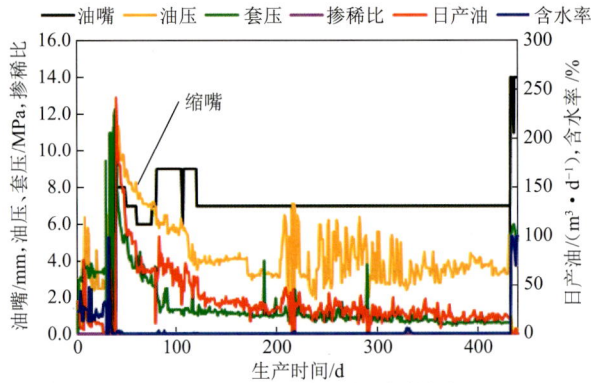

(b) S71井弹性驱阶段采取缩嘴措施

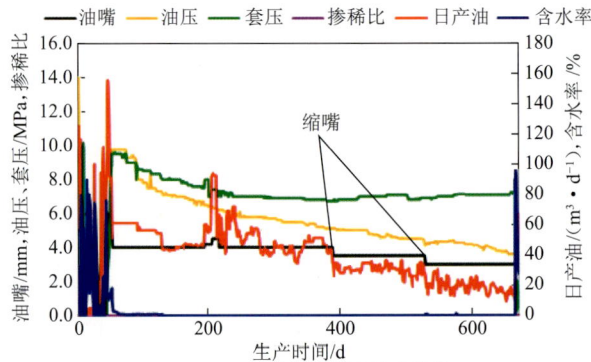

(c) TK647井托锥期采取缩嘴措施

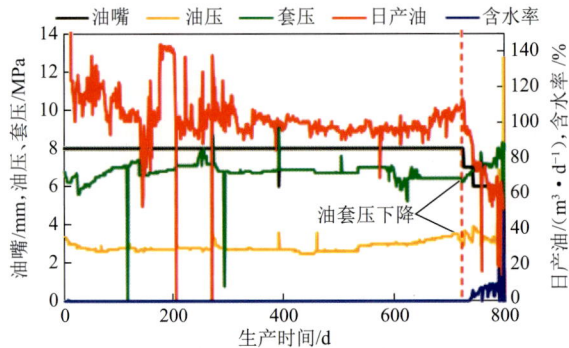

(d) T606井底水突破期采取缩嘴措施

图 3-46(续) 不同阶段采取缩嘴措施的典型井

2)目前动态参数更为完善的预警阶段

前期的预警工作虽然取得了一定的油井见水预警及防控水效果,但是应用于不同类型油井的及时预警仍比较烦琐,尤其是在现场应用不太方便。因此,在大量现场资料统计分析的基础上,主动增加了更多的动态参数及分析化验参数,根据油井生产过程中的动态参数、分析化验参数,结合地质参数,提高预警工作的准确性、及时性及方便性。

在上述研究的基础上,对塔河油田 332 口高产井、23 项动态及流体监测参数的变化进行统计分析,其中参数包括压力类(静压、流压、流压梯度、流压导数、油压、套压、动液面、静液面)、温度类(静温、流温、流温梯度、流温导数、井口温度)、生产类(日产液、日产油、气油比、含水率)、分析化验类(原油密度、原油黏度、原油含盐量、地层水密度、地层水矿化度、地层水含盐量），重点从压力敏感参数、温度敏感参数、零星含水及含盐量敏感参数进行分析，发现油井在暴性水淹前，油压、流压、流压导数、流温、流温梯度、零星含水及原油含盐量等参数的异常最为突出。

研究认为，压力敏感参数异常的机理是井底由油体单相流向油水两相流过渡，会出现"压力扰动"，扰动量较小时压力导数或压力梯度曲线变化更明显，而且预警信号启动更早（图 3-47）；部分稠油井没有流压资料，可采用油压进行预警分析。

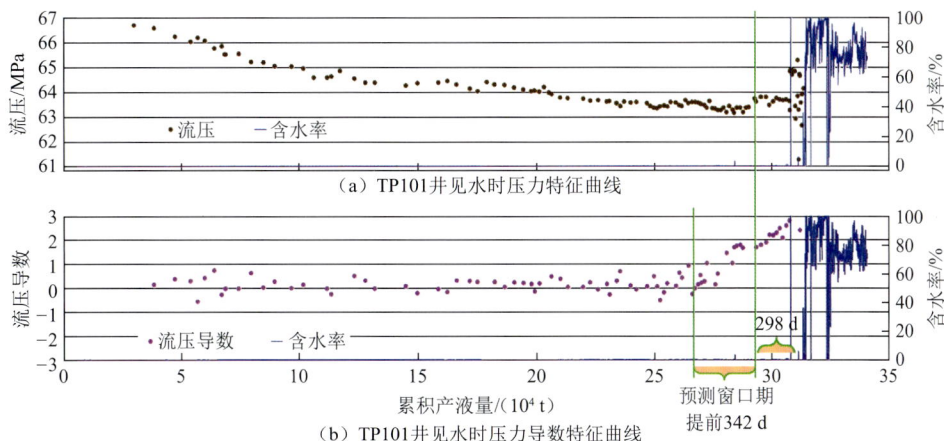

图 3-47　不同阶段采取缩嘴措施的典型井

油井生产资料统计表明，87% 的高产井暴性水淹前会出现油压或流压小幅度上扬现象（多为 0.1~0.5 MPa，一般 <0.5 MPa）。

分析认为，温度敏感参数异常的原因是深部水体向井底流动时，因水的比热容是油的 2.3 倍，因此底水窜进时有加热效应。根据高产井见水前后的地层流温及流温梯度变化规律绘制了流温水淹预警模式图（图 3-48）。由图 3-48 可以看出，在即将见水的时候，流温会快速上升，因为井底温度高，水的比热容较大，所以流温梯度反而减小。

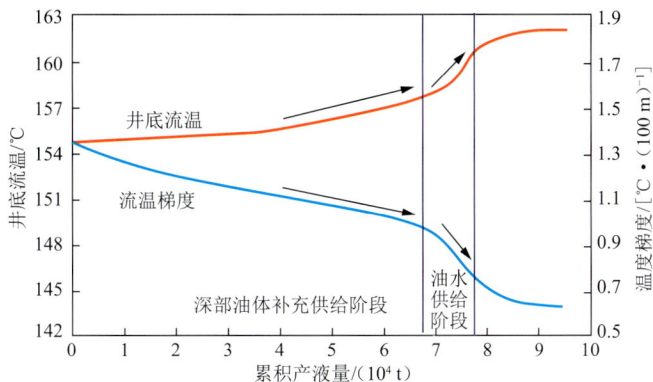

图 3-48　流温水淹预警模式图

油井生产资料统计表明，78% 的高产井底水突破前流温出现振荡上扬（多为 3~5 ℃），在实际生产中通常流温梯度或流温导数预警见水风险更灵敏。由图 3-49 可见，在该井见水前，温度梯度的变化幅度明显大于井底流温。

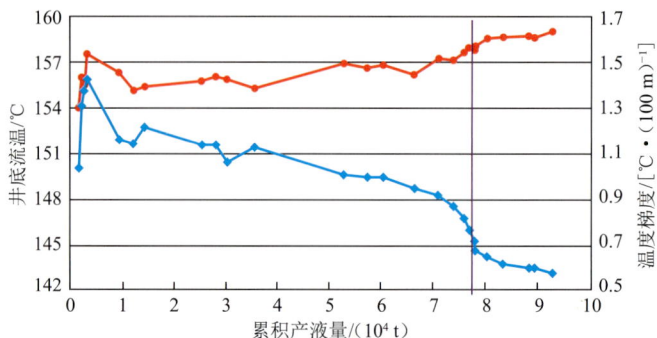

图 3-49 典型井中部温度、流温梯度水淹预警图

零星含水敏感参数异常的原因是,暴性水淹前地层水初进入原油中,水的占比较少,原油不均匀地混入水中,被携带着进入井筒,带出地面。随着进入原油地层水量的增加,零星含水出现的频率会不断增加,当地层水侵入达到一定的量时,就会出现暴性水淹(图3-50)。

油井生产资料统计表明,60%的井水淹前出现零星含水的现象。

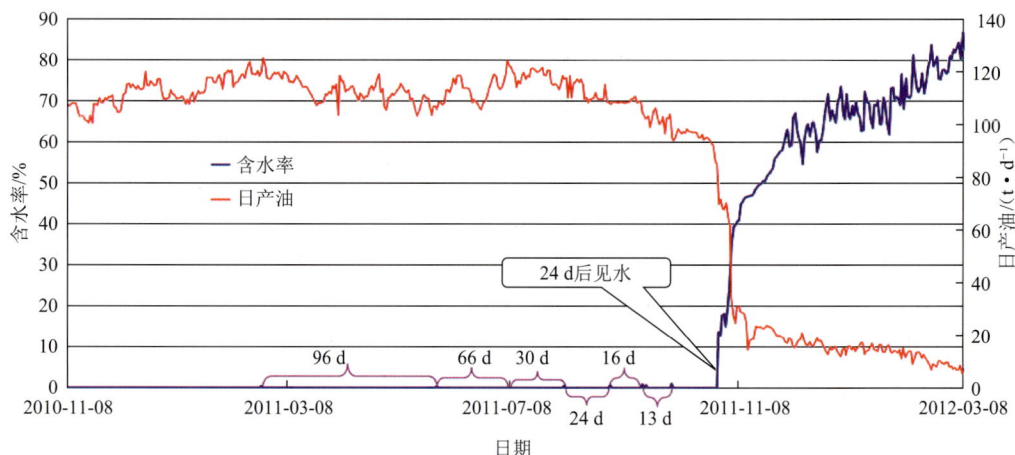

图 3-50 典型井零星含水出现的频率变化

原油含盐量敏感参数异常的原因是在暴性水淹前极少量的地层水进入原油中时,因地层水的含盐量很高,引起原油含盐量的上升(图 3-51),而井口的含水化验由于精度问题也可能结果为不含水。因此,原油含盐量的预警信号有可能早于油井含水信号出现,从而起到提前预警的作用。但缺点是要求定期进行原油的含盐量测试。

油井生产资料统计表明,30%的井水淹前出现零星含水的现象。

在上述研究的基础上,通过 23 项动态及流体监测参数统计及分析对比,优选压力、温度、零星含水、原油含盐量等参数作为主要的动态预警参数,方便现场技术人员使用。

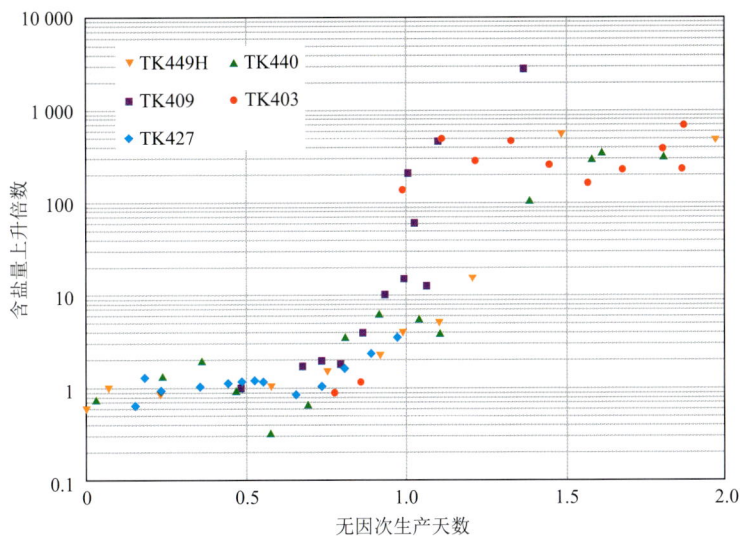

图 3-51　油井原油含盐量变化趋势

3.4　油井见水风险评价指标体系的建立

根据现场高产井生产资料统计、分析对比,明确了统计敏感参数的变化幅度下限(表3-15),以方便研究人员或现场技术人员统计分析,及时发现预警信号。

表 3-15　见水预警参数筛选和取值范围表

参数名称	取值范围
油压幅度	$\geqslant 0.2$ MPa
油压频次	$\geqslant 1$
套压幅度	$\geqslant 0.2$ MPa
套压频次	$\geqslant 1$
流压幅度	$\geqslant 0.2$ MPa
流压频次	$\geqslant 1$
产量幅度	$\geqslant 10$ m³/d
产量频次	$\geqslant 1$
零星见水幅度	$\geqslant 5\%$
零星见水频次	$\geqslant 1$
连续见水天数	$\geqslant 2$ d
流温幅度	$\geqslant 3$ ℃
原油含盐量上升倍数	$\geqslant 3$

在上述研究的基础上,结合塔河油田碳酸盐岩缝洞型油藏各区块的具体情况,建立了高产井见水风险评价指标表(表3-16),包括地质因素、工程因素、开发因素及油井见水前异常信号4类共33项指标,形成了塔河油田缝洞型油藏高产井预警技术,以便及早发现油井水淹的信号并尽快采取适宜的控水稳油措施。

见水预警级别分为5级,即红色、橙色、黄色、蓝色和绿色,分别代表由重到轻的见水风险严重程度。各评价指标依据其对实际生产的影响程度分3级给定权重系数,得出风险分级评分。如果评分为80~100分,则为红色预警,见水风险非常大,说明本井已出现明显异常信号,单元内邻井大部分水淹,水锥可能已到井底,预计本井半年内见水风险达80%以上。应对措施是立即逐级缩小油嘴并加密含水监测至每小时1次、立即安排测流压等。

通过对塔河油田奥陶系碳酸盐岩油藏146口未见水高产井进行见水预警分析,认为25口井见水风险大,跟踪对比分析预警效果如下:

(1)对见明显异常信号的10口井中的9口井采取缩嘴控锥措施,见水时间均在半年以上,而另1口未采取调控措施的井则很快见水;

(2)另有15口见水风险略低的井暂未调控,但加密了产量、压力动态监测的计量频次,一旦见水风险升级,则立即进行有计划的调控。

表 3-16　缝洞型油藏油井见水风险分级评价指标及某井评价实例

类别		属性描述	见水风险评价级 强 5	较强 4	中 3	较弱 2	弱 1	评价级别	权重系数 一级	二级	三级	得分
地质因素	构造、断裂因素	构造位置高低	局部低洼部位	局部低洼部位	构造斜坡	构造高部位	构造高部位	5	0.2	0.3	45	2.7
		断裂发育程度	发育	较发育	一般	欠发育	不发育	5			55	3.3
	储集条件	缝洞储集体类型	裂缝型	小裂缝型	裂缝-溶洞型	小溶洞型	溶洞型	5		0.2	40	1.6
		储层发育程度	差	较差	一般	较好	好	5			30	1.2
		储集体规模	孔洞	定容洞	单井洞	双洞	溶洞群	5			30	1.2
		油藏性质	大底水薄油层	裂缝型油藏	裂缝-孔洞型油藏	溶洞为主的底水油藏	厚油层弱底水	5			30	1.8
	油水关系	油品性质	超稠油	超稠油	稠油	稠油	稀油	5		0.3	5	0.3
		局部底水活跃程度	强	较强	中	较弱	弱	5			30	1.8
		油水分布模式	纯水洞	复合式	油水同洞	隔水式	隔油式	5			10	0.6
		与底水沟通方式	连通、裂缝沟通大水体	连通、裂缝沟通小水体	沟通不畅连通小水体	沟通不畅、局部封存	水连通、局部封存水	5			25	1.5
	油井致密层条件	致密层厚度/m	<20		20～90		>90	5		0.2	30	1.2
		致密层致密性/(μs·m^{-1})	声波时差>50		声波时差为 49～50		声波时差<49	5			30	1.2
		产层距致密层厚度/m	<5	5～10	10～15	15～20	>20	5			10	0.4
		底部有无水层	明确水层				干层	5			30	1.2

注：先产油后见水·视底水强弱给分。

续表 3-16

类别		属性描述	见水风险评价级					评价级别	权重系数			得分
			强 5	较强 4	中 3	较弱 2	弱 1		一级	二级	三级	
工程因素	工程因素	进山深度/m	>90		50~90		<50	5			20	2.0
		是否酸压	酸压[根据酸压强度(最高泵压)和规模(累积注入量)给分]				未酸压	5	0.1	1.0	40	4.0
		固井质量	差	较差	一般	较好	好	5			40	4.0
	油井能量大小	油压月递减/MPa	<0.1	0.1~0.6			>0.6	5		0.4	50	4.0
		产量月递减/t	<5	5~10			>10	5			50	4.0
	生产控制	油嘴/mm	>10	>8	>6	>4	<4	5			30	2.4
		无水期调整工作制度频次	>5	>4	>3	>2	≤1	5		0.4	30	2.4
		主动缩小油嘴次数	1	2	3	4	5	5			20	1.6
开发因素		转抽后产量	转抽后产量是原产量的3倍、2倍以上		<1倍			5	0.2		20	1.6
	生产动态信息	邻井见水情况	大部分见水	半数井见水	少部分见水	零星注水	无见水井	5			20	0.8
		邻井注水影响	高强度注水,且本井是二线井	高强度注水,且本井是二线井	温和注水,且本井是二线井	温和注水,且本井是二线井	本井是二线井	5		0.2	20	0.8
		累积产油量/(10^4 t)	>30	>20	>10	>5	<5	5			30	1.2
		单元采出程度/%	>15	>10	>5	>3	<3	5			30	1.2

续表 3-16

类别	属性描述	见水风险评价级					评价级别	权重系数			得分
		强 5	较强 4	中 3	较弱 2	弱 1		一级	二级	三级	
见水异常信号（产量、压力、温度、原油含盐量波动）	见水情况	连续见水>30 d	连续见水 10 d 以上	不连续零星见水>3个月	不连续零星见水<3个月	未见水	5			30	15.0
	油压波动	3个参数同时波动，且幅度>10%，持续时间>3个月	3个参数有2个同时波动，且幅度>10%，持续时间>1个月	3个参数有1个，且幅度波动>10%，持续时间>1个月	3个参数有1个，且幅度波动5%~10%，持续时间>1个月	3个参数有1个，且幅度波动<5%，持续时间>1个月		0.5	1.0		
	产量波动										
	流压波动										
	流温上升/℃	>5	3~5	2~3	1~2	0~1					
	原油含盐量上升倍数	>5	3~5	2~3	1~2	0~1					
综合得分与评价	评分结果	80~100	60~80	40~60	20~40	<20	5	1.0		70	35.0
	水锥风险评价	见水风险非常大	见水风险大	见水风险较大	有一定见水风险	目前尚无见水风险					
建议应对措施		建议立即逐级缩小油嘴，并加密含水化验，安排监测流压	视动态情况逐级缩小油嘴，并加密含水化验，定期监测流压	视动态情况逐级缩小油嘴，并加密含水化验，定期监测流压	视动态情况逐级缩小油嘴，并加密含水化验，定期监测流压	维持现状开采，按时进行动态监测		1.0			100

红色预警（严重）

第 4 章
缝洞型油藏高产井定量预警方法

基于已筛选的见水油井见水时间敏感性预警参数,本章应用多元线性回归方法、神经网络等机器学习算法以及油藏工程方法,建立缝洞型油藏高产井各驱动阶段持续时间、见水时间的多参数多学科预测模型,确定油井见水时间模型的多元回归方程中各影响因素的系数和神经网络模型中各层间的权重值,从而建立塔河油田不同岩溶背景油井各驱动阶段持续时间及底水突破油井见水时间的量化预测公式和方法。

4.1　基于多元回归方法的油井定量预警方法

4.1.1　多元回归方法原理

一元线性回归是以一个主要影响因素作为自变量来解释因变量的变化。在现实问题的研究中,因变量的变化往往受几个重要因素的影响,此时就需要用两个或两个以上的影响因素作为自变量来解释因变量的变化,这就是多元回归,亦称多重回归。当多个自变量与因变量之间是线性关系时,所进行的回归分析就是多元线性回归。

多元线性回归模型的一般形式为:

$$Y = \beta_0 + \beta_1 x_1 + \beta_2 x_2 + \cdots + \beta_p x_p + \varepsilon \tag{4-1}$$

式中　Y——因变量;

　　　x_i——自变量,i 为 $1 \sim p$ 的自变量编号;

　　　β_i——回归参数,亦称偏回归系数,i 为 $1 \sim p$ 的回归参数编号;

　　　ε——随机误差项。

多个样本条件下的多元线性模型表示成矩阵形式为:

$$\boldsymbol{Y} = \begin{bmatrix} y_1 \\ y_2 \\ \vdots \\ y_n \end{bmatrix}_{n \times 1}$$

$$\boldsymbol{X}=\begin{bmatrix} 1 & x_{11} & x_{12} & \cdots x_{1p} \\ 1 & x_{21} & x_{22} & \cdots x_{2p} \\ \vdots & \vdots & \vdots & \vdots \\ 1 & x_{n1} & x_{n2} & \cdots x_{np} \end{bmatrix}_{n \times (p+1)}$$

$$\boldsymbol{\beta}=\begin{bmatrix} \beta_0 \\ \beta_1 \\ \vdots \\ \beta_p \end{bmatrix}_{(p+1) \times 1}$$

$$\boldsymbol{\varepsilon}=\begin{bmatrix} \varepsilon_0 \\ \varepsilon_1 \\ \vdots \\ \varepsilon_p \end{bmatrix}_{(p+1) \times 1}$$

写成一般形式为:

$$Y = X\boldsymbol{\beta} + \boldsymbol{\varepsilon} \tag{4-2}$$

多元线性回归模型的参数估计与一元线性回归方程一样,也是在要求随机误差累积和($\sum \varepsilon$)最小的前提下,用最小二乘法求解参数。

建立多元线性回归模型时,为了保证回归模型具有优良的解释能力和预测效果,应首先注意自变量的选择,其准则是:

(1)自变量对因变量必须有显著的影响,并且密切线性相关;

(2)自变量与因变量之间的线性相关必须是真实的,而不是形式上的;

(3)自变量之间应具有一定的互斥性,即自变量之间的相关程度不应高于自变量与因变量之间的相关程度;

(4)自变量应具有完整的统计数据,其预测值容易确定。

多元线性回归模型在得到参数的最小二乘法的估计值之后,需要进行必要的检验与评价,以决定模型是否可以应用。

1)拟合程度的测定

多元线性回归中的多重可决系数 R^2 是指在因变量的总变化中,由回归方程解释的变动(回归平方和)所占的比重。R^2 越大,回归方程对样本数据点拟合的程度越强,所有自变量与因变量的关系越密切。R^2 的计算公式为:

$$R^2 = \frac{\sum (\hat{y} - \bar{y})^2}{\sum (y - \bar{y})^2} = 1 - \frac{\sum (y - \hat{y})^2}{\sum (y - \bar{y})^2} \tag{4-3}$$

其中:

$$\sum (y - \hat{y})^2 = \sum y^2 - (\beta_0 \sum y + \beta_1 \sum x_1 y + \beta_2 \sum x_2 y + \cdots + \beta_p \sum x_p y)$$

$$\sum (y - \bar{y})^2 = \sum y^2 - \frac{1}{n} (\sum y)^2$$

式中 $\hat{y}$——算法预测值;

y——样本真实值;

$\bar{y}$——样本平均值。

2）估值标准误差

估值标准误差即因变量 y 的实际值与回归方程求出的估计值 $\hat{y}$ 之间的标准误差。估值标准误差越小，回归方程拟合的程度越强。

$$v_{\mathrm{p}} = \frac{\sqrt{\dfrac{\sum (y - \hat{y})^2}{n - p - 1}}}{y} \tag{4-4}$$

式中　p——多元线性回归方程中的自变量个数。

3）回归方程的显著性检验

回归方程的显著性检验即检验整个回归方程的显著性，或者说是评价所有自变量与因变量的线性关系是否密切。经常采用 F 检验，其计算公式为：

$$F = \frac{\sum (\hat{y} - \bar{y})^2 / p}{\sum (y - \hat{y})^2 / (n - p - 1)} = \frac{R^2 / p}{(1 - R^2)/(n - p - 1)} \tag{4-5}$$

根据给定的显著水平 a 和自由度 $(k, n-k-1)$ 查 F 分布表，得到相应的临界值 F_a。若 $F \geqslant F_a$，则回归方程具有显著意义，回归效果显著；若 $F < F_a$，则回归方程无显著意义，回归效果不显著。

4）回归系数的显著性检验

在一元线性回归中，回归系数显著性检验（t 检验）与回归方程的显著性检验（F 检验）是等价的，但在多元线性回归中，这个等价不成立。t 检验是分别检验回归模型中各个回归系数是否具有显著性，以便使模型中只保留那些对因变量有显著影响的因素。检验时，先计算统计量 t_i，然后根据给定的显著水平 a 和自由度 $n-k-1$ 查 t 分布表，得到临界值 t_a 或 $t_a/2$。若 $t > t_a$ 或 $t > t_a/2$，则回归系数 b_i 与 0 有显著差异，反之，则 b_i 与 0 无显著差异。统计量 t_i 的计算公式为：

$$t_i = \frac{\beta_i}{S_y \sqrt{C_{ij}}} = \frac{\beta_i}{S_{\beta_i}} \tag{4-6}$$

式中　S_y——样本 y 对应的残差平方和；

$\quad\quad S_{\beta_i}$——回归系数 β_i 对应的残差平方和；

$\quad\quad C_{ij}$——多元线性回归方程中求解回归系数矩阵的逆矩阵 $(\boldsymbol{X}'\boldsymbol{X})^{-1}$ 的主对角线上的第 j 个元素。

对二元线性回归而言，C_{ij} 可用下列公式计算：

$$C_{11} = \frac{S_{22}}{S_{11}S_{22} - S_{12}^2}$$

$$C_{22} = \frac{S_{11}}{S_{11}S_{22} - S_{12}^2}$$

$$S_{11} = \sum (x_1 - \bar{x}_1)^2 = \sum x_1^2 - \frac{1}{n} \left(\sum x_1 \right)^2$$

$$S_{22} = \sum (x_2 - \bar{x}_2)^2 = \sum x_2^2 - \frac{1}{n} \left(\sum x_2 \right)^2$$

$$S_{12} = S_{21} - \sum (x_1 - \bar{x}_1)(x_2 - \bar{x}_2)$$

5）多重共线性判别

若某个回归系数的 t 检验通不过,则可能是这个系数相对应的自变量对因变量的影响不显著所致,此时应从回归模型中剔除这个自变量,重新建立更为简单的回归模型或更换自变量;也可能是自变量之间有共线性所致,此时应设法降低共线性的影响。

多重共线性是指在多元线性回归方程中,自变量之间有较强的线性关系,这种关系若超过了因变量与自变量之间的线性关系,则回归模型的稳定性就会受到破坏,回归系数估计就会不准确。需要指出的是,在多元回归模型中,多重共线性是难以避免的,只要多重共线性不太严重就行了。判别多元线性回归方程是否存在严重的多重共线性,可分别计算每两个自变量之间的可决系数 r^2,若 $r^2 > R^2$ 或接近于 R^2,则应设法降低多重线性的影响。亦可计算自变量间相关系数矩阵的特征值的条件数 $k = \lambda_1 / \lambda_p$($\lambda_1$ 为最大特征值,λ_p 为最小特征值)。若 $k < 100$,则不存在多重点共线性;若 $100 \leqslant k \leqslant 1\,000$,则自变量间存在较强的多重共线性;若 $k > 1\,000$,则自变量间存在严重的多重共线性。降低多重共线性的办法主要是转换自变量的取值,如变绝对数为相对数或平均数,或者更换其他的自变量。

6）DW 检验

若回归模型是根据动态数据建立的,则误差项 ε 也是一个时间序列。若误差序列诸项之间相互独立,则误差序列各项之间没有相关关系;若误差序列之间存在密切的相关关系,则建立的回归模型就不能表述自变量与因变量之间的真实变动关系。DW 检验就是误差序列的自相关检验。

$$DW = \frac{\sum_{i=2}^{n}(\varepsilon_i - \varepsilon_{i-1})^2}{\sum_{i=1}^{n}\varepsilon_i^2} \tag{4-7}$$

计算该统计量的值 DW,根据样本容量 n 和解释变量数目 k 查 DW 分布表,得到临界值 d_1 和 d_u,然后按照下列准则考察计算得到的 DW 值,以判断模型的自相关状态。

当 DW 为 0 时,为完全正相关;当 DW 为 2 时,为完全不相关;当 DW 为 4 时,为完全负相关。

基于已筛选的见水油井见水时间敏感性预警参数,运用多元线性回归方法确定已见水油井各驱动阶段的持续时间及见水时间。以油井各驱动阶段持续时间、见水时间作为因变量(t_1, t_2),以油井优选敏感性预警参数作为自变量($X_1, X_2, \cdots, X_n$),建立油井各驱动阶段持续时间、见水时间的多参数多元回归模型。利用最小二乘法等拟合方法,确定油井见水时间模型中各影响因素的系数,从而得到不同岩溶背景油井各驱动阶段持续时间及底水突破油井见水时间的量化预测公式,并采用预留样本对该经验公式的误差进行分析,评价其准确性。

4.1.2　油井见水时间量化预测多元回归公式

通过统计已见水井的见水影响因素、见水时间及无水期累积产油量,建立包含见水影响因素和主控影响因素的见水时间和无水期采油量多元回归量化预测方程,并建立包含主控影响因素的不同阶段持续时间和阶段累积产油量的多元回归量化预测方程。通过标准残差直方图的正态分布情况和预测值与残差值散点图的散点集中在残差值 0 线的分散情况,判断多元回归方程的拟合效果,验证油井见水时间和无水期累积产油量量化预警方程的适用性。

1) 塔河六区油井见水时间量化预测多元回归公式

见水时间量化预测的全见水影响因素多元回归方程为:

$$T = 394.347 + 1.381X_1 - 62.499X_{2-1} + 60.731X_{2-2} - 290.431X_3 + 410.168X_4 +$$
$$0.531X_5 + 256.336X_6 - 13.36X_7 + 14.821X_8 - 1.003X_9 - 285.647X_{10} \quad (4-8)$$

其中,各参数的说明见表 4-1。塔河六区已见水高产井数据所拟合的该区块见水时间多元回归方程精度分析如图 4-1 所示。

表 4-1 参数说明表

T	见水时间
X_1	储量规模(10^4 t)
X_{2-1}、X_{2-2}	储集体特征:裂缝型、裂缝-孔洞型
X_3	是否稠油井(是 0,否 1)
X_4	底水发育程度(不发育 0,发育 1)
X_5	进山深度(m)
X_6	是否酸压(否 0,是 1)
X_7	采出程度
X_8	油井能量保持水平
X_9	瞬时产能(m^3/d)
X_{10}	是否零星见水(否 0,是 1)

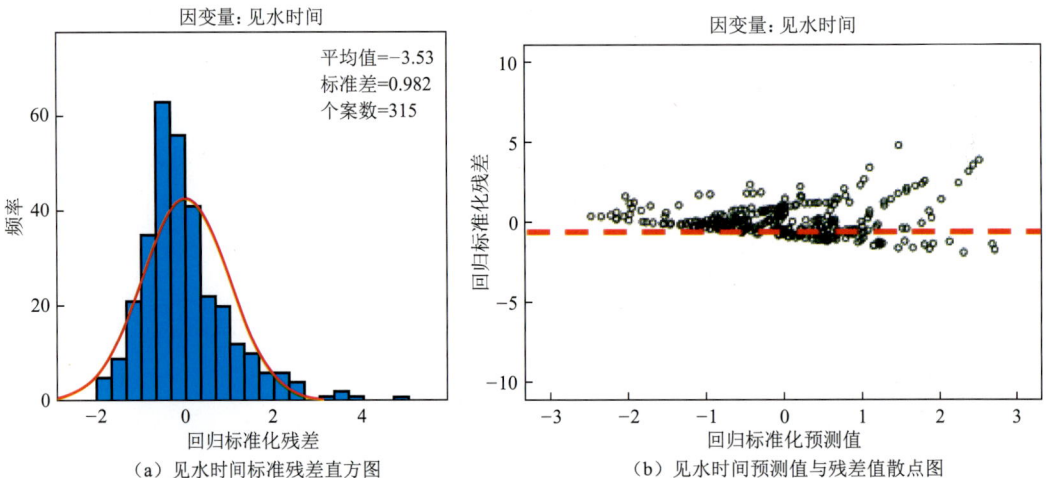

平均值=-3.53
标准差=0.982
个案数=315

(a) 见水时间标准残差直方图

(b) 见水时间预测值与残差值散点图

图 4-1 多元回归方程拟合效果图

通过 3 口预留验证井对见水时间预测方程进行验证,整体见水时间预测的准确度为 86.1%~93.0%,见表 4-2。

表 4-2　塔河六区油井见水时间预测精度表

验证井号	实际见水时间/d	预测见水时间/d	准确度/%
S67	313	291	93.0
TK626	627	540	86.1
T606	734	808	89.9

选取 5 个主控见水影响因素作为自变量建立塔河六区油井见水时间量化预测的多元回归方程为:

$$T = 645.754 + 351.476X_1 - 268.36X_2 - 334.58X_3 + 193.688X_4 - 13.347X_5$$

$$(4\text{-}9)$$

其中,各参数的说明见表 4-3。基于 5 个主控因素作为自变量的塔河六区油井见水时间多元回归方程预测精度效果图如图 4-2 所示。

表 4-3　参数说明表

T	见水时间
X_1	底水发育程度(不发育 0,发育 1)
X_2	是否零星见水(否 0,是 1)(采出程度)
X_3	是否稠油井(否 0,是 1)
X_4	是否酸压(否 0,是 1)
X_5	采出程度

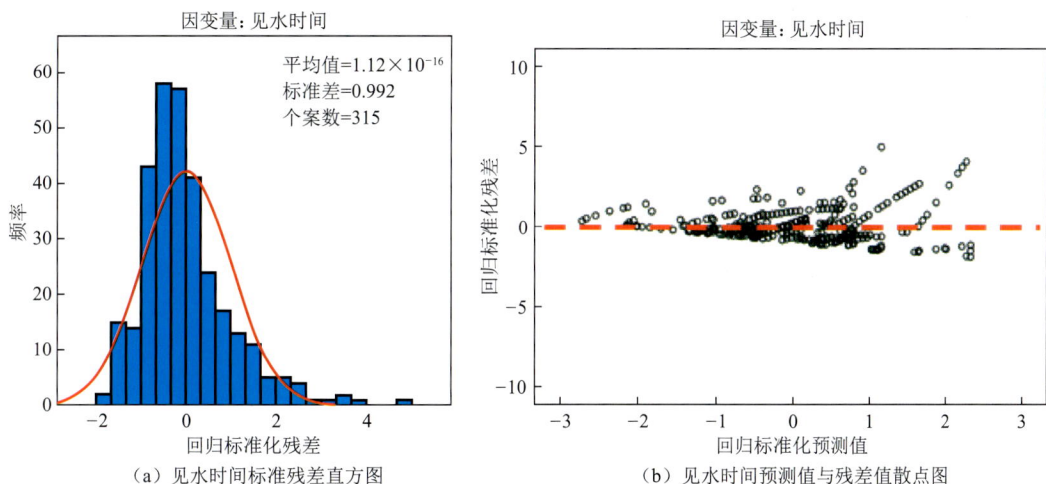

（a）见水时间标准残差直方图　　（b）见水时间预测值与残差值散点图

图 4-2　多元回归方程拟合效果图

通过 3 口预留验证井对见水时间预测方程进行验证,整体见水时间预测的准确度为 73.2%～75.1%,见表 4-4。

表 4-4　基于 5 个主控因素的塔河六区油井见水时间预测精度表

验证井号	实际见水时间/d	预测见水时间/d	准确度/%
S67	313	397	73.2
TK626	627	468	74.6
T606	734	551	75.1

不同阶段持续时间量化预测的全见水影响因素多元回归方程如下：

弹性阶段

$$T_1 = 87.723 + 0.548X_1 - 22.404X_{2-1} + 10.257X_{2-2} + 62.558X_3 - 44.222X_4 +$$
$$0.039X_5 - 47.958X_6 + 2.852X_7 - 24.948X_8 - 0.524X_9 \tag{4-10}$$

边底水能量补充阶段

$$T_2 = 592.436 + 3.812X_1 + 341.314X_{2-1} + 329.589X_{2-2} + 188.353X_3 -$$
$$228.942X_4 + 1.838X_5 - 401.964X_6 - 14.716X_7 - 71.32X_8 - 4.298X_9$$
$$\tag{4-11}$$

边底水突破井底阶段

$$T_3 = -6.379 + 0.075X_1 + 41.291X_{2-1} - 1.119X_{2-2} - 3.896X_3 + 13.308X_4 +$$
$$0.131X_5 - 22.459X_6 + 4.259X_7 - 23.646X_8 - 0.239X_9 \tag{4-12}$$

其中，各参数的说明见表 4-5。

表 4-5　参数说明表

T	见水时间
X_1	储量规模（10^4 t）
X_{2-1}、X_{2-2}	储集体特征：裂缝型、裂缝-孔洞型
X_3	是否稠油井（是 0，否 1）
X_4	底水发育程度（不发育 0，发育 1）
X_5	进山深度（m）
X_6	是否酸压（否 0，是 1）
X_7	油井能量（MPa）
X_8	油井能量保持水平
X_9	瞬时产能（m^3/d）

塔河六区高产井不同阶段持续时间预测方程的预测值与残差值散点图如图 4-3 所示。

通过 3 口预留验证井对阶段持续时间方程进行验证，整体阶段持续时间预测准确度为
77.8%～93.3%（表 4-6），预测精度高。

因变量:弹性驱阶段时间

因变量:过渡阶段时间

因变量:边底水能量补充阶段时间

因变量:边底水突破井底阶段时间

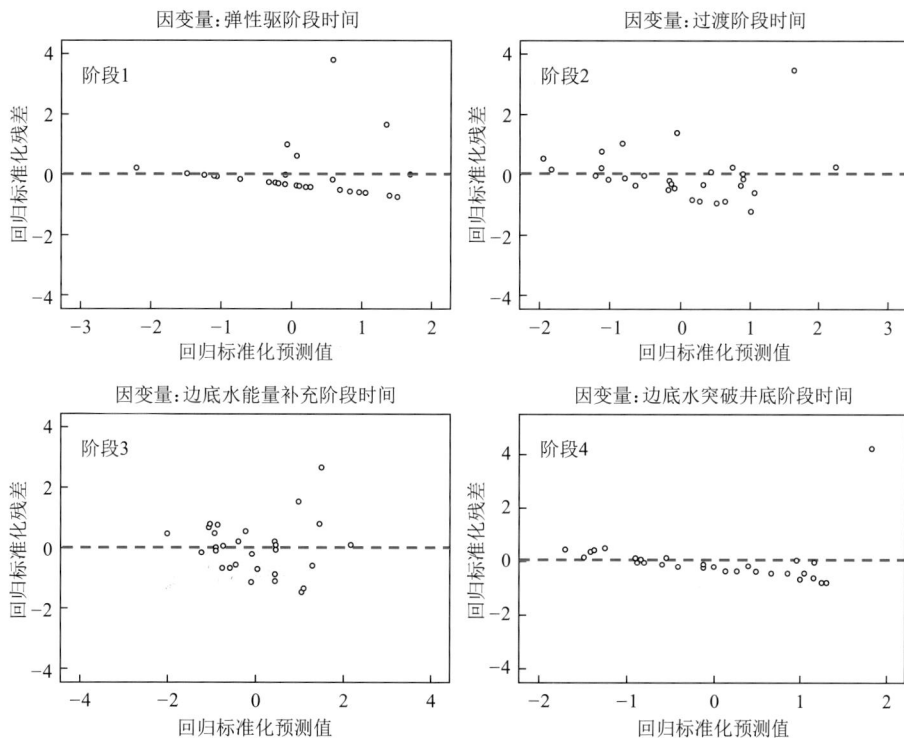

图 4-3　不同阶段持续时间预测方程的预测值与残差值散点图

表 4-6　见水时间方程验证表

验证井号	实际见水时间/d	预测见水时间/d	准确度/%
S67	313	334	93.3
TK626	627	488	77.8
T606	734	578	78.7

2）塔河十二区油井见水时间量化预测多元回归公式

见水时间量化预测的全见水影响因素多元回归方程为:

$$T = 1\,086.292 - 1.919X_1 - 823.985X_{2-1} - 748.733X_{2-2} - 347.733X_3 - 1.566X_5 +$$
$$742.736X_6 - 21.82X_7 + 43.956X_8 + 3.35X_9 - 162.093X_{10} \tag{4-13}$$

其中,各参数的说明见表 4-7。基于塔河十二区已见水高产井数据所拟合的见水时间多元回归方程精度分析如图 4-4 所示。

表 4-7　参数说明表

T	见水时间
X_1	储量规模（10^4 t）
X_{2-1}、X_{2-2}	储集体特征:裂缝型、裂缝-孔洞型
X_3	是否稠油井（否 0,是 1）
X_4	底水发育程度（不发育 0,发育 1）

续表 4-7

X_5	进山深度(m)
X_6	是否酸压(否 0,是 1)
X_7	采出程度
X_8	油井能量保持水平
X_9	瞬时产能(m³/d)
X_{10}	是否零星见水(否 0,是 1)

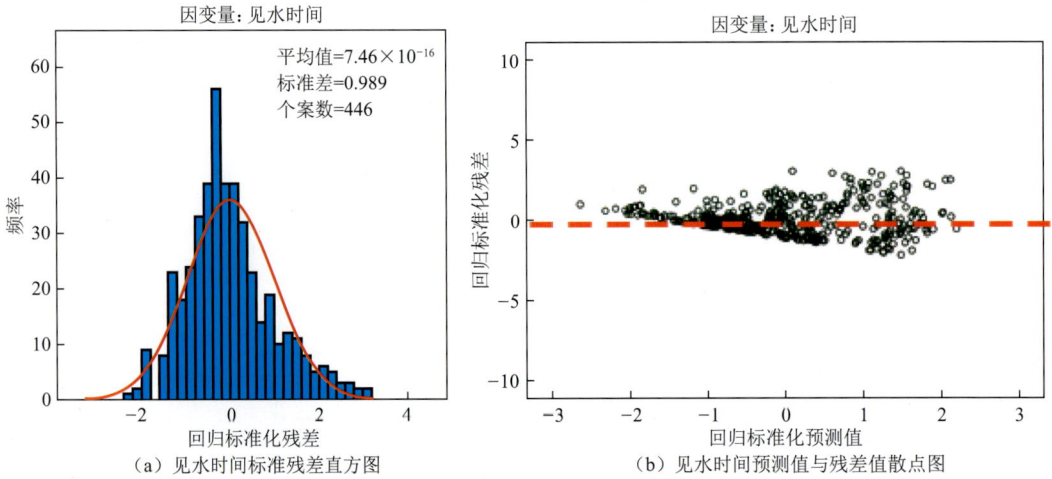

(a)见水时间标准残差直方图　　(b)见水时间预测值与残差值散点图

图 4-4　多元回归方程拟合效果图

通过 3 口预留验证井对见水时间预测方程进行验证,整体见水时间预测准确度为 71%～87.5%,见表 4-8。

表 4-8　塔河十二区油井见水时间预测精度表

验证井号	实际见水时间/d	预测见水时间/d	准确度/%
TH12199	505	361	71.5
TH12186	1 769	1 548	87.5
TH12117	1 396	991	71.0

见水时间量化预测的 5 个主控见水影响因素多元回归方程为:

$$T = 645.754 + 351.476X_{1-1} - 268.36X_2 - 334.58X_3 + 193.688X_4 - 13.347X_5$$

(4-14)

其中,各参数的说明见表 4-9。基于 5 个主控因素作为自变量的塔河十二区油井见水时间多元回归方程预测精度效果图如图 4-5 所示。

表 4-9　参数说明表

T	见水时间
X_{1-1}、X_{1-2}	储集体特征:裂缝型

X_2	是否酸压(否 0,是 1)
X_3	采出程度
X_4	底水发育程度(不发育 0,发育 1)
X_5	瞬时产能(m^3/d)(采出程度)

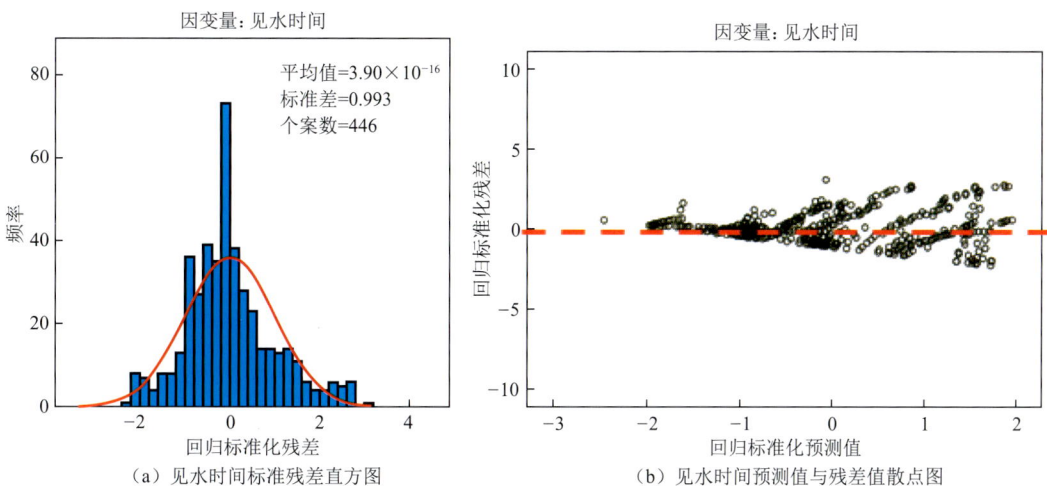

(a) 见水时间标准残差直方图

(b) 见水时间预测值与残差值散点图

图 4-5 多元回归方程拟合效果图

通过 3 口预留验证井对见水时间和预测方程进行验证,整体见水时间预测准确度为 76.8%~83.6%,见表 4-10。

表 4-10 基于 5 个主控因素的塔河十二区油井见水时间预测精度表

验证井号	实际见水时间/d	预测见水时间/d	准确度/%
TH12199	526	404	76.8
TH12186	1 769	1 362	77.0
TH12117	1 396	1 625	83.6

不同阶段持续时间量化预测的全见水影响因素多元回归方程如下:

弹性阶段

$$T_1 = 227.135 + 0.111X_1 - 22.822X_{2\text{-}1} - 118.29X_{2\text{-}2} - 91.61X_3 - 0.709X_4 + 80.764X_5 + 1.752X_6 + 83.089X_7 + 0.48X_8 \tag{4-15}$$

边底水能量补充阶段

$$T_2 = 767.208 + 3.22X_1 - 410.627X_{2\text{-}1} - 460.406X_{2\text{-}2} + 25.827X_3 - 0.319X_4 + 138.023X_5 - 12.75X_6 - 136.416X_7 - 1.737X_8 \tag{4-16}$$

边底水突破井底阶段

$$T_3 = 29.953 - 0.049X_1 + 0.492X_{2\text{-}1} + 28.945X_{2\text{-}2} - 13.9X_3 + 0.05X_4 - 14.272X_5 - 0.298X_6 + 3.58X_7 - 0.065X_8 \tag{4-17}$$

其中,各参数的说明见表 4-11。

表 4-11 参数说明表

T	见水时间
X_1	储量规模（10^4 t）
X_{2-1}、X_{2-2}	储集体特征：裂缝型、裂缝-孔洞型
X_3	底水发育程度（不发育 0，发育 1）
X_4	进山深度（m）
X_5	油井能量（MPa）
X_6	是否零星见水（否 0，是 1）
X_7	平均产能（m^3/d）
X_8	油井能量保持水平

塔河十二区不同阶段持续时间预测方程的预测值与残差值散点图如图 4-6 所示。

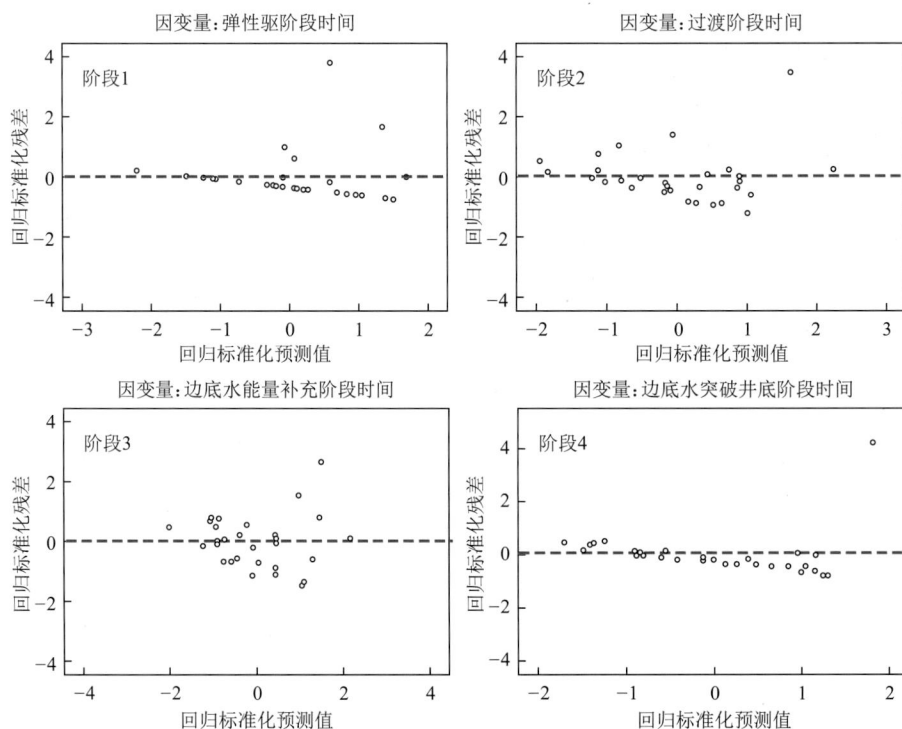

图 4-6 不同阶段持续时间预测方程的预测值与残差值散点图

通过 3 口预留验证井对阶段持续时间方程进行验证，整体阶段持续时间预测准确度为 70.5%～79.3%，见表 4-12。

表 4-12 见水时间方程验证表

验证井号	实际见水时间/d	预测见水时间/d	准确度/%
TH12199	526	417	79.3
TH12186	1 769	1 283	72.5
TH12117	1 396	984	70.5

3）托甫台区油井见水时间量化预测多元回归公式

见水时间量化预测的全见水影响因素多元回归方程为：

$$T = 627.254 + 0.715X_1 - 209.678X_{2-2} - 229.952X_3 - 0.976X_5 + 320.654X_6 -$$
$$10.717X_7 - 7.532X_8 - 3.012X_9 - 32.176X_{10} \tag{4-18}$$

其中，各参数的说明见表 4-13。基于托甫台区已见水高产井数据所拟合的见水时间多元回归方程精度分析如图 4-7 所示。

表 4-13　参数说明表

T	见水时间
X_1	储量规模（10^4 t）
X_{2-1}、X_{2-2}	储集体特征：裂缝型、裂缝-孔洞型
X_3	是否稠油井（否 0，是 1）
X_4	底水发育程度（不发育 0，发育 1）
X_5	进山深度（m）
X_6	是否酸压（否 0，是 1）
X_7	采出程度
X_8	油井能量保持水平
X_9	瞬时产能（m^3/d）
X_{10}	是否零星见水（否 0，是 1）

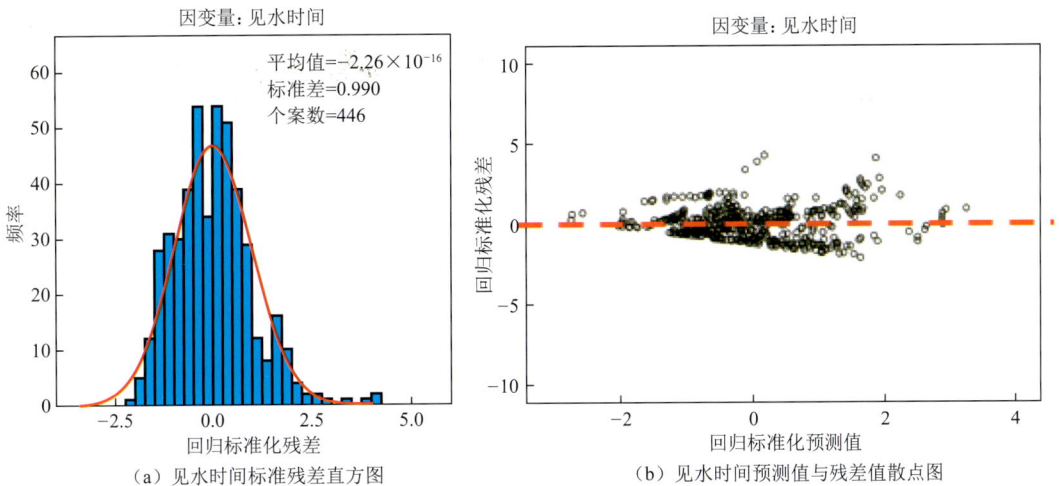

因变量：见水时间

平均值=-2.26×10^{-16}
标准差=0.990
个案数=446

（a）见水时间标准残差直方图

因变量：见水时间

（b）见水时间预测值与残差值散点图

图 4-7　多元回归方程拟合效果图

通过 3 口预留验证井对见水时间预测方程进行验证，整体见水时间预测准确度为 79.7%～98.4%，见表 4-14。

见水时间量化预测的 5 个主控见水影响因素多元回归方程为：

$$T = 601.725 + 3.045X_1 - 12.734X_2 - 197.484X_3 - 9.67X_4 + 65.007X_5 \tag{4-19}$$

其中,各参数的说明见表 4-15。基于 5 个主控因素作为自变量的托甫台区油井见水时间多元回归方程预测精度效果图如图 4-8 所示。

表 4-14　托甫台区油井见水时间预测精度表

验证井号	实际见水时间/d	预测见水时间/d	准确度/%
TP125	883	854	96.7
TP112X	1 495	1 192	79.7
TK1024	1 727	1 700	98.4

表 4-15　参数说明表

T	见水时间
X_1	瞬时产能(m^3/d)(采出程度)
X_2	采出程度
X_3	底水发育程度(不发育 0,发育 1)
X_4	油井能量保持水平(采出程度)
X_5	是否酸压(否 0,是 1)

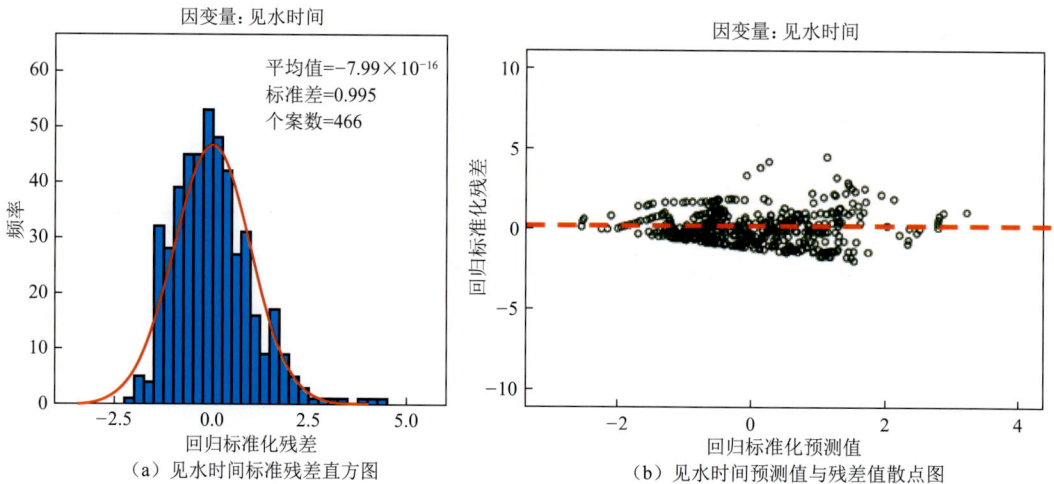

因变量:见水时间

平均值=-7.99×10^{-16}
标准差=0.995
个案数=466

（a）见水时间标准残差直方图　　（b）见水时间预测值与残差值散点图

图 4-8　多元回归方程拟合效果图

通过 3 口预留验证井对见水时间预测方程进行验证,整体见水时间预测准确度为 72.8%～98.4%,见表 4-16。

表 4-16　基于 5 个主控因素的托甫台区油井见水时间预测精度表

验证井号	实际见水时间/d	预测见水时间/d	准确度/%
TP125	883	854	96.7
TP112X	1 495	1 088	72.8
TK1024	1 727	1 700	98.4

不同阶段持续时间量化预测的全见水影响因素多元回归方程如下：

弹性阶段

$$T_1 = 0.867 + 1.425X_1 - 49.492X_{2-3} - 40.853X_3 - 1.217X_4 + 1.836X_5 + 79.854X_6 + 1.377X_7 \tag{4-20}$$

边底水能量补充阶段

$$T_2 = 510.183 + 4.358X_1 - 181.281X_{2-3} - 183.643X_3 - 2.357X_4 - 13.455X_5 + 396.648X_6 + 0.251X_7 \tag{4-21}$$

边底水突破井底阶段

$$T_3 = -1.615 - 0.103X_1 + 0.16X_{2-3} - 1.315X_3 - 0.113X_4 + 0.242X_5 + 3.729X_6 + 0.283X_7 \tag{4-22}$$

其中，各参数的说明见表 4-17。

表 4-17 参数说明表

T	见水时间
X_1	储量规模（10^4 t）
X_{2-3}	储集体特征：溶洞型
X_3	底水发育程度（不发育 0，发育 1）
X_4	进山深度（m）
X_5	油井能量（MPa）
X_6	是否零星见水（否 0，是 1）
X_7	平均产能（m^3/d）

托甫台区高产井不同阶段持续时间预测方程的预测值与残差值散点图如图 4-9 所示。

通过 3 口预留验证井对阶段持续时间方程进行验证，整体阶段持续时间预测准确度为 77.2%～92.8%，见表 4-18。

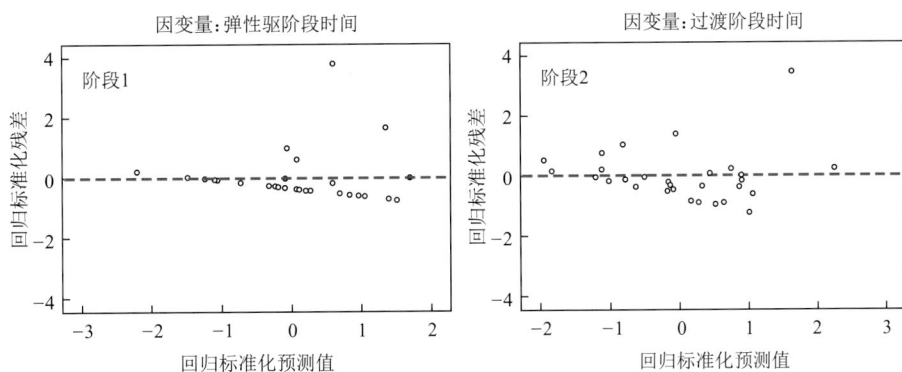

图 4-9 不同阶段持续时间预测方程的预测值与残差值散点图

因变量:边底水能量补充阶段时间　　　　　因变量:边底水突破井底阶段时间

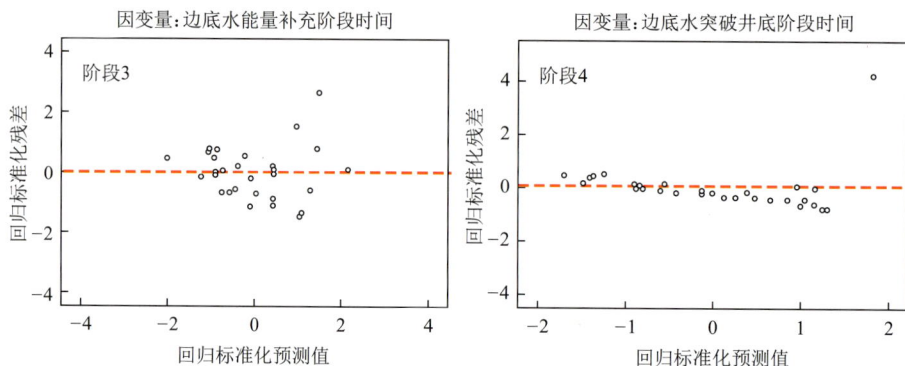

图 4-9(续)　不同阶段持续时间预测方程的预测值与残差值散点图

表 4-18　见水时间方程验证表

验证井号	实际见水时间/d	预测见水时间/d	准确度/%
TP125	883	682	77.2
TP112X	1 495	1 684	87.4
TK1024	1 727	1 602	92.8

4.2　缝洞型油藏高产井定量预警 BP 神经网络模型

4.2.1　基于神经网络方法的油井量化预警基本原理

神经网络是一种由大量节点(或称神经元)相互连接构成的运算模型。每个节点代表一种特定的输出函数,称为激活函数。每两个节点间的连接都代表一个通过该连接信号的节点之间的加权值,称之为权重,这相当于人工神经网络的记忆。网络的输出依据网络的连接方式、权重值和激活函数的不同而不同。而网络自身通常是对自然界某种算法或者函数的逼近,也可能是对一种逻辑策略的表达。

神经网络的构成单元即神经元如图 4-10 所示。

该神经元由 x_1、x_2、x_3 和一个偏置项 b 作为输入,w_1、w_2、w_3 是它们的权重。输入节点后,经过激活函数 f,得到输出为:

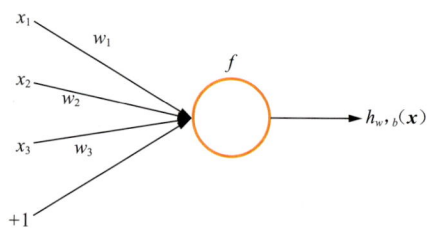

图 4-10　神经元示意图

$$h_{w,b}(\boldsymbol{x}) = f(\boldsymbol{w}^{\mathrm{T}} \boldsymbol{x}) = f(\sum_{i=1}^{3} w_i x_i + b) \tag{4-23}$$

式中,函数 f 称为激活函数,w 为权重矩阵。激活函数包括 Sigmoid 函数、tanh 函数、恒等式(相当于没有激活函数)等。

神经网络就是将许多个单一的神经元联结在一起,这样一个神经元的输出就可以是另一个神经元的输入,如图 4-11 所示。

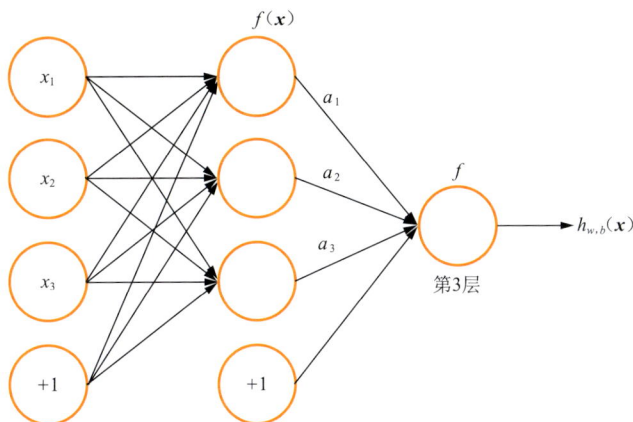

图 4-11 神经网络示意图

图 4-11 中，最左边是输入层，中间是隐含层，右侧是输出层。输入层以及隐含层均有 3 个节点，每个节点代表一个神经元。输入层有 3 个输入节点 x_1、x_2、x_3，以及一个偏置节点（标有 +1 的圆圈）。每一层和下一层之间对应的也有一个权重矩阵 w。

对这样一个简单的神经网络来说，整个过程就是将输入 x 与权重矩阵 w 结合，以 $wx+b$ 的形式输入隐含层（第二层），经过激活函数 $f(x)$ 的处理，得到输出结果 a_1、a_2、a_3，然后与对应的权重偏置结合，作为输出层（第三层）的输入，再经过激活函数 f，得到最终输出结果。

BP 神经网络全称为向后传播神经网络。BP 神经网络就是在前馈型网络的结构上增加后向传播算法。前馈就是信号向前传递的意思。BP 神经网络的前馈表现为输入信号从输入层（输入层不参加计算）开始，由每一层的神经元计算出该层各神经元的输出并向下一层传递，直到输出层计算出网络的输出结果，即前馈只是用于计算网络的输出，不对网络的参数进行调整，而后向传播是用于训练时网络权值和阈值的调整，该过程是需要监督学习的。在你的网络没有训练好的时候，输出肯定和你想象的不一样，那么就会得到一个偏差，并且偏差会被一级一级地向前传递，逐层得到 $\delta(i)$，这就是反馈。

反馈是用来求偏导数的，而偏导数是用来做梯度下降的。梯度下降是为了求得代价函数的极小值，从而使期望和输出之间的误差尽可能地减小。

BP 神经网络的算法流程如图 4-12 所示。

具体步骤如下：

(1) 初始化网络权重以及偏置。不同神经元之间的连接权重（网络权重）是不一样的，这是在训练之后得到的结果。因此，在初始化阶段，给予每个网络连接权重一个很小的随机数（一般而言为 $-1.0 \sim 1.0$ 或者 $-0.5 \sim 0.5$），同时每个神经元的偏置（偏置可以看作是每个神经元的自身权重）也会被初始化为一个随机数。

(2) 进行前向传播。输入一个训练样本，然后通过计算得到每个神经元的输出。每个神经元的计算方法相同，都是由其输入的线性组合得到的。

用 w_{ij}^l 表示第 l 层的第 i 个节点与第 $l+1$ 层的第 j 个节点之间的权重，将第 l 层记为 L_l，其中 L_1 与 L_2 层之间的权重即 w_{ij}^1，L_2 与 L_3 层之间的权重即 w_{ij}^2。

用 b_i^l 代表第 $l+1$ 层第 i 个节点的偏置。

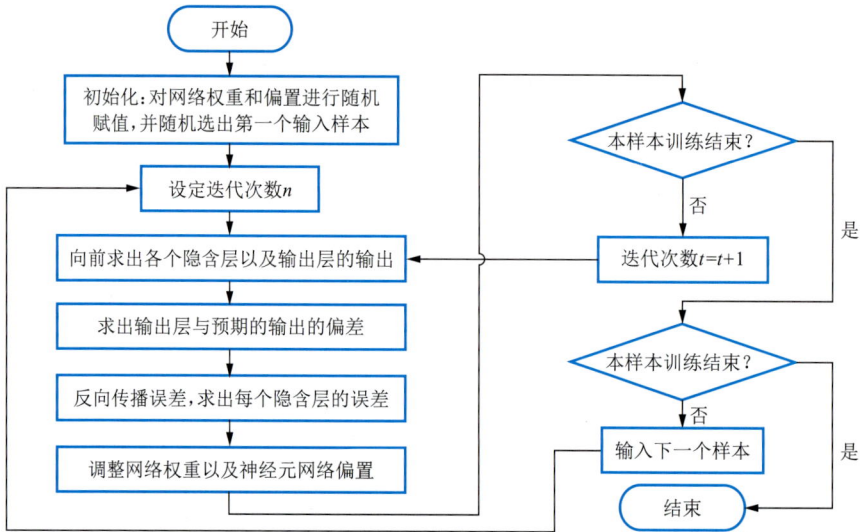

图 4-12 BP 神经网络的算法流程图

用 S_j^l 代表第 $l+1$ 层第 j 个节点的输入值。当 $l=1$ 时,有:

$$S_j^1 = \sum_{i=1}^m w_{ij}^1 \cdot x_i + b_j^1 \tag{4-24}$$

用 $f(S_j^l)$ 代表第 $l+1$ 层第 j 个节点经过激活函数 $f(x)$ 后的输出值。

(3)计算误差并进行反向传播。一般情况下,用最小化均方根差 $L(\varepsilon)$ 来衡量误差大小,其公式如下:

$$L(\varepsilon) = \frac{1}{2} \sum_{j=1}^k \varepsilon_j^2 = \frac{1}{2} \sum_{j=1}^k (\bar{y}_j - y_j)^2 \tag{4-25}$$

利用梯度下降的方法最小化误差,也就是让每个样本的权重都向其负梯度方向变化,即求最小化均方根差 $L(\varepsilon)$ 对于权重 w 的梯度。

(4)网络权重与神经元网络偏置调整。有了权重梯度后,就可以很容易地更新权重了。

$$w_{ij}^l = w_{ij}^l - \alpha \frac{\partial L(\varepsilon)}{\partial w_{ij}^l} \tag{4-26}$$

(5)判断结束。对于每个样本判断其误差,如果小于设定的阈值或者已经达到迭代次数,则结束训练,否则继续回到步骤(2)进行训练。

到此,BP 神经网络的训练过程即结束。训练成熟后的神经网络即可拿来使用。

选择研究区动静态资料丰富、生产历史长的已见水油井作为 BP 神经网络模型训练样本。应用油井见水预警图版划分油井各驱动阶段及持续时间。以油井各驱动阶段持续时间、见水时间作为输出层输出参数,以优选的油井见水时间敏感性预警参数(3~5 个)作为输入层输入参数,建立油井各驱动阶段持续时间、见水时间神经网络模型。通过对已见水油井上述参数的归一化处理,以其作为神经网络模型的学习样本,利用 BP 神经网络算法对油井见水时间进行预测,通过与样本油井实际见水时间的输出误差的反向传播(即 error Back Propagation,简称 BP 算法),动态调整输入层、隐含层及输出层网络的连接权重,直至预测见水时间与实际见水时间的误差减少到 5%,并用预留样本油井对上述 BP 神经网络模型进行误差分析与精度检验,从而形成油井各驱动阶段持续时间、油井见水时间量化预测的 BP 神经网络方法。

4.2.2 区块油井见水时间量化预警神经网络模型

1）塔河六区油井见水时间量化预警神经网络模型

塔河六区各驱动阶段持续时间量化预测的全见水影响因素神经网络模型结构图如图 4-13 所示。模型结构分为 1 个输入层、2 个隐含层和 1 个输出层，其中输入层为影响见水

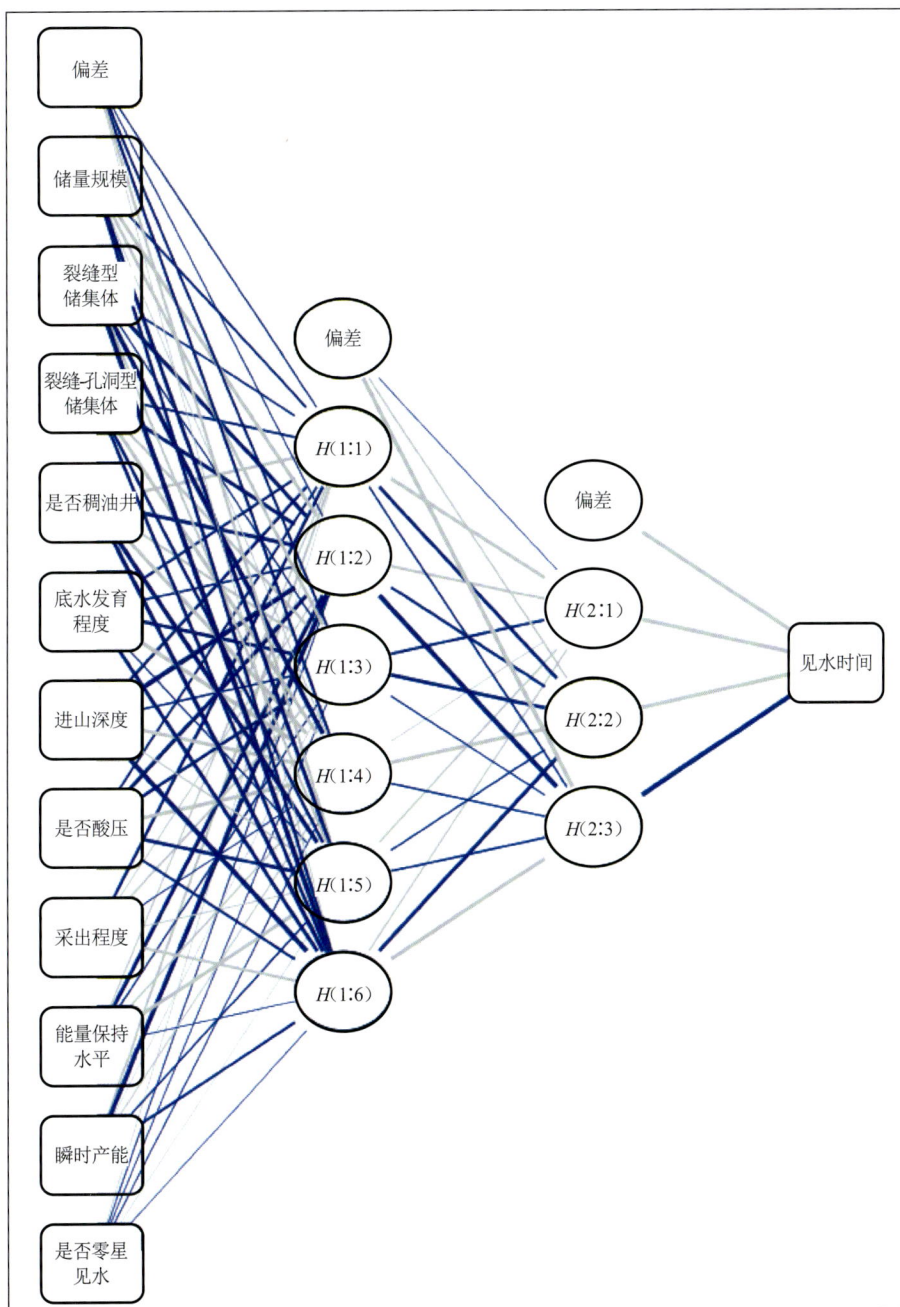

图 4-13 塔河六区油井见水时间量化预测的神经网络模型结构图

时间因素的参数(表 4-19),隐含层分别为 6 个和 3 个参数(不包含偏差值),输出层的参数为油井见水时间(只改变样本数据,不改变神经网络模型结构)。其中,输入层和输出层需进行参数标准化处理,隐含层的激活函数为双曲正切函数,输出层的激活函数为恒等式。

具体参数的说明见表 4-19。

表 4-19 参数说明表

T	见水时间
X_1	储量规模(10^4 t)
X_{2-1}、X_{2-2}	储集体特征:裂缝型、裂缝-孔洞型
X_3	是否稠油井(否 0,是 1)
X_4	底水发育程度(不发育 0,发育 1)
X_5	进山深度(m)
X_6	是否酸压(否 0,是 1)
X_7	采出程度
X_8	油井能量保持水平
X_9	瞬时产能(m^3/d)
X_{10}	是否零星见水(否 0,是 1)

3 个阶段的神经网络模型中,各输入层、隐含层和输出层间的权重见表 4-20。

表 4-20 塔河六区油井见水时间神经网络模型的权重表

项 目		隐含层 1						隐含层 2			输出层
		$H(1{:}1)$	$H(1{:}2)$	$H(1{:}3)$	$H(1{:}4)$	$H(1{:}5)$	$H(1{:}6)$	$H(2{:}1)$	$H(2{:}2)$	$H(2{:}3)$	
输入层	偏 差	−0.136	−0.067	−0.417	−0.508	0.629	0.053				
	储量规模	−0.409	1.060	0.756	0.070	−0.898	−0.604				
	裂缝型储集体	−0.242	−0.965	−0.103	−1.404	0.468	−2.139				
	裂缝-孔洞型储集体	−0.342	−0.758	0.594	1.024	−0.580	−0.676				
	是否稠油井	0.746	−0.922	0.579	1.108	−1.125	−1.043				
	底水发育程度	−0.441	−0.268	−0.681	1.284	−0.084	−0.778				
	进山深度	−0.564	−1.869	−0.221	0.973	0.320	−2.401				
	是否酸压	−0.363	−0.943	−0.592	1.257	−0.729	−0.442				
	采出程度	−0.590	0.174	0.436	−0.029	0.107	0.635				
	能量保持水平	0.256	−0.943	−0.128	0.331	1.020	−0.024				
	瞬时产量	0.520	−1.473	0.016	0.204	−0.187	−0.465				
	是否零星见水	0.025	−0.035	−0.025	−0.043	0.011	−0.002				

续表 4-20

项　目		隐含层 1						隐含层 2			输出层
		$H(1{:}1)$	$H(1{:}2)$	$H(1{:}3)$	$H(1{:}4)$	$H(1{:}5)$	$H(1{:}6)$	$H(2{:}1)$	$H(2{:}2)$	$H(2{:}3)$	
隐含层 1	偏差							−0.009	0.380	2.074	
	$H(1{:}1)$							1.108	−0.735	−0.249	
	$H(1{:}2)$							0.715	−0.537	−2.168	
	$H(1{:}3)$							−0.481	−0.755	−0.118	
	$H(1{:}4)$							0.069	1.183	−0.229	
	$H(1{:}5)$							0.414	−0.221	−0.330	
	$H(1{:}6)$							0.277	−0.923	1.337	
隐含层 2	偏差										1.844
	$H(2{:}1)$										1.540
	$H(2{:}2)$										1.480
	$H(2{:}3)$										−2.764

通过 3 个阶段预测值和残差值的散点图的分布情况来判断拟合效果。预测值的散点离残差值 0 值横线的距离越近,说明神经网络模型预测阶段持续时间的拟合效果越好。如图 4-14 所示,3 个阶段持续时间的神经网络模型拟合效果较好。

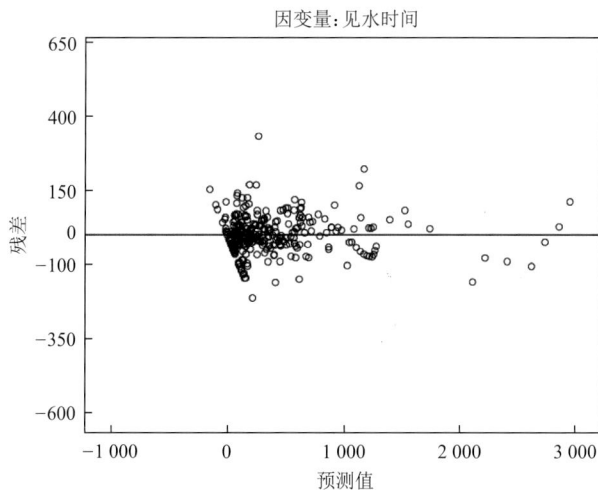

图 4-14　塔河六区油井见水时间量化预测的预测值与残差值散点图

通过 3 口预留验证井对各驱动阶段的持续时间神经网络模型进行验证,结果表明,塔河六区油井见水时间预测准确度为 77.5%~95.0%(表 4-21)。

表 4-21　塔河六区油井见水时间神经网络模型验证表

验证井号	实际见水时间/d	预测见水时间/d	准确度/%
S67	313	284	90.7
TK626	627	486	77.5
T606	734	697	95.0

塔河六区各驱动阶段持续时间量化预测的全见水影响因素神经网络模型结构图如图4-15所示。模型结构分为1个输入层、2个隐含层和1个输出层,其中输入层为影响见水时间因素的参数(表4-22),隐含层分别为6个和3个参数(不包含偏差值),输出层的参数为油井见水时间(只改变样本数据,不改变神经网络模型结构)。其中,输入层和输出层需进行参数标准化处理,隐含层的激活函数为双曲正切函数,输出层的激活函数为恒等式。

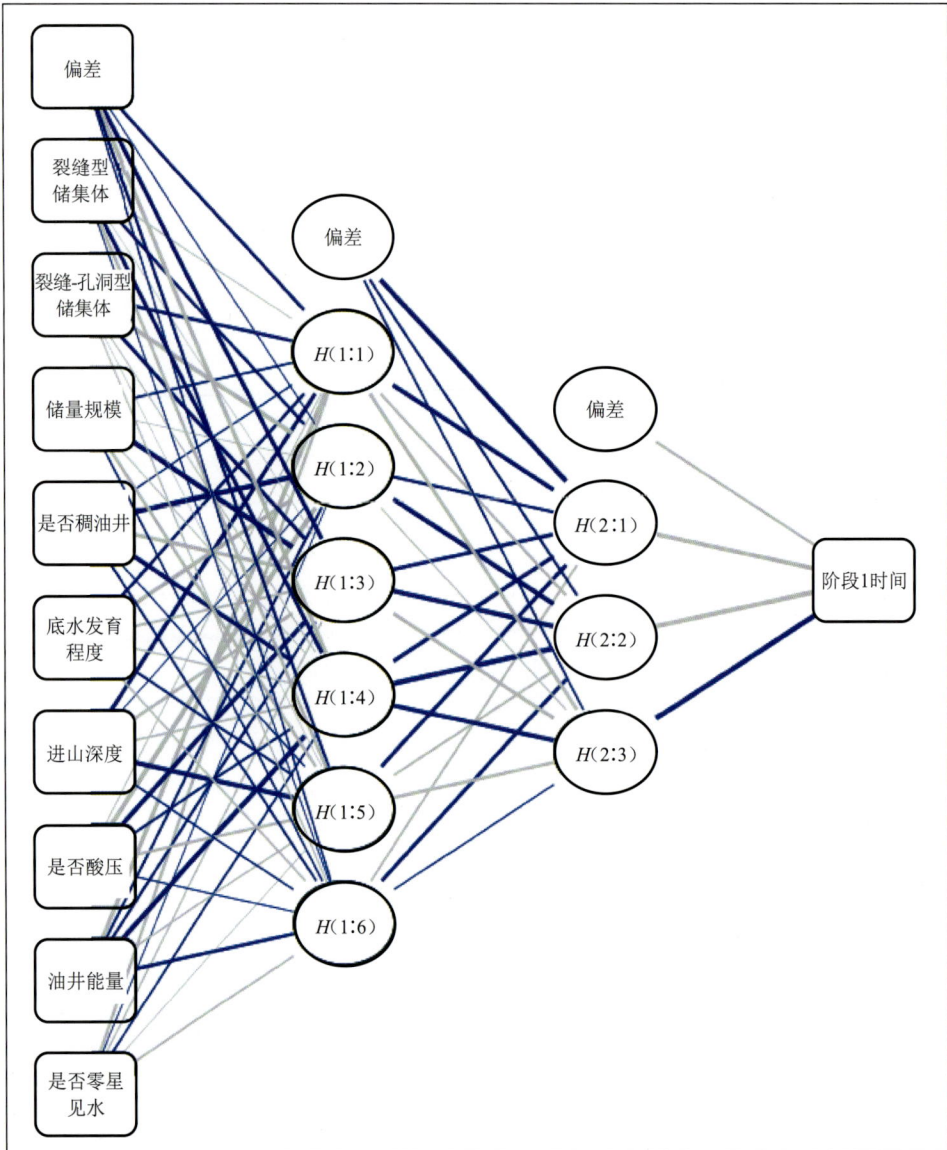

图 4-15 3个阶段的持续时间量化预测的神经网络模型结构图

具体参数的说明见表 4-22。

表 4-22　见水时间影响因素参数表

T	见水时间
X_1	储量规模（10^4 t）
X_{2-1}、X_{2-2}	储集体特征：裂缝型、裂缝-孔洞型
X_3	是否稠油井（否 0，是 1）
X_4	底水发育程度（不发育 0，发育 1）
X_5	进山深度（m）
X_6	是否酸压（否 0，是 1）
X_7	油井能量（MPa）
X_8	是否零星见水（否 0，是 1）

3 个阶段的神经网络模型中，各输入层、隐含层和输出层间的权重见表 4-23～表 4-25。

表 4-23　塔河六区弹性驱阶段持续时间神经网络模型的权重表 1

项　目		隐含层 1						隐含层 2			输出层
		$H(1:1)$	$H(1:2)$	$H(1:3)$	$H(1:4)$	$H(1:5)$	$H(1:6)$	$H(2:1)$	$H(2:2)$	$H(2:3)$	阶段 1
输入层	偏　差	-0.582	-0.081	-0.829	0.896	-0.491	-0.170				
	裂缝型	0.140	-0.520	0.017	-0.745	0.661	-0.070				
	裂缝-孔洞型	-0.625	1.202	-0.709	0.103	0.016	0.257				
	储量规模	-0.313	0.061	-1.373	0.088	0.664	-0.211				
	是否稠油井	-0.115	-1.484	0.822	-0.844	-0.113	-0.347				
	底水发育程度	-0.497	0.846	0.445	0.268	-0.402	0.388				
	进山深度	-0.795	-0.018	0.665	0.424	-0.985	-0.159				
	是否酸压	0.091	1.548	-0.941	-0.377	0.522	-0.082				
	油井能量	1.080	-0.424	-0.436	-1.217	0.328	-0.598				
	是否零星见水	0.585	-0.039	0.264	-0.300	0.051	0.426				
隐含层 1	偏　差							-1.325	-0.407	-0.333	
	$H(1:1)$							-0.893	0.520	0.777	
	$H(1:2)$							-0.474	-1.048	0.156	
	$H(1:3)$							-0.683	-1.020	0.740	
	$H(1:4)$							-0.779	-1.470	-0.968	
	$H(1:5)$							-0.716	0.445	0.716	
	$H(1:6)$							0.439	-0.708	-0.123	

项 目		隐含层1						隐含层2			输出层
		$H(1{:}1)$	$H(1{:}2)$	$H(1{:}3)$	$H(1{:}4)$	$H(1{:}5)$	$H(1{:}6)$	$H(2{:}1)$	$H(2{:}2)$	$H(2{:}3)$	阶段1
隐含层2	偏差										0.569
	$H(2{:}1)$										1.317
	$H(2{:}2)$										1.598
	$H(2{:}3)$										−1.534

表 4-24　塔河六区底水能量补充阶段持续时间神经网络模型的权重表 2

项 目		隐含层1						隐含层2			输出层
		$H(1{:}1)$	$H(1{:}2)$	$H(1{:}3)$	$H(1{:}4)$	$H(1{:}5)$	$H(1{:}6)$	$H(2{:}1)$	$H(2{:}2)$	$H(2{:}3)$	阶段2
输入层	偏差	−0.170	1.301	−0.357	−0.166	0.717	−0.383				
	裂缝型	−0.611	−1.236	−0.312	0.373	−0.302	−0.009				
	裂缝-孔洞型	0.973	−0.046	1.119	−0.255	0.388	0.186				
	储量规模	−0.426	−0.220	0.935	−0.019	0.095	−0.238				
	是否稠油井	−0.436	−0.915	0.002	−1.014	0.252	0.775				
	底水发育程度	−0.567	1.009	−0.997	−0.087	−0.119	−0.437				
	进山深度	0.279	−1.302	0.632	1.009	0.816	−0.790				
	是否酸压	0.032	0.158	−0.224	−0.812	−0.087	−0.357				
	油井能量	1.279	1.028	−0.817	0.487	−0.001	0.653				
	是否零星见水	0.032	0.170	−0.443	−0.262	0.006	−0.309				
隐含层1	偏差							−0.106	−1.583	0.121	
	$H(1{:}1)$							−0.183	1.371	0.144	
	$H(1{:}2)$							−0.196	−1.704	0.555	
	$H(1{:}3)$							−0.259	0.752	−0.887	
	$H(1{:}4)$							−0.222	−0.594	0.060	
	$H(1{:}5)$							−0.824	−0.877	−0.647	
	$H(1{:}6)$							0.750	0.745	0.095	
隐含层2	偏差										2.006
	$H(2{:}1)$										−0.741
	$H(2{:}2)$										2.806
	$H(2{:}3)$										0.576

表 4-25　塔河六区底水突破井底阶段持续时间神经网络模型的权重表 3

项目		隐含层 1						隐含层 2			输出层
		$H(1{:}1)$	$H(1{:}2)$	$H(1{:}3)$	$H(1{:}4)$	$H(1{:}5)$	$H(1{:}6)$	$H(2{:}1)$	$H(2{:}2)$	$H(2{:}3)$	阶段 3
输入层	偏差	−0.516	0.103	−0.539	−0.465	0.551	0.044				
	裂缝型	−0.284	0.669	−0.590	−0.244	−0.460	0.160				
	裂缝-孔洞型	0.023	−0.037	0.217	−0.281	0.181	−0.161				
	储量规模	0.179	−0.439	0.634	−0.398	−0.033	0.561				
	是否稠油井	−0.419	−0.657	−0.905	0.355	−0.528	−0.278				
	底水发育程度	0.396	0.019	−0.475	−0.096	−0.222	0.662				
	进山深度	−0.209	0.548	−1.021	0.865	0.021	0.789				
	是否酸压	0.214	0.015	−0.036	0.504	−0.137	0.722				
	油井能量	−0.461	1.081	−0.559	0.519	−0.354	0.677				
	是否零星见水	−0.108	−0.008	0.568	0.041	−0.339	0.687				
隐含层 1	偏差							−0.327	−0.132	0.371	
	$H(1{:}1)$							0.488	0.059	−0.065	
	$H(1{:}2)$							−0.478	1.174	0.335	
	$H(1{:}3)$							0.481	−0.771	0.619	
	$H(1{:}4)$							−0.148	0.175	0.667	
	$H(1{:}5)$							0.071	−0.316	−0.156	
	$H(1{:}6)$							−0.176	−0.342	0.895	
隐含层 2	偏差										0.074
	$H(2{:}1)$										−0.549
	$H(2{:}2)$										1.145
	$H(2{:}3)$										−1.349

通过 3 个阶段预测值和残差值的散点图的分布情况来判断拟合效果。预测值的散点离残差值 0 值横线的距离越近,说明神经网络模型预测阶段持续时间的拟合效果越好。如图 4-16 所示,3 个阶段持续时间的神经网络模型拟合效果较好。

通过 3 口预留验证井对各驱动阶段的持续时间神经网络模型进行验证,结果表明,塔河六区油井见水前各阶段持续时间之和预测准确度为 87.6%～92.8%(表 4-26)。

（a）弹性驱阶段

（b）底水能量补充阶段

（c）底水突破井底阶段

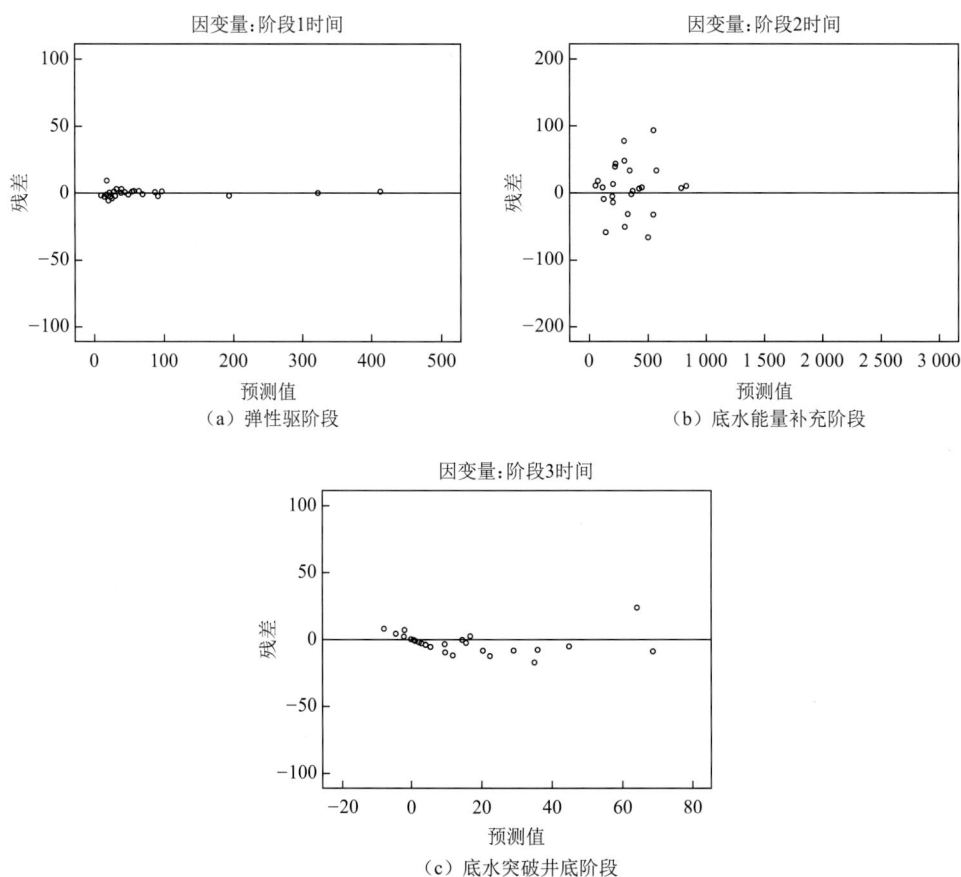

图 4-16　不同阶段持续时间量化预测的主控影响因素的预测值与残差值散点图

表 4-26　塔河六区油井见水前各阶段持续时间神经网络模型验证表

验证井号	实际持续时间/d	预测持续时间/d	准确度/%
S67	313	341	91.1
TK626	627	582	92.8
T606	734	643	87.6

2）塔河十二区油井见水时间量化预测神经网络模型

塔河十二区不同阶段持续时间量化预测的全见水影响因素神经网络模型结构图如图 4-17 所示。模型结构分为 1 个输入层、2 个隐含层和 1 个输出层，其中输入层为影响见水时间因素的参数，隐含层分别为 6 个和 3 个参数（不包含偏差值），输出层的参数为油井见水时间（只改变样本数据，不改变神经网络模型结构）。其中，输入层和输出层需进行参数标准化处理，隐含层的激活函数为双曲正切函数，输出层的激活函数为恒等式。

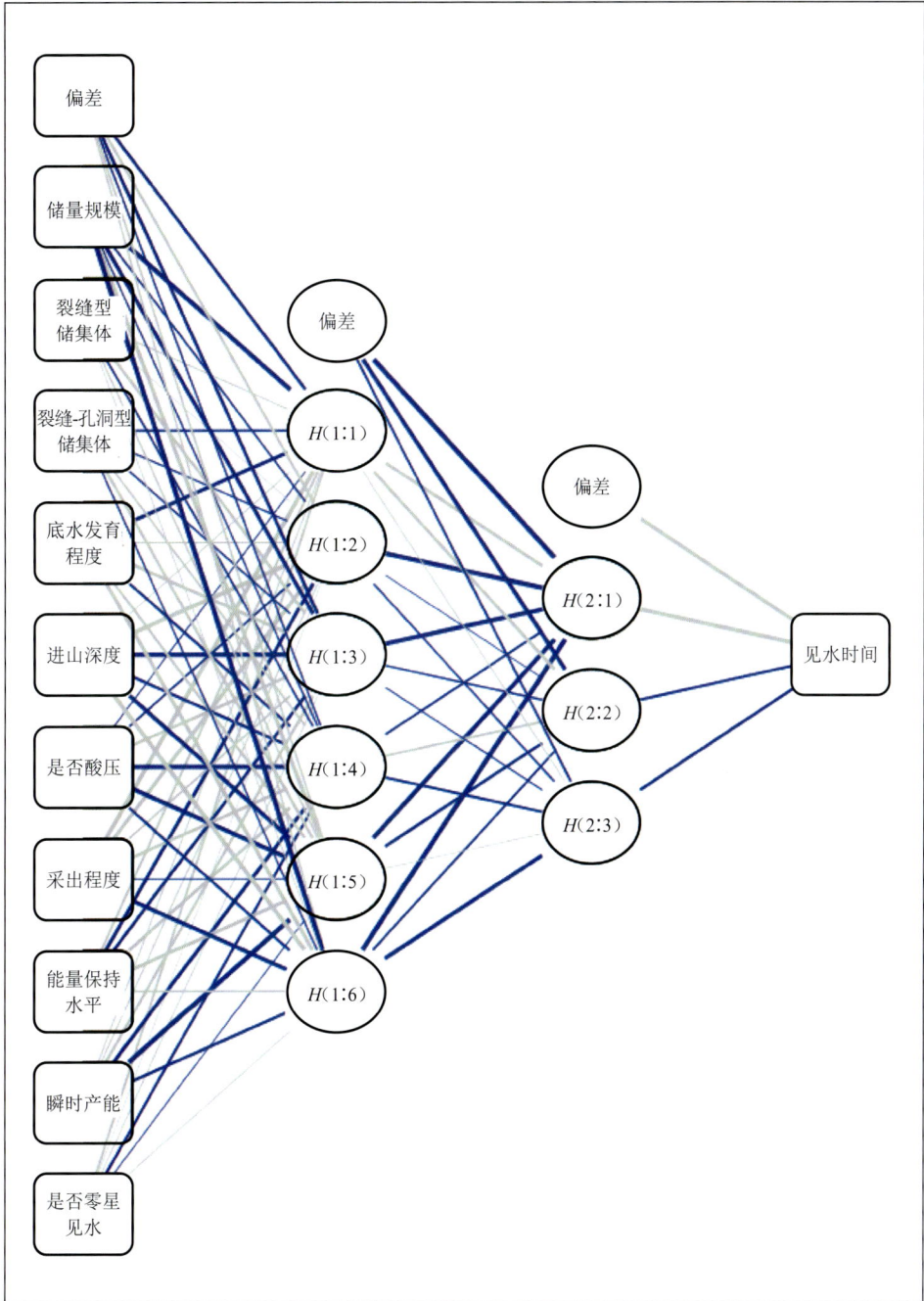

图 4-17　塔河十二区油井见水时间量化预测的神经网络模型结构图

其中,输入层参数的说明见表 4-27。

表 4-27　参数说明表

T	见水时间
X_1	储量规模(10^4 t)
$X_{2\text{-}1}$,$X_{2\text{-}2}$	储集体特征:裂缝型、裂缝-孔洞型
X_3	底水发育程度(不发育 0,发育 1)
X_4	进山深度(m)
X_5	是否酸压(否 0,是 1)
X_6	采出程度
X_7	油井能量保持水平
X_8	瞬时产能(m^3/d)
X_9	是否零星见水(否 0,是 1)

3 个阶段的神经网络模型中,各输入层、隐含层和输出层间的权重见表 4-28。

表 4-28　塔河十二区油井见水时间神经网络模型的权重表

项　目		隐含层 1						隐含层 2			输出层
		$H(1{:}1)$	$H(1{:}2)$	$H(1{:}3)$	$H(1{:}4)$	$H(1{:}5)$	$H(1{:}6)$	$H(2{:}1)$	$H(2{:}2)$	$H(2{:}3)$	
输入层	偏　差	−0.507	0.513	−0.547	−0.186	0.347	0.267				
	储量规模	−1.446	−0.206	−0.762	−0.159	1.345	−1.549				
	裂缝型	0.175	0.016	0.589	−0.239	0.271	0.075				
	裂缝-孔洞型	−0.294	−0.144	−0.182	0.370	0.557	−0.170				
	底水发育程度	−0.709	0.137	0.730	−0.411	0.497	1.079				
	进山深度	0.080	1.489	−1.351	−0.471	−0.818	2.205				
	是否酸压	−0.060	−0.259	0.601	−1.049	−1.003	−0.410				
	采出程度	1.615	1.144	0.334	0.709	−0.055	−0.771				
	能量保持水平	0.441	−0.652	−0.480	0.728	0.798	0.356				
	瞬时产量	0.143	0.148	0.540	−0.715	−1.818	−0.447				
	是否零星见水	0.441	0.010	0.082	−0.416	−0.030	0.070				
隐含层 1	偏　差							−2.433	−0.991	−0.330	
	$H(1{:}1)$							0.766	0.718	0.125	
	$H(1{:}2)$							−1.425	−0.020	−0.201	
	$H(1{:}3)$							−1.176	−0.216	−0.104	
	$H(1{:}4)$							−0.308	0.459	−0.372	
	$H(1{:}5)$							−1.243	−0.472	0.052	
	$H(1{:}6)$							−2.101	−0.307	−0.865	

项　目		隐含层 1						隐含层 2			输出层
		H(1:1)	H(1:2)	H(1:3)	H(1:4)	H(1:5)	H(1:6)	H(2:1)	H(2:2)	H(2:3)	
隐含层 2	偏　差										1.355
	H(2:1)										2.546
	H(2:2)										−0.426
	H(2:3)										−0.474

通过 3 个阶段预测值和残差值的散点图的分布情况来判断拟合效果。预测值的散点离残差值 0 值横线的距离越近,说明神经网络模型预测阶段持续时间的拟合效果越好。如图 4-18 所示,3 个阶段持续时间的神经网络模型拟合效果较好。

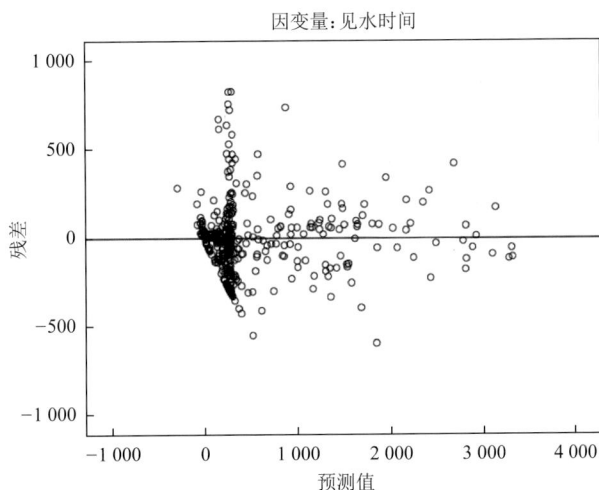

因变量:见水时间

图 4-18　塔河十二区油井见水时间量化预测的预测值与残差值散点图

通过 3 口预留验证井对各驱动阶段持续时间的神经网络模型进行验证,结果表明,塔河十二区油井见水时间预测准确度为 84.1%～99.2%(表 4-29)。

表 4-29　塔河十二区油井见水时间神经网络模型验证表

验证井号	实际见水时间/d	预测见水时间/d	准确度/%
TH12199	526	522	99.2
TH12186	1 769	1 736	98.1
TH12117	1 396	1 174	84.1

塔河十二区不同阶段持续时间量化预测的全见水影响因素神经网络模型结构图如图 4-19 所示。模型结构分为 1 个输入层、2 个隐含层和 1 个输出层,其中输入层为影响见水时间因素的参数,隐含层分别为 6 个和 3 个参数(不包含偏差值),输出层的参数为油井见水时间(只改变样本数据,不改变神经网络模型结构)。其中,输入层和输出层需进行参数标准化处理,隐含层的激活函数为双曲正切函数,输出层的激活函数为恒等式。

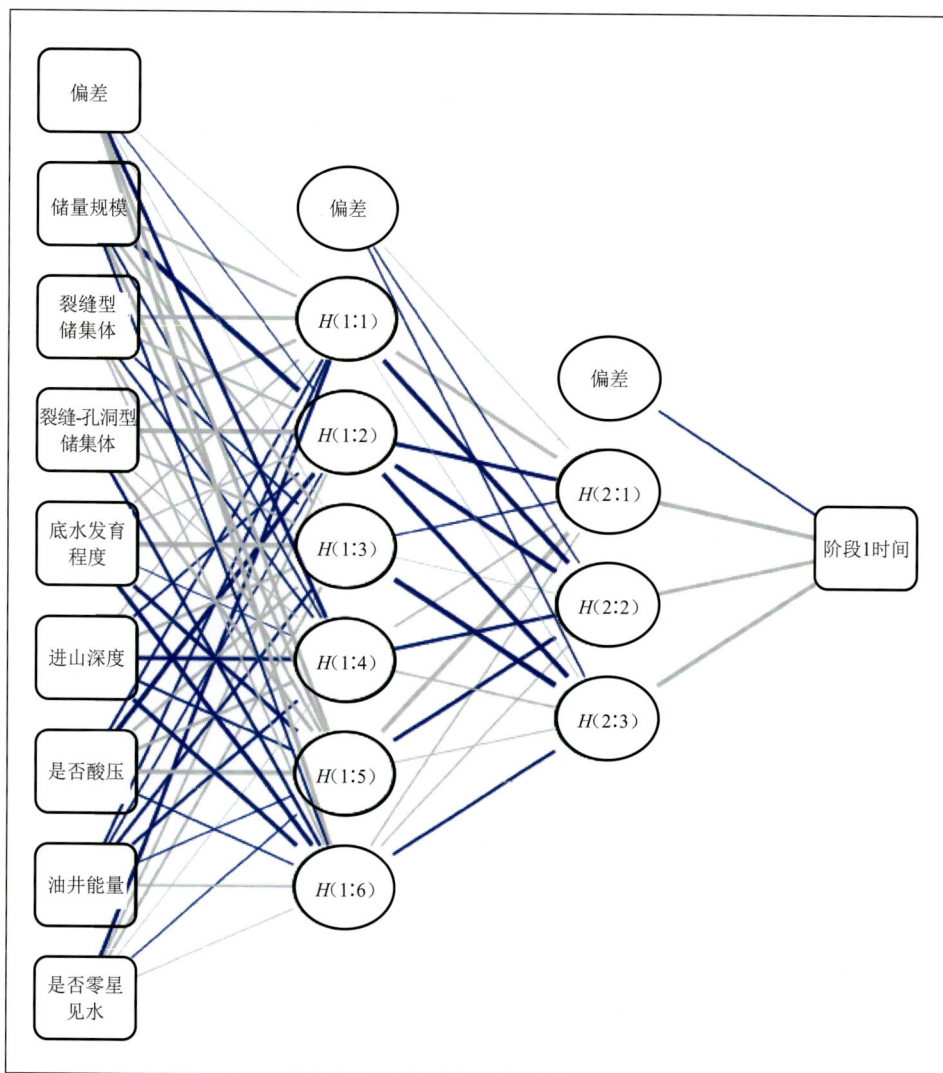

图 4-19 3个阶段的持续时间量化预测的神经网络模型结构图

具体输入层参数的说明见表 4-30。

表 4-30 见水时间影响因素参数表

T	见水时间
X_1	储量规模(10^4 t)
$X_{2\text{-}1}$、$X_{2\text{-}2}$	储集体特征:裂缝型、裂缝-孔洞型
X_3	底水发育程度(不发育 0,发育 1)
X_4	进山深度(m)
X_5	是否酸压(否 0,是 1)
X_6	油井能量(MPa)
X_7	是否零星见水(否 0,是 1)

3 个阶段的神经网络模型中,各输入层、隐含层和输出层间的权值见表 4-31～表 4-33。

表 4-31　塔河十二区弹性驱阶段持续时间神经网络模型的权重表 1

项　目		隐含层 1						隐含层 2			输出层
		$H(1{:}1)$	$H(1{:}2)$	$H(1{:}3)$	$H(1{:}4)$	$H(1{:}5)$	$H(1{:}6)$	$H(2{:}1)$	$H(2{:}2)$	$H(2{:}3)$	阶段 1
输入层	偏　差	0.026	−0.034	0.013	−0.345	0.459	0.507				
	储量规模	0.331	−0.790	0.311	−0.138	0.432	−0.169				
	裂缝型	0.426	0.286	−0.147	−0.152	0.303	0.205				
	裂缝-孔洞型	0.399	0.566	0.285	0.124	0.345	−0.278				
	底水发育程度	0.241	0.149	0.627	−0.008	−0.341	−0.444				
	进山深度	0.112	−0.152	0.301	−0.339	−0.183	−0.414				
	是否酸压	−0.197	−0.481	0.323	0.312	0.489	−0.100				
	油井能量	−0.200	−0.126	−0.264	−0.267	−0.076	0.260				
	是否零星见水	−0.330	0.243	0.277	0.001	−0.080	0.073				
隐含层 1	偏　差							0.069	−0.081	−0.093	
	$H(1{:}1)$							0.464	−0.492	0.003	
	$H(1{:}2)$							−0.378	−0.495	−0.477	
	$H(1{:}3)$							−0.088	0.007	−0.626	
	$H(1{:}4)$							0.219	−0.288	0.194	
	$H(1{:}5)$							0.566	−0.317	0.087	
	$H(1{:}6)$							0.146	0.137	−0.255	
隐含层 2	偏　差										−0.112
	$H(2{:}1)$										0.597
	$H(2{:}2)$										0.424
	$H(2{:}3)$										0.512

表 4-32　塔河十二区底水能量补充阶段持续时间神经网络模型的权重表 2

项　目		隐含层 1						隐含层 2			输出层
		$H(1{:}1)$	$H(1{:}2)$	$H(1{:}3)$	$H(1{:}4)$	$H(1{:}5)$	$H(1{:}6)$	$H(2{:}1)$	$H(2{:}2)$	$H(2{:}3)$	阶段 2
输入层	偏　差	−0.821	−1.796	−0.086	−0.589	0.679	−0.336				
	储量规模	0.385	1.542	−0.398	1.258	−0.142	−0.135				
	裂缝型	−0.413	0.092	−0.259	0.341	0.178	0.360				
	裂缝-孔洞型	0.571	0.756	0.604	0.284	−0.620	−0.195				
	底水发育程度	−0.202	0.200	0.404	0.483	0.454	0.440				
	进山深度	0.670	−0.048	−0.630	−0.475	0.620	−0.495				
	是否酸压	0.726	−0.364	−1.174	−0.388	−0.281	−0.798				

续表 4-32

项　目		隐含层1						隐含层2			输出层
		$H(1{:}1)$	$H(1{:}2)$	$H(1{:}3)$	$H(1{:}4)$	$H(1{:}5)$	$H(1{:}6)$	$H(2{:}1)$	$H(2{:}2)$	$H(2{:}3)$	阶段2
输入层	油井能量	−2.494	−0.095	0.644	1.170	0.160	−0.369				
	零星见水	−0.372	−0.295	−0.519	−0.212	−0.589	0.435				
隐含层1	偏　差							−0.217	0.379	−0.549	
	$H(1{:}1)$							1.580	0.466	0.861	
	$H(1{:}2)$							−0.153	0.279	−1.406	
	$H(1{:}3)$							0.246	−0.154	0.013	
	$H(1{:}4)$							−0.381	−0.557	1.167	
	$H(1{:}5)$							−0.112	0.079	0.052	
	$H(1{:}6)$							−0.329	0.232	0.145	
隐含层2	偏　差										−0.074
	$H(2{:}1)$										−0.744
	$H(2{:}2)$										0.721
	$H(2{:}3)$										−1.768

表 4-33　塔河十二区底水突破井底阶段持续时间神经网络模型的权重表 3

项　目		隐含层1						隐含层2			输出层
		$H(1{:}1)$	$H(1{:}2)$	$H(1{:}3)$	$H(1{:}4)$	$H(1{:}5)$	$H(1{:}6)$	$H(2{:}1)$	$H(2{:}2)$	$H(2{:}3)$	阶段3
输入层	偏　差	0.474	−0.438	−0.350	0.016	1.841	−0.390				
	储量规模	1.146	0.171	0.338	0.704	0.242	0.186				
	裂缝型	−0.270	−0.476	0.604	−0.244	−0.037	−0.577				
	裂缝-孔洞型	−0.714	0.255	0.655	0.047	−1.042	0.401				
	底水发育程度	0.326	−0.087	0.361	0.796	−0.626	−0.223				
	进山深度	0.243	0.512	0.187	0.513	−0.283	−0.292				
	是否酸压	−1.131	0.574	0.972	0.652	1.104	−0.594				
	油井能量	−0.223	−0.195	−0.467	0.805	−0.049	−0.843				
	是否零星见水	0.469	1.288	−0.474	−0.588	−0.141	0.287				
隐含层1	偏　差							−0.957	−1.385	0.460	
	$H(1{:}1)$							−0.116	−1.037	−1.060	
	$H(1{:}2)$							0.229	−0.366	1.043	
	$H(1{:}3)$							0.637	−0.677	−0.098	
	$H(1{:}4)$							−0.525	−0.608	−0.850	
	$H(1{:}5)$							−0.026	−1.636	−0.934	
	$H(1{:}6)$							0.883	0.004	0.717	

续表 4-33

项　目		隐含层 1						隐含层 2			输出层
		$H(1{:}1)$	$H(1{:}2)$	$H(1{:}3)$	$H(1{:}4)$	$H(1{:}5)$	$H(1{:}6)$	$H(2{:}1)$	$H(2{:}2)$	$H(2{:}3)$	阶段 3
隐含层 2	偏　差										1.782
	$H(2{:}1)$										-1.123
	$H(2{:}2)$										2.222
	$H(2{:}3)$										1.171

通过 3 个阶段预测值和残差值的散点图的分布情况来判断拟合效果。预测值的散点离残差值 0 值横线的距离越近,说明神经网络模型预测阶段持续时间的拟合效果越好。图 4-20 所示,3 个阶段持续时间的神经网络模型拟合效果较好。

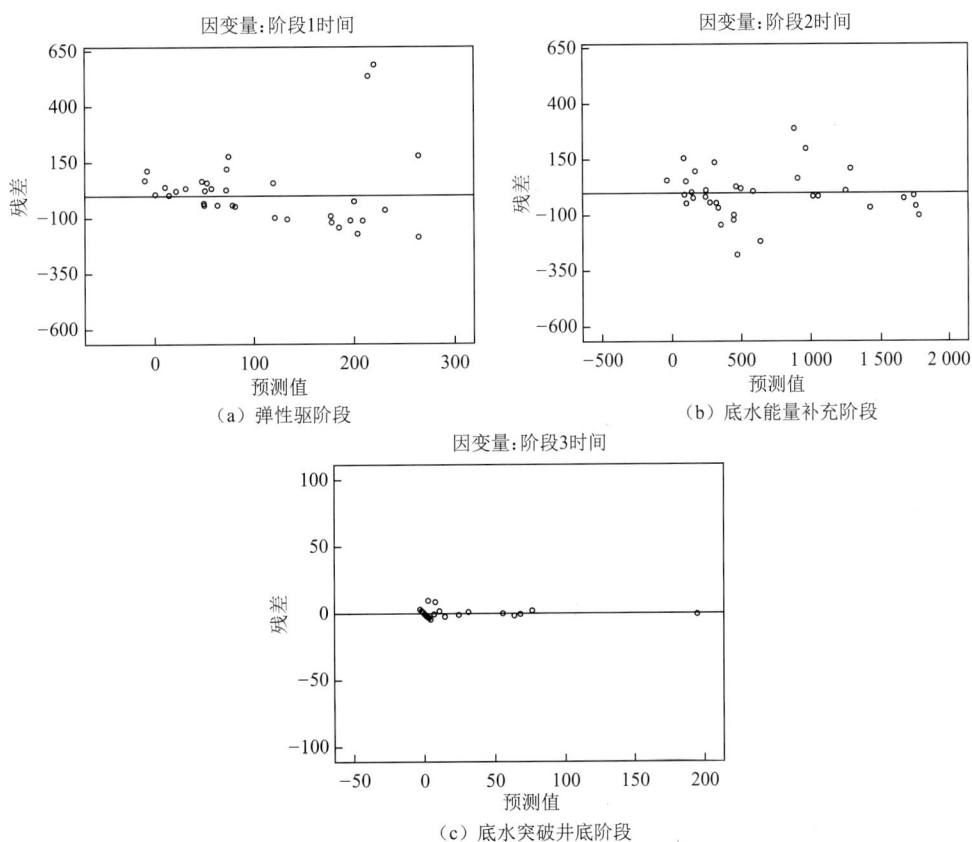

图 4-20　不同阶段持续时间量化预测的主控影响因素的预测值与残差值散点图

通过 3 口预留验证井对各驱动阶段的持续时间神经网络模型进行验证,结果表明,塔河十二区油井见水前各阶段持续时间之和预测准确度为 91.3%～99.3%(表 4-34)。

表 4-34　塔河十二区油井见水前各阶段持续时间神经网络模型验证表

验证井号	实际持续时间/d	预测持续时间/d	准确度/%
TH12199	526	522	99.2

验证井号	实际持续时间/d	预测持续时间/d	准确度/%
TH12186	1 769	1 756	99.3
TH12117	1 396	1 274	91.3

3）托甫台区油井见水时间量化预测神经网络模型

托甫台区不同阶段持续时间量化预测的全见水影响因素神经网络模型结构图如图 4-21 所示。模型结构分为 1 个输入层、2 个隐含层和 1 个输出层，其中输入层为影响见水时间因素的参数，隐含层分别为 6 个和 3 个参数（不包含偏差值），输出层的参数为油井见

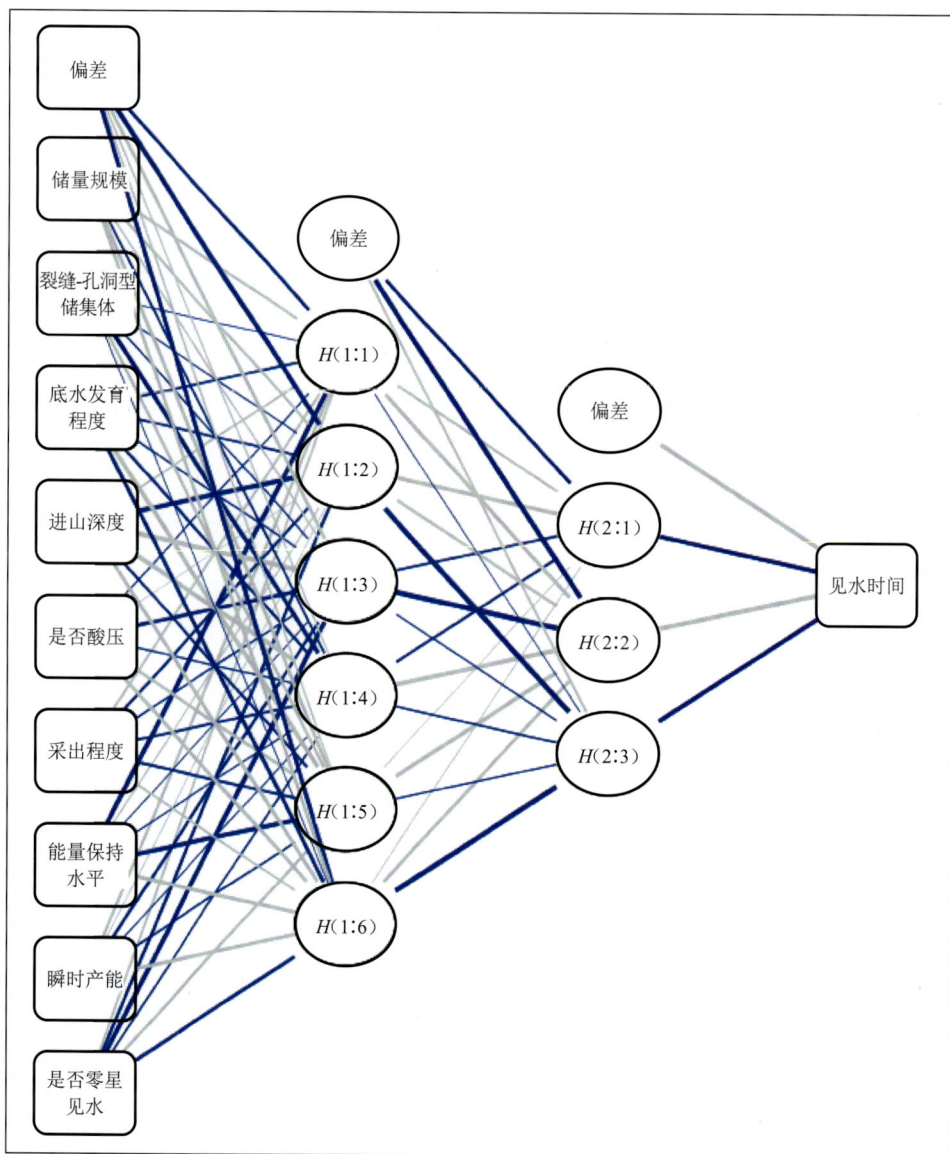

图 4-21　3 个阶段的持续时间量化预测的神经网络模型结构图

水时间(只改变样本数据,不改变神经网络模型结构)。其中,输入层和输出层需进行参数标准化处理,隐含层的激活函数为双曲正切函数,输出层的激活函数为恒等式。

具体输入层参数的说明见表 4-35。

表 4-35　参数说明表

T	见水时间
X_1	储量规模(10^4 t)
X_{2-2}	储集体特征:裂缝-孔洞型
X_3	底水发育程度(不发育 0,发育 1)
X_4	进山深度(m)
X_5	是否酸压(否 0,是 1)
X_6	采出程度
X_7	油井能量保持水平(采出程度)
X_8	瞬时产能(m^3/d)(采出程度)
X_9	是否零星见水(否 0,是 1)(采出程度)

3 个阶段的神经网络模型中,各输入层、隐含层和输出层间的权重见表 4-36。

表 4-36　托甫台区弹性驱阶段持续时间神经网络模型的权重表

项　目		隐含层 1						隐含层 2			输出层
		$H(1:1)$	$H(1:2)$	$H(1:3)$	$H(1:4)$	$H(1:5)$	$H(1:6)$	$H(2:1)$	$H(2:2)$	$H(2:3)$	
输入层	偏　差	-0.872	-1.652	1.078	0.442	0.486	-1.357				
	储量规模	0.851	0.766	0.473	-0.507	1.084	1.016				
	裂缝-孔洞型	-0.077	-0.171	-0.267	-1.428	0.865	-0.016				
	底水发育程度	-0.545	-0.528	-0.332	-0.708	1.649	-1.056				
	进山深度	0.573	-1.577	3.513	1.674	-0.640	1.149				
	是否酸压	-0.199	0.085	-1.013	-0.330	0.935	1.310				
	采出程度	0.672	-0.653	-0.350	-0.557	-0.639	0.602				
	能量保持水平	-1.593	0.348	-0.040	-0.182	-1.449	1.320				
	瞬时产能	0.857	0.128	-0.754	-0.107	-0.426	1.185				
	是否零星见水	0.575	-0.834	-1.561	-0.354	0.900	-0.999				
隐含层 1	偏　差							-0.917	-1.927	0.689	
	$H(1:1)$							0.762	1.389	-0.006	
	$H(1:2)$							1.487	0.962	-2.224	
	$H(1:3)$							-0.571	-1.997	-0.240	

续表 4-36

项 目		隐含层 1						隐含层 2			输出层
		H(1:1)	H(1:2)	H(1:3)	H(1:4)	H(1:5)	H(1:6)	H(2:1)	H(2:2)	H(2:3)	
隐含层1	H(1:4)							−0.586	1.866	−0.443	
	H(1:5)							0.152	1.544	−0.313	
	H(1:6)							0.197	1.081	−2.020	
隐含层2	偏 差										1.820
	H(2:1)										−1.379
	H(2:2)										2.503
	H(2:3)										−1.445

通过 3 个阶段预测值和残差值的散点图的分布情况来判断拟合效果。预测值的散点离残差值 0 值横线的距离越近,说明神经网络模型预测阶段持续时间的拟合效果越好。如图 4-22 所示,3 个阶段持续时间的神经网络模型拟合效果较好。

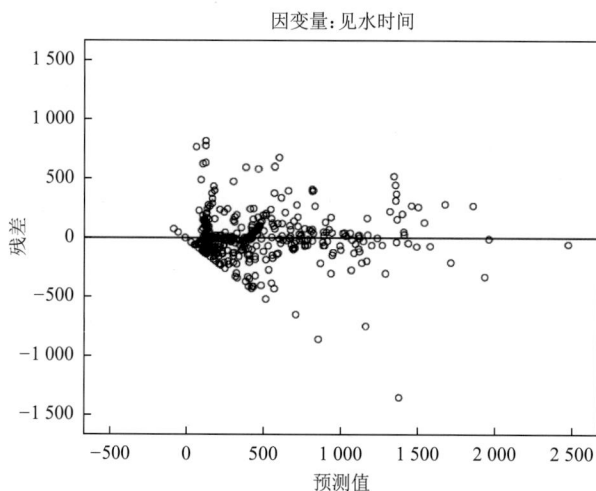

图 4-22 不同阶段持续时间量化预测的主控影响因素的预测值与残差值散点图

通过 3 口预留验证井对各驱动阶段持续时间的神经网络模型进行验证,结果表明,托甫台区油井见水时间预测准确度为 74.9%～92.2%,见表 4-37。

表 4-37 托甫台区油井见水时间神经网络模型验证表

验证井号	实际见水时间/d	预测见水时间/d	准确度/%
TP125	883	814	92.2
TP112X	1 495	1 145	76.6
TK1024	1 727	1 293	74.9

托甫台区不同阶段持续时间量化预测的全见水影响因素神经网络模型结构图如图 4-23 所示。模型结构分为 1 个输入层、2 个隐含层和 1 个输出层,其中输入层为影响见水

时间因素的参数,隐含层分别为 6 个和 3 个参数(不包含偏差值),输出层的参数为油井见水时间(只改变样本数据,不改变神经网络模型结构)。其中,输入层和输出层需进行参数标准化处理,隐含层的激活函数为双曲正切函数,输出层的激活函数为恒等式。

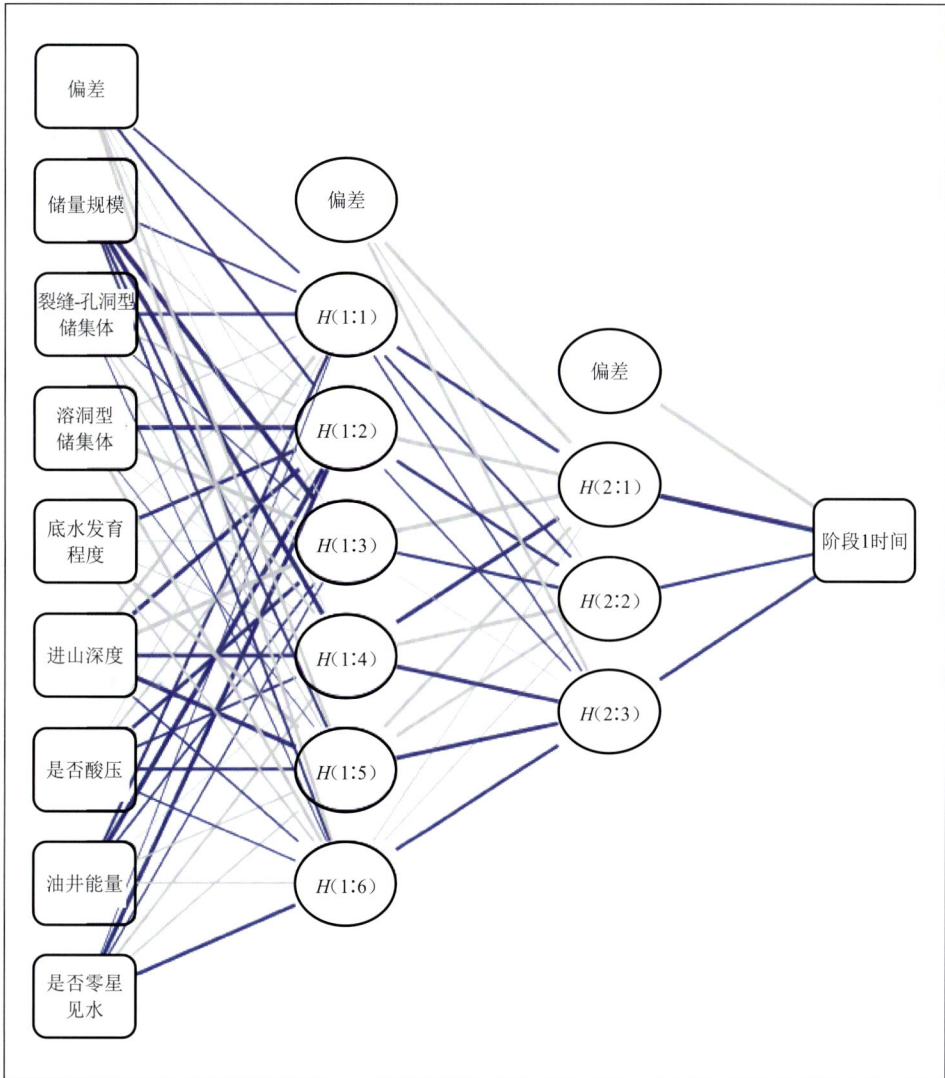

图 4-23　3 个阶段的持续时间量化预测的神经网络模型结构图

具体见水时间影响因素参数的说明见表 4-38。

表 4-38　见水时间影响因素参数表

T	见水时间
X_1	储量规模(10^4 t)
X_{2-2}、X_{2-3}	储集体特征:裂缝型、裂缝-孔洞型

续表 4-38

X_3	底水发育程度(不发育 0,发育 1)
X_4	进山深度(m)
X_5	是否酸压(否 0,是 1)
X_6	油井能量(MPa)
X_7	是否零星见水(否 0,是 1)

3 个阶段的神经网络模型中,各输入层、隐含层和输出层间的权重见表 4-39~表 4-41。

表 4-39 托甫台区弹性驱阶段持续时间神经网络模型的权重表 1

项 目		隐含层 1						隐含层 2			输出层
		$H(1:1)$	$H(1:2)$	$H(1:3)$	$H(1:4)$	$H(1:5)$	$H(1:6)$	$H(2:1)$	$H(2:2)$	$H(2:3)$	阶段 1
输入层	偏 差	−0.207	−0.289	0.079	0.098	0.509	0.469				
	裂缝-孔洞型	−0.212	0.190	−2.699	−1.055	−0.286	−0.282				
	储量规模	−0.400	0.283	−0.086	0.368	0.184	−0.072				
	是否稠油	0.199	−0.750	1.129	0.045	−0.026	0.617				
	底水发育程度	0.158	−0.548	0.071	0.118	0.746	0.285				
	进山深度	0.649	−0.721	1.538	−0.569	−0.749	−0.189				
	是否酸压	0.090	0.295	−0.606	−0.252	−0.290	−0.179				
	油井能量	−0.336	−1.304	−0.191	0.034	0.193	0.233				
	是否零星见水	−0.042	−0.743	−0.163	0.400	0.250	−0.549				
隐含层 1	偏 差							1.209	0.206	0.575	
	$H(1:1)$							−0.456	−0.256	−0.181	
	$H(1:2)$							1.394	−0.428	−0.172	
	$H(1:3)$							2.058	−0.410	0.064	
	$H(1:4)$							−0.716	0.807	−0.692	
	$H(1:5)$							0.686	0.649	−0.661	
	$H(1:6)$							0.128	0.148	−0.465	
隐含层 2	偏 差										1.405
	$H(2:1)$										−1.910
	$H(2:2)$										−0.410
	$H(2:3)$										−0.514

表 4-40　托甫台区底水能量补充阶段持续时间神经网络模型的权重表 2

项　目		隐含层1						隐含层2			输出层
		$H(1{:}1)$	$H(1{:}2)$	$H(1{:}3)$	$H(1{:}4)$	$H(1{:}5)$	$H(1{:}6)$	$H(2{:}1)$	$H(2{:}2)$	$H(2{:}3)$	阶段2
输入层	偏　差	−0.040	0.059	−0.135	0.151	0.859	−0.212				
	裂缝-孔洞型	−0.425	−0.620	−0.256	−0.651	−1.169	−2.005				
	储量规模	−0.649	−0.699	−0.732	−0.010	0.002	0.227				
	是否稠油	0.250	0.644	0.740	0.251	0.295	0.148				
	底水发育程度	−1.177	−0.415	1.078	0.039	−0.735	−0.829				
	进山深度	−1.402	0.049	−0.230	−0.896	1.144	−0.172				
	是否酸压	−0.048	−0.308	−0.065	0.410	−0.335	−0.003				
	油井能量	−0.585	1.427	−0.855	0.049	−1.122	−0.876				
	是否零星见水	0.760	0.074	−0.177	−0.708	−0.929	−0.178				
隐含层1	偏　差							0.177	−0.003	0.274	
	$H(1{:}1)$							2.255	−0.870	0.163	
	$H(1{:}2)$							−1.001	0.394	−0.119	
	$H(1{:}3)$							−0.122	1.306	−0.021	
	$H(1{:}4)$							0.863	1.018	−0.130	
	$H(1{:}5)$							−2.000	0.109	−1.138	
	$H(1{:}6)$							−0.445	0.218	0.896	
隐含层2	偏　差										0.674
	$H(2{:}1)$										1.446
	$H(2{:}2)$										−1.174
	$H(2{:}3)$										−1.889

表 4-41　托甫台区底水突破井底阶段持续时间神经网络模型的权重表 3

项　目		隐含层1						隐含层2			输出层
		$H(1{:}1)$	$H(1{:}2)$	$H(1{:}3)$	$H(1{:}4)$	$H(1{:}5)$	$H(1{:}6)$	$H(2{:}1)$	$H(2{:}2)$	$H(2{:}3)$	阶段3
输入层	偏　差	−0.547	−0.472	−1.251	0.102	0.029	−0.910				
	裂缝-孔洞型	−0.754	−0.613	−0.885	0.975	0.793	2.043				
	储量规模	0.086	0.240	−0.286	−0.034	−0.001	−0.530				
	是否稠油	−0.122	0.195	−0.176	−0.397	−0.105	0.754				
	底水发育程度	−0.725	−1.233	0.573	1.014	0.731	0.754				
	进山深度	0.337	−0.039	0.515	−0.514	−0.158	−0.718				
	是否酸压	0.867	0.225	−0.246	0.659	−0.289	−0.497				
	油井能量	0.297	−0.863	0.174	−0.490	−0.514	−0.004				
	是否零星见水	0.507	1.363	−0.062	0.079	−0.015	−0.968				

项 目		隐含层 1						隐含层 2			输出层
		$H(1{:}1)$	$H(1{:}2)$	$H(1{:}3)$	$H(1{:}4)$	$H(1{:}5)$	$H(1{:}6)$	$H(2{:}1)$	$H(2{:}2)$	$H(2{:}3)$	阶段 3
隐含层 1	偏 差							−0.454	−0.361	0.138	
	$H(1{:}1)$							−0.250	0.017	−1.378	
	$H(1{:}2)$							−0.266	−0.250	−1.732	
	$H(1{:}3)$							−0.725	0.654	0.258	
	$H(1{:}4)$							1.458	0.638	−0.099	
	$H(1{:}5)$							0.441	−0.428	0.066	
	$H(1{:}6)$							2.679	−0.167	1.129	
隐含层 2	偏 差										−0.125
	$H(2{:}1)$										−2.522
	$H(2{:}2)$										0.465
	$H(2{:}3)$										2.509

通过 3 个阶段预测值和残差值的散点图的分布情况来判断拟合效果。预测值的散点离残差值 0 值横线的距离越近,说明神经网络模型预测阶段持续时间的拟合效果越好。如图 4-24 所示,3 个阶段持续时间的神经网络模型拟合效果较好。

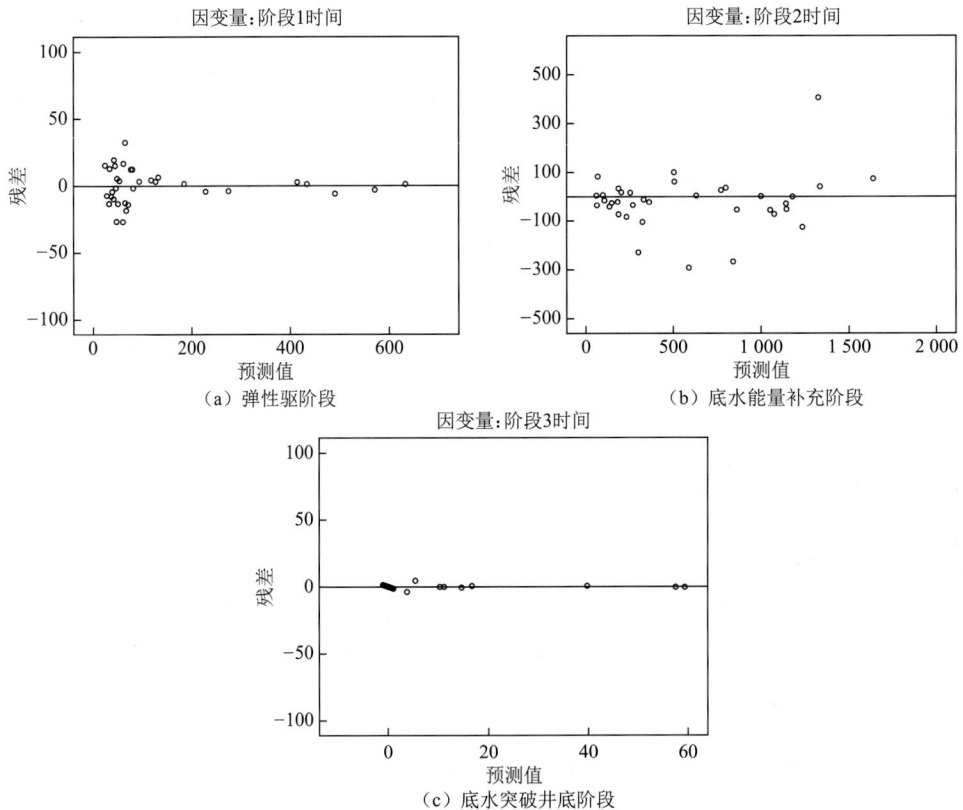

（a）弹性驱阶段

（b）底水能量补充阶段

（c）底水突破井底阶段

图 4-24　不同阶段持续时间量化预测的主控影响因素的预测值与残差值散点图

通过 3 口预留验证井对各驱动阶段的持续时间神经网络模型进行验证,结果表明,托甫台区油井见水前各阶段持续时间之和预测准确度为 96.7%~98.4%(表 4-42)。

表 4-42　托甫台区油井见水前各阶段持续时间神经网络模型验证表

验证井号	实际持续时间/d	预测持续时间/d	准确度/%
TP125	883	854	96.7
TP112X	1 495	1 445	96.7
TK1024	1 727	1 700	98.4

4.3　基于 KNN 算法的高产井见水时间预警方法

4.3.1　机器学习简述及 KNN 聚类算法原理

机器学习(machine learning)是人工智能的一个分支。计算机通过"记忆""归纳""推理"等方式模仿人类获取知识的方式,并以抽象的模型化形式完成知识提取和经验总结,且不断自我完善,以提高模型精度和泛化能力。一个经常被引用的机器学习的正式定义是:如果机器能够获取经验并且能够利用它们,并在以后的类似经验中能够提高它的表现,则该过程就称为机器学习。

1) 算法分类

机器学习算法大致可以分为两类:用来建立预测模型的有监督学习算法和用来建立描述模型的无监督学习算法。使用哪种类型的算法取决于需要完成的学习任务。

学习算法的目的是发现并建模目标特征和其他特征之间的关系。训练预测模型的过程也称为有监督学习。监督是指让目标值担任监督的角色,让它告诉学习者要学习的任务是什么,具体来说,就是对于一组数据,学习算法尝试最优化一个函数(模型)来找出各属性值之间的组合方式,并最终据此给出目标值。

常见的有监督学习算法的任务是预测案例属于哪个类别,又称为分类。被预测的目标属性是一个称为类的分类属性,它可以被分为不同的类别。这些类别称为水平,一个类能有两个或者更多个水平。水平不一定是有序的。有监督学习算法也可以用来预测数值型的数据。为了预测这类数值型的数据,能够拟合输入数据的线性回归模型是一类常见的数值型预测。尽管回归模型不是唯一的数值型模型,但迄今为止它是应用最为广泛的模型。回归模型被广泛地用于预测,因为它用表达式精确量化了输入数据和目标值之间的关系,其中包括该关系的强弱和不确定性。

描述模型是指通过新的有趣的方式总结数据并获得洞察。训练描述模型的过程称为无监督学习。描述模型中把数据集按照相同的类型进行分组的任务称为聚类。尽管机器能识别各个分组,但还是需要人工介入来解释各个分组。

表 4-43 给出了目前最常用的机器学习算法。

表 4-43　目前最经典的机器学习算法

类　别	模　型	任　务
有监督学习	最近邻	分　类
	朴素贝叶斯	分　类
	决策树	分　类
	线性回归	数值预测
	回归树	数值预测
	集成学习	双重用处
	神经网络	双重用处
	支持向量机	双重用处
无监督学习	关联规则	模式识别
	K 均值聚类	聚　类

以 3 个区块已见水油井组成样本数据集合,称为训练样本集,并且样本集中每个数据都存在标签,即知道样本集中每个数据与其所属分类的对应关系。输入没有标签的新数据后,将新数据的每个特征与样本集中数据对应的特征进行比较,然后由算法提取样本最相似数据(最近邻)的分类标签。在 k 近邻算法中,通常 k 是不大于 20 的整数。最后,选择 k 个最相似数据中出现次数最多的分类作为新数据的分类,如图 4-25 所示。

2)距离度量

KNN 算法(k 近邻算法)要求数据的所有特征都可以进行可比较的量化。若在数据特征中存在非数值的类别,则必须采取手段将其量化为数值类别。此外,样本有多个参数,每个参数都有自己的定义域和取值范围,它们对距离计算的影响也各不相同。因此,样本参数必须进行归一化处理。

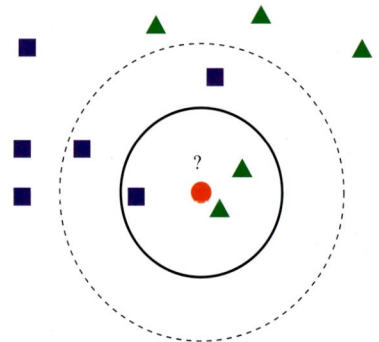

图 4-25　KNN 算法原理示意图
■—已知确定的样本类别A;
▲—已知确定的样本类别B;
●—待分类样本;
?—待分类油井

特征空间中两个实例点的距离是两个实例点相似程度的反映。k 近邻模型的特征空间一般是 n 维实数向量空间 $\mathbf{R}^n$。k 近邻模型的特征空间距离主要为欧式距离,也可以是一般的 L_p 距离:

$$L_p(\boldsymbol{x}_i, \boldsymbol{x}_j) = \left[\sum_{l=1}^{n} |x_i^{(l)} - x_j^{(l)}|^p \right]^{\frac{1}{p}} \tag{4-27}$$

其中:
$$\boldsymbol{x}_i, \boldsymbol{x}_j \in \boldsymbol{x} = \mathbf{R}^n$$
$$\boldsymbol{x}_i = [x_i^{(1)}, x_i^{(2)}, \cdots, x_i^{(n)}]^{\mathrm{T}}$$
$$\boldsymbol{x}_j = [x_j^{(1)}, x_j^{(2)}, \cdots, x_j^{(n)}]^{\mathrm{T}}$$
$$p \geqslant 1$$

式中　$\boldsymbol{x}_i, \boldsymbol{x}_j$——空间向量;

　　　　l——对应特征空间;

p——相关参数。

当 $p=2$ 时，为欧式距离：

$$L_2(\boldsymbol{x}_i, \boldsymbol{x}_j) = \Big[\sum_{l=1}^{n} |x_i^{(l)} - x_j^{(l)}|^2\Big]^{\frac{1}{2}} \tag{4-28}$$

当 $p=1$ 时，为曼哈顿距离：

$$L_1(\boldsymbol{x}_i, \boldsymbol{x}_j) = \sum_{l=1}^{n} |x_i^{(l)} - x_j^{(l)}| \tag{4-29}$$

$p=\infty$ 时，为各维度距离中的最大值：

$$L_\infty(\boldsymbol{x}_i, \boldsymbol{x}_j) = \max^{(l)} \sum_{l=1}^{n} |x_i^{(l)} - x_j^{(l)}| \tag{4-30}$$

不同的距离度量所确定的最近邻点不同。通常选取欧式距离作为度量距离，但它仅适用于连续变量。在非连续变量情况下，使用曼哈顿距离作为度量距离。

3）分类决策规则

分类决策通常采用多数表决，也可以基于距离的远近进行加权投票。距离越近的样本，权重越大。多数表决规则等价于经验风险最小化。设分类的损失函数值域为 $0\sim1$，分类函数为 $f:\mathbf{R}^n \rightarrow \{c_1, c_2, \cdots, c_k\}$，误分类概率为：

$$\frac{1}{k}\sum_{\boldsymbol{x}_i \in N_{k(x)}} I(y_i \neq c_j) = 1 - \frac{1}{k}\sum_{\boldsymbol{x}_i \in N_{k(x)}} I(y_i = c_j) \tag{4-31}$$

式中　I——算法预测类别；

　　　$N_{k(x)}$——x 的邻域；

　　　y_i——x_i 所属的类；

　　　k——样本个数。

误分类概率就是训练数据的经验风险。要使误分类概率最小，即经验风险最小，就要使 $\sum\limits_{\boldsymbol{x}_i \in N_{k(\boldsymbol{x})}} I(y_i = c_j)$ 最大，即多数表决为：

$$c_j = \arg\max_{c_j} \sum_{\boldsymbol{x}_i \in N_{k(\boldsymbol{x})}} I(y_i = c_j) \tag{4-32}$$

4.3.2　基于 KNN 聚类算法的油井见水时间预测

以风化壳岩溶背景的缝洞型油藏塔河六区为例，应用 KNN 聚类算法预测油井见水时间的具体步骤如下：

（1）确定缝洞型油藏塔河六区的岩溶背景为风化壳岩溶，并确定油井所在储层的储层类型（包括裂缝型、裂缝-孔洞型、溶洞型）。

（2）统计分析已见水高产井的油压变化类型（如图 4-26 所示的油压变化类型示意图），其中 4 种类型的油压变化特征为：1 型为有阶段①，阶段④不明显；2 型为有阶段①，阶段④明显；3 型为无阶段①，阶段④明显；4 型为无阶段①，阶段④不明显。统计 4 种油压变化类型的占比，明确风化壳岩溶背景的缝洞型油藏油井的主要油压变化特征，即阶段①和阶段④的明显与否。开井即见水、无水采油期短、未见水、措施调整频繁的井为无效样本，未参与统计。共统计塔河六区 45 口累积产油量大于 $1 \times 10^4\ \text{m}^3$ 的高产井，其中 29 口井参与统计，7 口井未见水，9 口井措施调整频繁，油压特征不明显。统计的 29 口井中，1 型井 6 口、2

型井 3 口、3 型井 14 口、4 型井 6 口。形成的塔河六区的油压特征为:无阶段①(20 口井,占比 69%),阶段④明显(20 口井,占比 69%)。

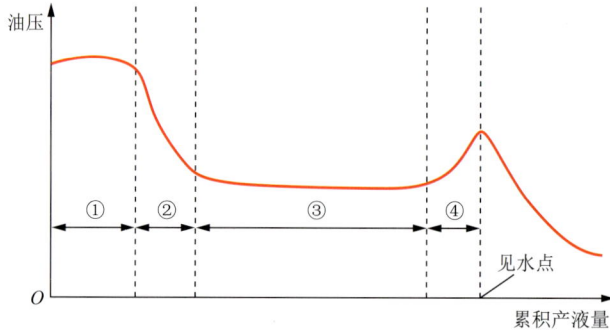

图 4-26　缝洞型油藏油井油压变化类型示意图

(3)统计油井见水影响因素,包括地质储量、底水发育程度、储集体类型、是否稠油井、进山深度、是否酸压、采出程度、是否零星见水、油井能量水平、瞬时产量及见水时间。其中,底水发育程度的参数通过 0 和 1 表示未发育和发育情况;储集体类型的参数为二维矩阵,[0 0]表示裂缝型储层,[1 0]表示裂缝-孔洞型储层,[0 1]表示溶洞型储层;是否稠油井的参数通过 0 和 1 表示,即 0 表示非稠油井,1 表示稠油井;是否酸压的参数通过 0 和 1 表示,即 0 表示未酸压,1 表示已酸压;是否零星见水的参数通过 0 和 1 表示,即 0 表示未零星见水,1 表示零星见水。

(4)将待计算井的数据代入 KNN 算法中,作为未见水井的分类依据。如图 4-27 所示,应用 KNN 算法可以确定未见水井的聚类类别,通过统计各个类别的见水时间进行见水时间的模糊预测,建立基于 KNN 算法的风化壳岩溶背景缝洞型油藏油井的见水时间预测方法。

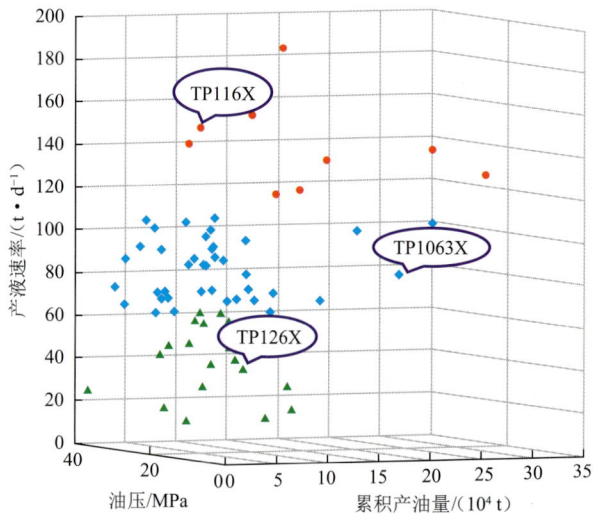

图 4-27　基于 KNN 聚类算法的油井见水时间预测原理图

针对托甫台区断块岩溶区采用 KNN 聚类算法进行 70 口已见水油井聚类,得到 3 类井。3 类井的聚类中心如图 4-27 所示,可作为未见水井的分类依据,进行见水时间的预测,见表 4-44。

表 4-44　基于 KNN 聚类算法的油井见水时间预测表

类　别	见水时间/d				代表井
	最　短	最　长	均　值	标准差	
Ⅰ　类	179	2 587	1 364.11	729.84	TP6-1X、TP116X TP132CH
Ⅱ　类	15	202	93.40	583.27	TP109X、TP106 TP126X
Ⅲ　类	36	2 898	980.15	747.44	TK1063X、TP125 TP142

4.4　基于油藏工程原理的缝洞型油藏油井预警方法

现有的油藏工程方法建立在连续介质和达西定律的基础上,与缝洞型油藏静态特点和流动特征均不相适应,因此,需要针对缝洞型油藏储层特征及流动模式推导适用于塔河油田地质及开发特征的油藏工程方法,即需要采用建立在碎屑岩基础上的传统油藏工程方法进行重建和改造。基于国内外学者对缝洞型底水油藏以及常规砂岩底水油藏的研究成果,对洞外的流动模式及水锥形态进行了研究。根据塔河油田缝洞型油藏的具体特点,应用碎屑岩油藏工程原理及缝洞型油藏流体动力学方法,建立了缝洞型油藏渗透率等效方法,将储层分为溶洞型储层、裂缝型储层和缝洞型储层,用于缝洞型油藏油井见水时间的预测。

4.4.1　油井见水时间油藏工程预警方法

2010 年,刘昱和陈朝晖等用渗透率变异系数和泄油半径比来表征缝洞型储层缝洞发育程度及分布范围,将该类储层抽象为渗透率变异的概念地质模型,在此基础上推导出缝洞型底水油藏油井底水突破时间的预测公式。其中,渗透率变异概念地质模型如图 4-28 所示。

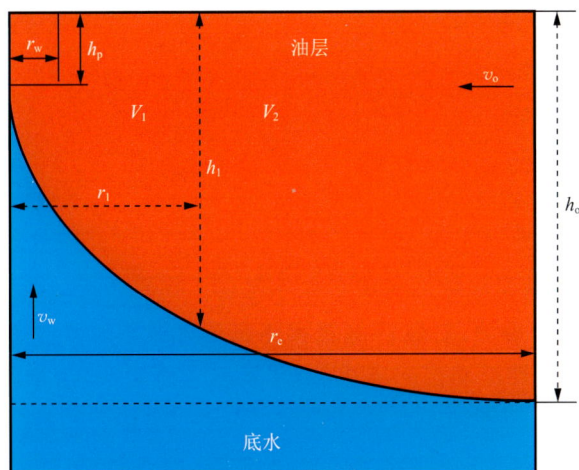

图 4-28　缝洞型底水油藏渗透率变异概念地质模型

该模型将储层划分为近井均质带以及外围均质带,依次为 V_1 和 V_2,其内边界分别为 r_w 和 r_1,外边界为 r_e,内边界油柱高度分别为 h_p 和 h_1,外边界油柱高度为 h_o,内、外边界渗透率分别为 k_1 和 k_2。定义渗透率变异系数 $\alpha = k_1/k_2$,表征缝洞系统导流能力的大小;泄油半径比 $\beta = r_1/r_e$,表征缝洞分布范围的大小。若 $\alpha > 1$,则说明油井近井带发育缝洞;若 $\alpha < 1$,则说明油井近井带为基质;若 $\alpha = 1$,则说明油井钻遇均质储层。

针对该模型,根据碳酸盐岩底水油藏底水运动特点及渗流特征,刘昱(2010)推导出缝洞型底水油藏油井见水时间 t_{BT} 的计算公式为:

$$t_{BT} = \frac{\pi\phi\mu_w (h - h_p)^2 (h + h_p)}{q\mu_o B_o \eta \left(\ln \dfrac{r_1}{r_w} + \dfrac{k_1}{k_2} \ln \dfrac{r_e}{r_1} \right)} \tag{4-33}$$

陈朝晖(2012)基于该模型推导了缝洞型底水油藏油井见水时间的计算公式为:

$$t_{BT} = \frac{2\mu\phi h\mu_w (h - h_p)^2}{q_o\mu_o B_o \eta \left(\dfrac{1}{k_2} \ln \dfrac{r_e}{r_1} + \dfrac{1}{k_1} \ln \dfrac{r_1}{r_w} \right)} \tag{4-34}$$

刘燕妮等利用 Dupuit 临界产量公式推导出缝洞型底水油藏油井临界产量 q_c 的计算公式为:

$$q_c = \frac{\mu k_1 \Delta\rho g (h^2 - h_p^2)}{\mu_o \ln \left(\beta^{\alpha-1} \dfrac{r_e}{r_w} \right)} \tag{4-35}$$

设 $\lambda = \mu_w/\mu_o$ 为水、油黏度比,得到底水突破时间预测公式为:

$$t_{BT} = \frac{\pi\phi\lambda (h_o - h_p)^2 (h_o + h_p)}{q\eta B_o \left[\ln(\beta r_e/r_w) + \ln \beta^{-\alpha} \right]} \tag{4-36}$$

式中　q——日产液量,m^3/d;

$\quad\quad q_o$——日产油量,m^3/d;

$\quad\quad B_o$——原油体积系数;

$\quad\quad \mu_o$——原油黏度,mPa·a;

$\quad\quad \mu_w$——水的黏度,mPa·s;

$\quad\quad \mu$——液体黏度,mPa·s;

$\quad\quad \Delta\rho$——油水密度差,kg/m^3;

$\quad\quad r_w$——井筒半径,m;

$\quad\quad h_o$——油层厚度,m;

$\quad\quad h$——液体厚度,m;

$\quad\quad \alpha、\beta、\eta$——拟合系数。

姚军等依据溶洞的模型推导了水锥形态并建立了临界产量的预测公式。对于缝洞型油藏,当井偏离溶洞时,一般产量不高,加之流体在远离油井区域渗流面积较大,溶洞内流体的流速较低,仍可用线性流动规律描述;当井钻遇大型溶洞时,油井产量高且渗流面积小,溶洞内流体的流速高,符合非线性流动规律。以下仅考虑井钻遇溶洞,以临界产量生产的情况,即形成的水锥是稳定的且水恰好不进入井筒(图 4-29)。此时,流动可分为洞内流动和洞外流动两种。

人们一般将溶洞内的渗透率视为无限大,即忽略洞内流动的黏滞阻力,但此时不能将溶洞内的流体视为等势体,因为惯性阻力的存在使洞内各点压力不等。

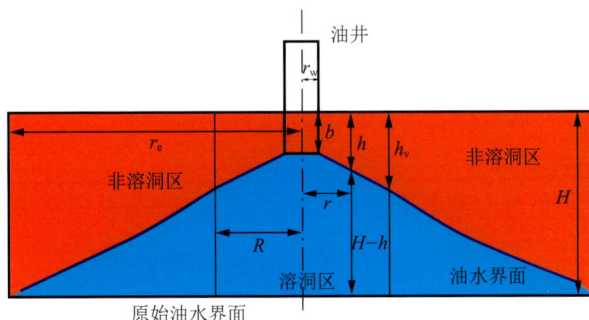

图 4-29　缝洞型底水油藏稳定水锥示意图

如图 4-29 所示,假设溶洞为圆柱形,半径为 R,高为 H。油井于溶洞顶面中心钻入,油井打开厚度为 b,油井井筒半径为 r_w。

当油井以临界产量 q_c 生产时,溶洞内的水锥形态可由下面公式确定:

$$h = \left[b^3 + \frac{3Bq_c^2}{4\pi^2 \Delta\rho g}\left(\frac{1}{r_w} - \frac{1}{r}\right) \right]^{1/3} \tag{4-37}$$

而对于溶洞边缘,有:

$$h_v = \left[b^3 + \frac{3Bq_c^2}{4\pi^2 \Delta\rho g}\left(\frac{1}{r_w} - \frac{1}{R}\right) \right]^{1/3} \tag{4-38}$$

式中　B——液体体积系数;

　　　$\Delta\rho$——油水密度差,kg/m^3;

　　　q_c——临界产量,m^3/d;

　　　r——距井筒任一位置的半径,m。

4.4.2　洞外的流动模式及水锥形态

对于溶洞外的流动,由于流速慢且地层导流能力有限,其流动规律可忽略惯性力的影响。

油井以临界产量生产时,洞外的水锥形态可由下面公式确定:

$$h = \sqrt{H^2 + \frac{Aq}{\pi\Delta\rho g}\ln\frac{r}{r_e}} \tag{4-39}$$

而对于溶洞边缘,有:

$$h_v = \sqrt{H^2 + \frac{Aq}{\pi\Delta\rho g}\ln\frac{R}{r_e}} \tag{4-40}$$

式中　h、h_v——水锥高度,m;

　　　H——油层厚度,m;

　　　A——泄油面积,m^2;

　　　r_e——泄油半径,m。

4.4.3　高产井临界产量计算

联立式(4-38)和式(4-40)得：

$$\left(H^2 + \frac{Aq}{\pi\Delta\rho g}\ln\frac{R}{r_e}\right)^{1/2} = \left[b^3 + \frac{3Bq^2}{4\pi^2\Delta\rho g}\left(\frac{1}{r_w} - \frac{1}{R}\right)\right]^{1/3} \tag{4-41}$$

根据式(4-41)，可用试算法求临界产量 q_c。由式(4-41)、式(4-37)和式(4-39)可见，缝洞型底水油藏的临界产量和水锥形态不仅与溶洞规模(溶洞半径及高度)和泄油区半径有关，而且受油井参数(油井半径及打开油层厚度)、油水密度差及流动模式参数 A 和 B 的影响。

参数 A 和 B 可由开发初期的稳定试井获得。在开发初期稳定试井过程中，可假定尚未形成水锥，即含油层厚度 $h = H$。此时仍可分解为洞内和洞外两种流动，其中洞内流动由式(4-38)描述，洞外流动由式(4-40)描述。与前述模型的不同之处在于，此时的洞内流动为半个球面向心流，而洞外流动可视为径向流，如图4-30所示。

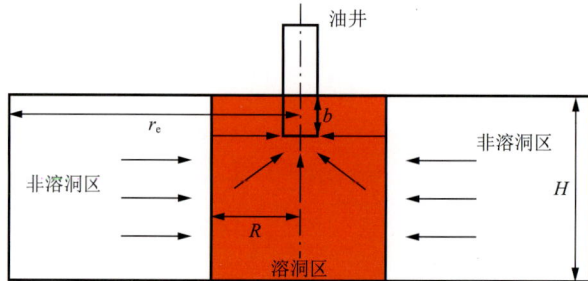

图 4-30　缝洞型底水油藏开发初期流动示意图

洞内半球面向心流状态下有：

$$dp = \frac{Bq^2}{4\pi^2}\frac{dr}{r^4} \tag{4-42}$$

对上式积分，可得洞内压差为：

$$\Delta p_1 = \frac{Bq^2}{4\pi^2}\int_{r_w}^{R}\frac{dr}{r^4} \tag{4-43}$$

对于洞外的流动，含油层厚度 $h = H$，有：

$$dp = \frac{Aq}{2\pi H}\frac{dr}{r} \tag{4-44}$$

对上式积分，可得洞外压差为：

$$\Delta p_2 = \frac{Aq}{2\pi H}\int_{R}^{r_e}\frac{dr}{r} \tag{4-45}$$

将洞内压差和洞外压差相加，可得生产压差为：

$$\Delta p = \frac{Aq}{2\pi H}\ln\frac{r_e}{R} + \frac{Bq^2}{12\pi^2}\left(\frac{1}{r_w^3} - \frac{4}{R^3}\right) \tag{4-46}$$

式(4-46)可变形为：

$$\Delta p/q = C_1 + C_2 q \tag{4-47}$$

应用式(4-46)可对开发初期的稳定试井资料进行处理，通过线性回归得到系数 C_1 和

C_2。对比式(4-46)和式(4-47),可得由 C_1 和 C_2 确定流动模式参数 A 和 B 的关系式为:

$$A = \frac{2\pi H C_1}{\ln(r_e/R)} \tag{4-48}$$

$$B = \frac{12\pi^2}{1/r_w - 1/R^3} C_2 \tag{4-49}$$

由于碳酸盐岩缝洞型油藏中孔、洞、缝等储集空间发育复杂,没有一定的规律性,所以流体在其中的流动也就不再符合径向流、线性流等规则的流动形式;同时,由于这类油藏的油水关系不清楚,储集体和水体之间的相互位置及连接关系也比较复杂,所以推导用于碳酸盐岩缝洞型油藏水锥预测的解析公式也就非常困难,且公式的适用性较差。虽然塔河油田具有上述的特殊性,但水锥的形成和油井见水时间的影响因素基本相同,主要有油井产量、油水黏度比、油层厚度、打开程度、油水密度差、供油半径等,只不过它们的影响程度不同而已。因此,结合前人的研究成果和塔河油田的生产实际,可以通过对已见水油井的见水时间和以上参数进行多元非线性回归,从而建立油井参数和见水时间的关系式。同理,由于缝洞型油藏不同类型储层的储层特征和生产特征明显不同,所以在进行多元非线性回归时也要分类。2009 年,郭自强在预测缝洞型油藏的见水时间和临界产量时,将储层分为溶洞型储层、裂缝型储层和裂缝-孔洞型储层,通过多元非线性回归的方法对溶洞型油藏的见水时间进行了处理,回归所得到的公式如下:

$$t_{BT} = \frac{8.52 a h^b (h - h_p)^c \left(\dfrac{1}{r_w} - \dfrac{1}{h - h_p}\right) \Delta\rho^d}{\mu_r^e q^f} \tag{4-50}$$

式中　t_{BT}——预测的见水时间,d;

　　h——有效厚度,m;

　　h_p——打开厚度,m;

　　μ_r——油水黏度比;

　　$\Delta\rho$——油水密度差,kg/m³;

　　q——平均产量,m³/d;

　　a、b、c、d、e、f——方程等号右边 5 个参数的 5 个回归系数。

分别对塔河油田不同储层类型的油井的见水时间进行多元非线性回归拟合,以确定各系数的值。

采用多元非线性回归方法对溶洞型油藏油井的见水时间进行了处理,回归得到的公式如下:

$$t_{BT} = \frac{37.616 h^{-0.806} (h - h_p)^{1.636} \left(\dfrac{1}{r_w} - \dfrac{1}{h - h_p}\right) \Delta\rho^{-0.171}}{\mu_r^{-0.144} q^{0.509}} \tag{4-51}$$

采用多元非线性回归方法对裂缝型油藏油井的见水时间进行了处理,回归得到的公式如下:

$$t_{BT} = \frac{3.442 h^{2.777} (h - h_p)^{1.495} \left(\dfrac{1}{r_w} - \dfrac{1}{h - h_p}\right) \Delta\rho^{1.414}}{\mu_r^{1.163} q^{1.652}} \tag{4-52}$$

采用多元非线性回归方法对裂缝-孔洞型油藏油井的见水时间进行了处理,回归得到的公式如下:

$$t_{BT} = \frac{278.263 h^{0.751} (h - h_p)^{1.832} \left(\dfrac{1}{r_w} - \dfrac{1}{h - h_p} \right) \Delta \rho^{-99.608}}{\mu_r^{-39.593} q^{0.749}} \qquad (4\text{-}53)$$

通过多元非线性回归方法对缝洞型油藏油井的见水时间进行预测是非常有效的,总的符合程度为93%,具有较好的准确度。以此确定的缝洞型油藏油井见水时间的油藏工程预测方法即多元非线性回归方法。在上述研究的基础上更改拟合系数以适应不同油井的岩溶背景和储层类型,最终确定不同岩溶背景和储集体类型的油井的见水时间预测模型。由于有效厚度和打开厚度的参数较难确定,故通过储层地质储量来代替并进行简化,得到见水时间的预测公式(4-54)和无水期采油量的预测公式(4-55)。

见水时间预测公式为:

$$t_{BT} = \frac{a h^b N^c \Delta \rho^d}{\mu_r^e q^f} \qquad (4\text{-}54)$$

式中　　N——储层地质储量,10^4 m^3。

无水期采油量预测公式为:

$$W_{BT} = \frac{a h^b N^c \Delta \rho^d}{\mu_r^e q^f} \qquad (4\text{-}55)$$

式中　　W_{BT}——预测的无水期采油量,10^4 m^3。

确定了上述油藏工程方法预测缝洞型油藏油井的见水时间和无水期采油量后,统计塔河六区、十二区及托甫台区的见水时间和无水期采油量以及5个参数(储层类型、地质储量、油水黏度比、油水密度差和平均产量)的值,并分岩溶背景和储集体类型使用非线性回归方法进行参数拟合,确定不同岩溶背景和储集体类型条件下的见水时间及无水期采油量的预测公式。

4.5　缝洞型油藏油井见水时间预警方法评价

基于已筛选的见水油井见水时间敏感性预警参数,应用多元回归方法、KNN聚类算法和SVM支持向量机、神经网络等机器学习算法以及油藏工程方法建立了缝洞型油藏见水油井各驱动阶段持续时间及见水时间的定量预测模型。为了评价不同缝洞型油藏油井见水预测方法的精度和适用性,应用预留样本油井对见水时间量化预测方法进行误差分析与校验。选取塔河六区、十二区和托甫台区3种不同岩溶背景的典型单元未见水油井,应用上述3种预测方法计算见水时间,计算结果见表4-45。

表 4-45　不同方法预测油井见水时间结果对比

验证井号	油藏工程法预测见水时间/d	神经网络法预测见水时间/d	多元回归法预测见水时间/d	实际见水时间/d	岩溶背景
S67	442	267	507	313	风化壳岩溶
TK626	882	698	750	627	风化壳岩溶
T606	558	665	865	734	风化壳岩溶

验证井号	油藏工程法 预测见水时间 /d	神经网络法 预测见水时间 /d	多元回归法 预测见水时间 /d	实际见水时间 /d	岩溶背景
TH12199	698	478	555	526	复合岩溶
TH12186	2 030	1 490	986	1 769	复合岩溶
TH12117	1 977	1 210	1 210	1 396	复合岩溶
TP125	1 020	780	900	883	断控岩溶
TP112	1 250	1 234	1 220	1 495	断控岩溶
TK1024	1 155	1 979	1 890	1 727	断控岩溶
TP341	1 417.5	1 423	1 620	1 499	断控岩溶
TP342H	1 721	1 532	1 612	1 622	断控岩溶
TP343	1 589	1 603	1 721	1 652	断控岩溶
TP352H	923	1 023	786	865	断控岩溶
TP37	1 923	1 845	1 725	1 805	断控岩溶
TP7-3	2 353	2 236	1 953	2 196	断控岩溶

由以上预测结果可见,3 种见水预测方法在塔河六区、塔河十二区、托甫台区 3 个区块的应用结果都比较理想。缝洞型油藏油井无水采油期受地质、开发及工程事件等多种因素影响,是典型的非线性系统。作为非线性数学的重要方法——神经网络算法,在解决该类问题时具有先天优势。结果表明:除油藏工程方法之外,神经网络算法和多元回归方法都达到了 80% 以上的预测准确率。因此,在对缝洞型油藏油井见水时间进行量化预测时,首先推荐使用神经网络预测法。

第5章
缝洞型油藏油井预警软件编制

基于对缝洞型油藏高产井见水预警和见水时间定量化预测方法的研究,编制了缝洞型油藏油井见水预警软件。该软件主要实现六大功能:见水预警基础参数管理、现场报警、见水风险评价、见水时间预测、合理产能计算及含水变化规律分析。软件以油井见水动态预警为核心,建立未见水井的动态预警阈值及智能预警方法,实现油井见水的自动化实时监测预警、人机交互的见水风险定性评价及见水时间定量化自动预测,极大地提高了现场高产井见水预警及风险分析的可操作性和准确性,为油田开发政策的制定提供了依据,切实保障了油田稳产。

5.1 软件构架思路

5.1.1 设计思路

在前期已建立的油田基础数据库和已有研究成果的基础上,建立缝洞型油藏油井见水预警软件。软件的设计思路是以油井见水动态预警为核心,通过分析已见水井见水前周期内动态参数异常信号波动,优选直观反映油井见水最为敏感的预警参数,通过统计与分析,建立未见水井的动态预警阈值及智能预警方法,同时实现预警曲线的综合分析,达到人机交互式预警综合分析。更重要的是,首次通过多元回归和BP神经网络方法建立了基于高产井历史生产数据的见水时间预测模型,首次实现了碳酸盐岩油井见水时间的定量化预测。同时,通过对油井的生产阶段进行划分和长寿井类比,实现了碳酸盐岩油井的合理产能计算。此外,软件集成了适用于缝洞型油藏含水变化分析的多种方法。基于此,缝洞型油藏见水预警软件系统可实现碳酸盐岩油藏油井见水预警、见水时间预测、含水变化规律的全周期计算分析。

缝洞型油藏油井见水预警软件系统的详细功能模块框架如图5-1所示。

缝洞型油藏油井见水预警软件系统采用先进的Java技术,可实现跨平台的分布式应用,以Oracle 11g为数据库系统,与中国石化数据库系统保持一致,便于数据的互相传递。数据处理和应用采用安装和维护成本低的多层结构(B/S)系统,可以保证大量数据在网上的高速、高效传送,完成动、静态数据获取、数据组织管理、图形表现、辅助决策分析、结果显示和打印输出、文件保存、结果发布等功能。

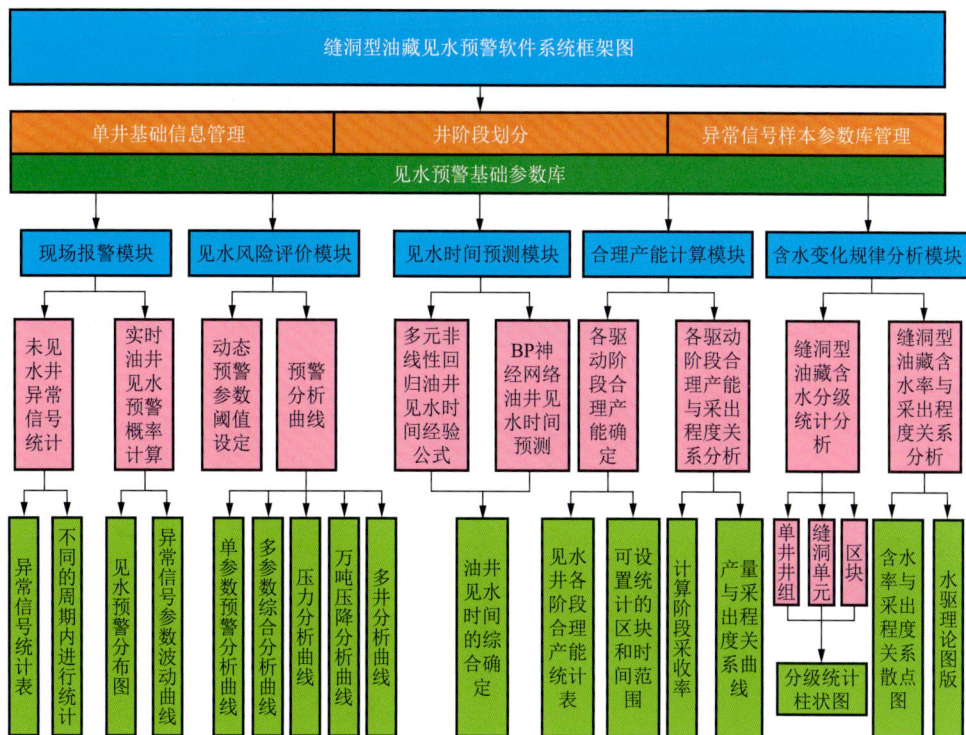

图 5-1　缝洞型油藏见水预警软件系统详细功能模块框架

5.1.2　技术路线

（1）采用中心数据库技术，以 Oracle 11g 数据库系统为中心数据库。

（2）采用 ERWin 数据建模工具进行数据库模型设计。

（3）采用 ApacheTomcat 6.0 或 WebLogic 等为发布网络服务器。

（4）系统开发语言使用目前主流的 Java 语言，可实现跨平台的分布式部署应用。

（5）采用 SSH（Struts＋Spring＋Hibernate）集成开源框架作为系统开发框架，实现系统的开发工作。

（6）系统操作界面使用 DIV＋CSS＋JQuery 主流页面开发模型开发。

本软件系统采取先进的多层分布式网络应用系统结构，使用 SUN 公司的 Java 语言，采用 SSH 集成开源框架作为系统开发框架，保证系统的安全性、稳定性、并发性和可扩充性。

软件开发三层模式如图 5-2 所示。

多层开发模式具有很明显的优点，它将数据显示、业务处理、数据存储分为不同的层面。保持各层之间的相对独立性，特别适合大型系统的开发。即使用户业务规则发生改变，由于系统具有良好的适应性，后期修改维护的工作量也较小，解决了传统模式存在系统开发难度较大、没有统一的开发标准的难题。

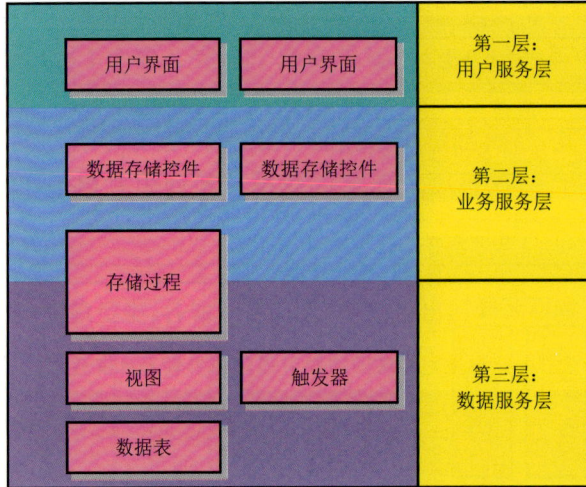

图 5-2　软件开发三层模式

从图 5-2 中可以看出,存储过程处于中间层。利用这些处于中间层的存储过程来组织数据,可以实现用户业务规则,能够快速满足用户需求的变化,即通过修改存储过程可以很快实现业务规则的改变。

在服务器端使用了目前主流的 SSH 框架,采用了 MVC(Model View Controller)的设计模式。其中,Struts 作为系统的整体基础架构,负责 MVC 的分离,在 Struts 框架的模型部分,控制业务跳转;Hibernate 框架用于对持久层提供支持;Spring 框架用于管理,即管理 Struts 和 Hibernate。具体做法是:先用面向对象的分析方法,根据需求提出一些模型,将这些模型实现为基本的 Java 对象,然后编写基本的 DAO(Data Access Objects)接口,并给出 Hibernate 的 DAO 实现,再采用 Hibernate 架构实现的 DAO 类来实现 Java 类与数据库之间的转换和访问,最后由 Spring 做管理,管理 Struts 和 Hibernate。集成 SSH 框架的系统从职责上分为 4 层(图 5-3),即表现层、业务逻辑层、数据持久化层和域模块层,以帮助开发人员在短期内搭建结构清晰、可复用性好、维护方便的 Web 应用程序。

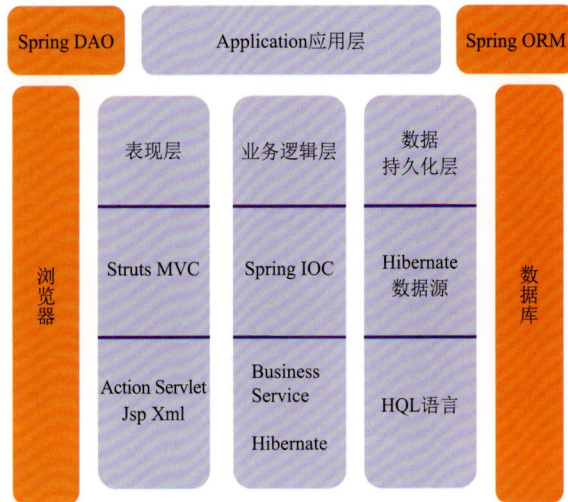

图 5-3　SSH 框架关系图

客户端使用 HTML、JavaScript 脚本语言实现，网页采用 DIV＋CSS 主流方式。JavaScript 脚本语言可实现客户端的界面的逻辑判断以及特效处理，并且与 HTML 结合可制作出多种特效，可以简化多种复杂的报表查询生成工作。以上技术的组合可完美地将应用程序网络化、浏览器化，实现了客户端的零安装以及系统可跨平台使用的特性。

5.2　基础参数库建设

基础参数库服务于现场报警模块、见水风险评价模块、见水时间预测模块、合理产能计算模块及含水变化规律分析模块，为其提供所需的基础参数库，主要包括单井静态基础信息的管理和动态数据刷新技术接口。基础参数数据流图如图 5-4 所示。

图 5-4　基础参数数据流图

5.2.1　单井静态基础信息管理

单井静态基础信息管理可实现单井静态参数（地质储量、储集体类型、底水发育程度等）的录入和修改，动态参数（油压、流压、套压、产油量、产液量、含水率等）的自动刷新与计算，包括已见水井见水时间与累积产量数据统计计算等功能。已经整理录入了 460 口高产样本井及 166 口高产预测井的基础数据。

单井静态基础信息管理（图 5-5）可实现单井静态参数（地质储量、储集体类型等）的录入和修改，支持批量导入，主要具有以下功能：

（1）单井静态基础参数查询；

（2）单井静态基础参数录入和修改（图 5-6）；

（3）提供单井静态参数批量上传及下载导出电子表格。

	区块名称	井号编号	地质储量（万吨）	储集体类型	是否稠油	底水发育程度	进山深度（m）	是否酸压	操作
571	塔河六区奥陶系	TK621CH	39.3205	裂缝孔洞型	是	发育	256.50	否	查看 编辑 删除
572		TK625	206.4038	溶洞型	否	不发育	167.00	否	查看 编辑 删除
573		TK626	67.1161	裂缝孔洞型	是	不发育	203.00	否	查看 编辑 删除
574		TK627H	70.4100	裂缝孔洞型	是	不发育	57.63	是	查看 编辑 删除
575		TK628	91.5281	裂缝孔洞型	否	不发育	222.00	否	查看 编辑 删除
576		TK629	49.1125	溶洞型	是	不发育	202.50	否	查看 编辑 删除
577		TK630	155.2928	溶洞型	是	不发育	101.00	否	查看 编辑 删除
578		TK634	62.9865	裂缝型	是	不发育	143.00	否	查看 编辑 删除
579		TK635H	78.2794	裂缝型	否	不发育	55.00	否	查看 编辑 删除
580		TK636H	86.1300	裂缝型	是	不发育	38.30	是	查看 编辑 删除
581		TK665CH	4.3026	裂缝孔洞型	是	发育	27.55	否	查看 编辑 删除
582		TK667	153.5235	溶洞型	是	不发育	105.91	否	查看 编辑 删除
583		TK671	83.7426	裂缝孔洞型	否	发育	173.00	否	查看 编辑 删除
584		TK672	27.1278	溶洞型	否	发育	98.34	是	查看 编辑 删除
585		TK675X	6.8664	裂缝孔洞型	是	发育	70.00	是	查看 编辑 删除

图 5-5　单井静态基础信息管理

图 5-6　单井静态基础信息编辑

5.2.2　动态数据自动刷新计算

通过与开发数据库建立数据接口，实现了项目所需的动态数据的实时刷新，并可计算生产系统分析所需要的中间数据。

采用 Oracle 11g 的数据链路技术，与西北油田分公司开发的数据库建立数据接口（图 5-7），提前开发数据库的生产日报、月报、流静压及动静液面等生产及监测数据，为项目各分析模块提供数据支撑。

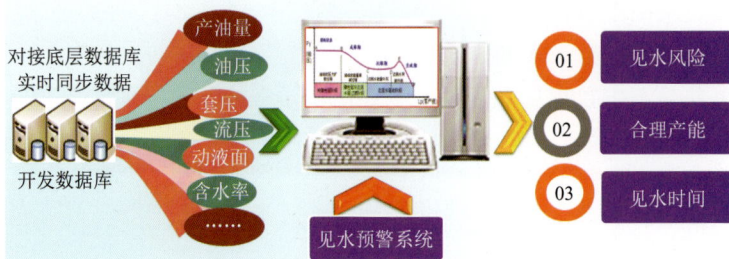

图 5-7　动态数据接口

5.2.3　见水风险预警及见水时间预测样本参数库建立

1）高产已见水井样本井点筛选

根据高产已见水井的定义规则（表 5-1），系统每天自动筛选出符合要求的样本井点。以托甫台区块为例，有 58 口样本井点（表 5-2）。

表 5-1　高产已见水井定义规则

名　称	定　义
见水时间	计算各井见水时间。若含水率大于 2%，且持续时间为 30 d，则见水时间为初次含水率大于 2% 的时间；若月含水率大于 2%，且连续 3 个月（自然月）含水率大于 2%，则见水时间为第一个月中初次日含水率大于 2% 的时间。取两个见水时间最早者作为该井的见水时间
已见水井	有见水时间的井为已见水井
高产井	① 无水采油期累积产油量大于 2 000 t；② 平均日产油量大于 20 t/d；③ 无水采油期大于 90 d

表 5-2　托甫台区块样本井点

序　号	井　号	累积产油量/(10⁴ t)	平均日产油量/(t·d⁻¹)	无水采油期/d
1	TP335H	1.521 02	39	397
2	TP254X	5.166 09	95	645
3	TP151	2.492 33	27	966
4	TP330X	4.423 69	44	1 179
5	TP20CH	5.716 70	74	787
6	TP122	4.294 75	22	2 250
7	TP8-2	0.386 62	32	132
8	TP162	7.596 27	117	679
9	TP125	2.919 30	25	1 251
10	TP107X	1.895 80	45	448
11	TP27X	0.684 74	29	255
12	TP156	2.935 25	23	1 292
13	TP180X	1.523 50	23	875
…	…	…	…	…
58	TP33	0.559 74	52	116

2）异常信号捕捉算法研究

根据实际生产中的异常参数，系统自动捕捉异常信号，主要包括异常时间、变化幅度、次数及持续时间。现场生产数据曲线形态复杂，通过软件自动捕捉异常信号比较困难，前期采用的小波极大值和奇异点方法自动捕捉曲线异常峰值的效果都不太理想。经过大量的研究试验，改用曲线光滑算法和中值滤波法先对生产数据进行预处理，再采用极值算法捕捉异常信号,异常信号捕捉效果有了明显的改进,异常信息的捕捉准确可靠。

（1）异常信号捕捉流程。

异常信号捕捉流程如图 5-8 所示。

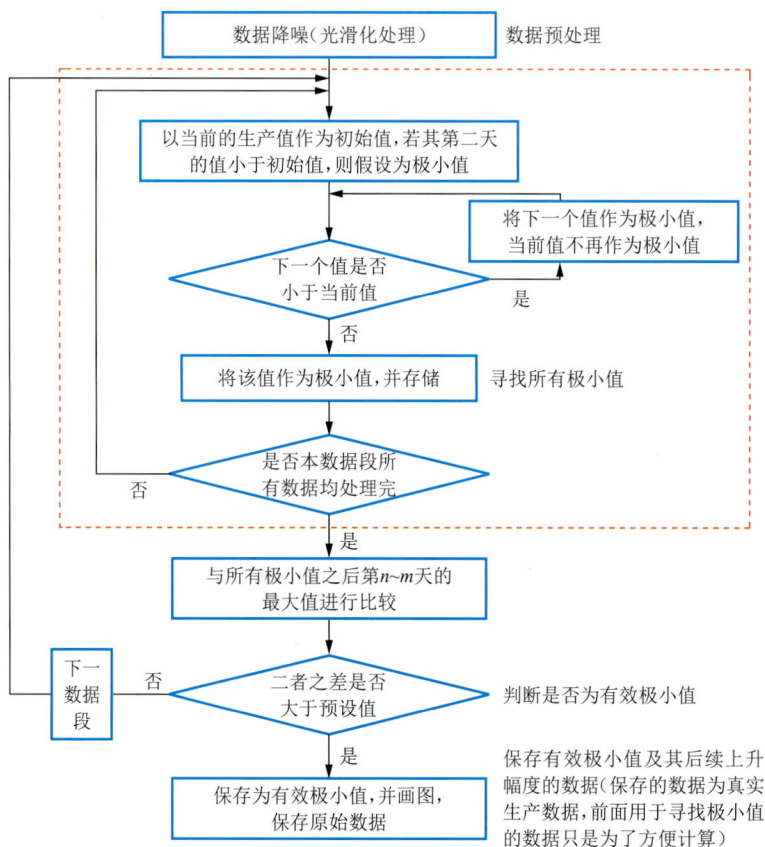

图 5-8　异常信号捕捉流程

① 中值滤波法降噪（光滑处理），如图 5-9 所示。

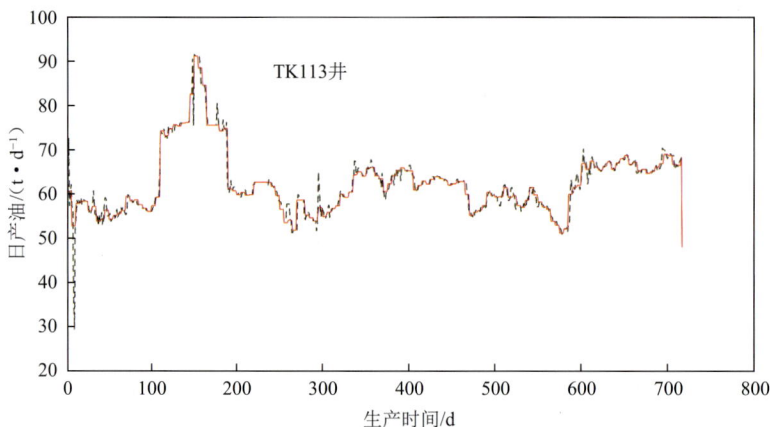

图 5-9　中值滤波法降噪（光滑处理）

② 极值算法捕捉异常信号，如图 5-10 所示。

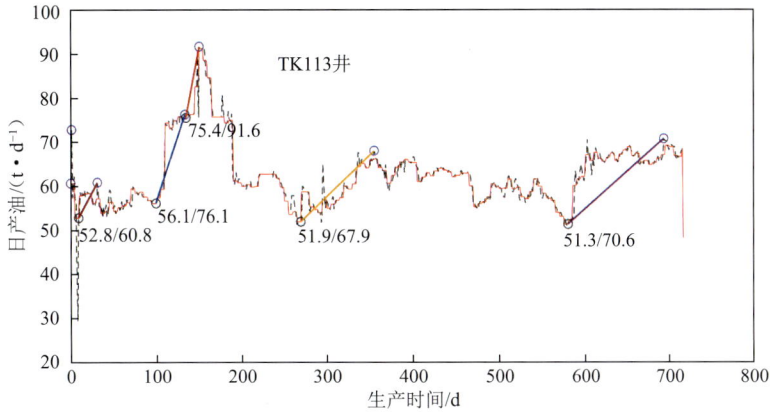

图 5-10　极值算法捕捉异常信号

以 TK113 井产油量异常信号捕捉为例，可以看到，人工进行异常信息捕捉的结果（图 5-11）与异常信号捕捉算法自动进行捕捉的结果（表 5-3）基本保持一致。

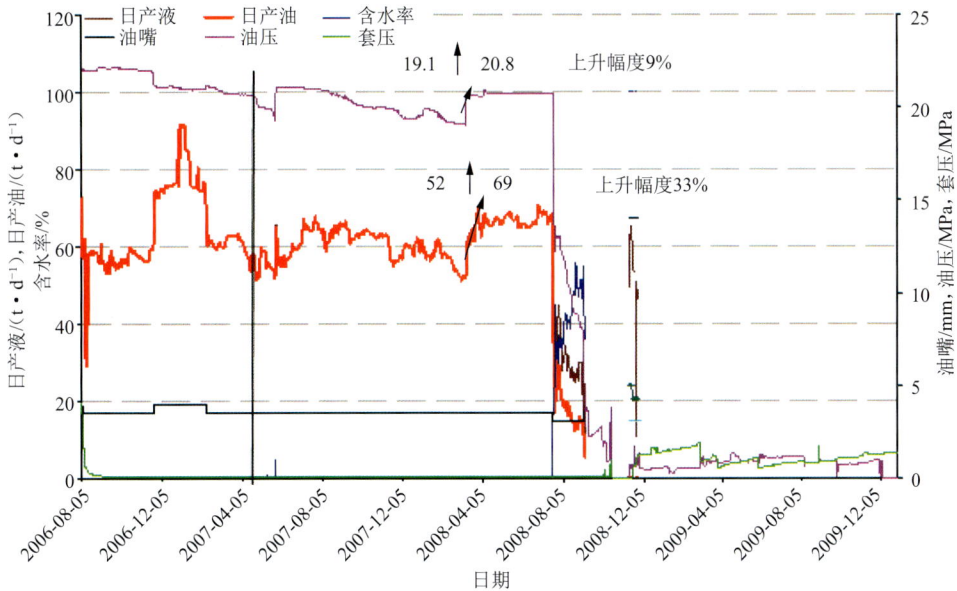

图 5-11　人工进行异常信号的捕捉

表 5-3　托甫台区块样本井点

捕捉方法	异常信号最小值	异常信号最大值	变化幅度
人工捕捉	52.0	69.0	33%
智能算法捕捉	51.3	70.6	38%

（2）异常信号捕捉实例——TP174X 井。

① 油压异常信号捕捉如图 5-12 所示。

② 套压异常信号捕捉如图 5-13 所示。

③ 产油量异常信号捕捉如图 5-14 所示。

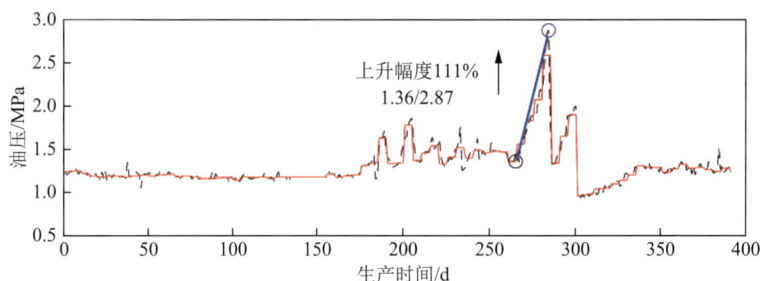

图 5-12 油压异常信号捕捉

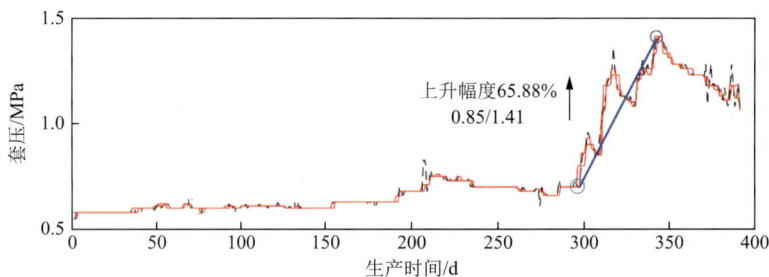

图 5-13 套压异常信号捕捉

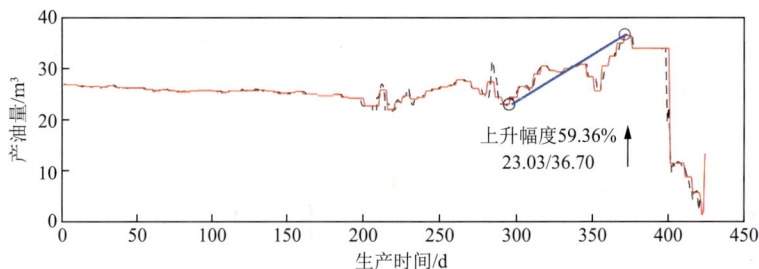

图 5-14 产油量异常信号捕捉

3）异常信号样本参数库管理

（1）自动建立异常信号捕捉样本库。

根据异常信号捕捉算法，对所有已见水井的各项敏感参数（油压、流压、产油量、含水率、含水持续时间等）定期自动进行异常信号捕捉，建立异常信息样本库，并可人工对异常信息进行矫正。异常信号捕捉模块的具体功能如下：

① 定期自动对所有已见水井进行异常信号捕捉；

② 建立异常信号样本库（图 5-15），自动保存已见水井异常信息；

③ 提供可视化的异常信号矫正软件模块（图 5-16）。

（2）区块异常信号预警阈值管理。

异常信号捕捉模块可实现区块预警阈值的管理，基于异常信号样本库，对区块各项预警参数的异常差值和幅度进行正态分布，统计出该区块的预警阈值，可人工修改每个区块异常信号参数的阈值范围和权重系数。该模块的具体功能如下：

① 样本参数权重统计。

对托甫台区块捕捉到的各项参数的异常信号进行统计。在 58 口样本井中，42 口井出现压力异常波动，47 口井出现产油量异常波动，46 口井出现含水率异常波动。根据各项参数出现异常的井数统计出预警参数的权重(表 5-4)。

	区块	井号	参数类型	投产时间	见水时间	异常次数	异常最大值	异常最小值	异常日期	异常持续天数	异常差值	异常幅度(%)	备注	更新时间	操作
1	塔河托甫台试采区	TK1024	含水率	2007-06-24	2012-03-15	2	48.85	0	2012-01-31	45	48.85	48.85		2018-04-14	查看明细 修改明细
2			套压	2007-06-24	2012-03-15	3	12.9	11.5	2011-10-13	113	1.4	12.17		2018-04-14	查看明细 修改明细
3			油压	2007-06-24	2012-03-15	1	11.2	4.4	2012-03-13	3	6.8	154.55		2018-04-14	查看明细 修改明细
4		TK1058	产油量	2008-06-05	2011-08-22	10	27.48	24.16	2011-05-23	17	3.31	13.7		2018-04-14	查看明细 修改明细
5			含水率	2008-06-05	2011-08-22	2	9.52	0	2011-01-20	3	9.52	9.52		2018-04-14	查看明细 修改明细
6			套压	2008-06-05	2011-08-22	14	1.22	0.37	2010-12-07	27	0.85	229.73		2018-04-14	查看明细 修改明细
7			油压	2008-06-05	2011-08-22	1	1.5	0.8	2011-08-07	3	0.7	87.5		2018-04-14	查看明细 修改明细
8		TK1063X	套压	2009-01-08	2018-01-06	9	9.93	8.4	2017-12-31	5	1.53	18.21		2018-04-14	查看明细 修改明细
9			油压	2009-01-08	2018-01-06	7	9.14	8.12	2018-01-02	5	1.02	12.56		2018-04-14	查看明细 修改明细
10		TP104	产油量	2010-01-04	2013-07-09	6	34.3	14.9	2013-04-24	23	19.4	130.2		2018-04-14	查看明细 修改明细
11			含水率	2010-01-04	2013-07-09	2	54.38	0	2013-03-31	3	54.38	54.38		2018-04-14	查看明细 修改明细
12			套压	2010-01-04	2013-07-09	9	1.64	0.29	2013-02-28	13	1.35	465.52		2018-04-14	查看明细 修改明细
13			油压	2010-01-04	2013-07-09	2	5.3	1.2	2013-03-03	11	4.1	341.67		2018-04-14	查看明细 修改明细
14		TP107X	产油量	2010-05-25	2011-08-15	11	43.13	31.56	2011-06-27	13	11.57	36.66		2018-04-14	查看明细 修改明细
15			含水率	2010-05-25	2011-08-15	2	99	0	2010-09-16	42	99	99		2018-04-14	查看明细 修改明细
16			套压	2010-05-25	2011-08-15	8	2.05	0.66	2010-11-24	11	1.39	210.61		2018-04-14	查看明细 修改明细

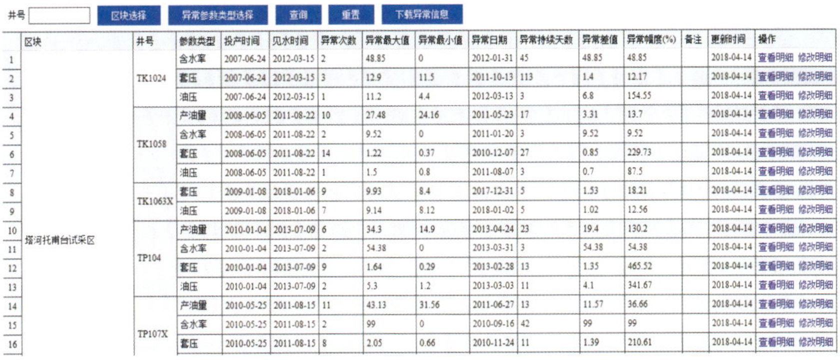

图 5-15　已见水井异常信号样本库

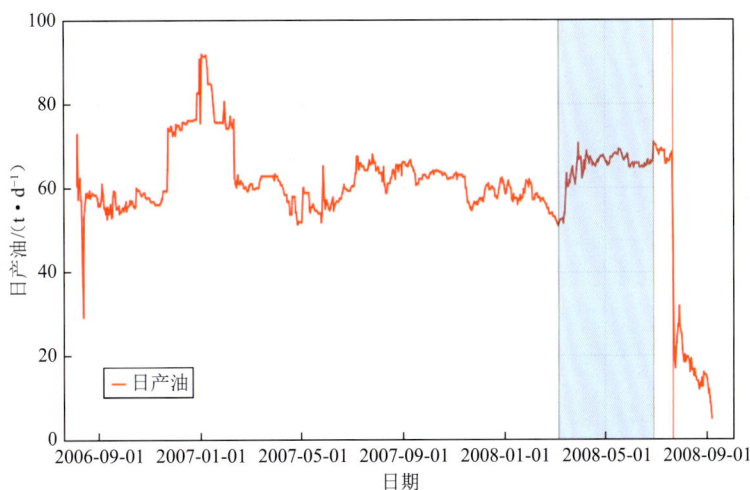

图 5-16　人机交互矫正异常信号

表 5-4　托甫台区块预警参数权重统计表

序　号	预警参数	见水前出现异常波动井数/口	权重/%
1	油　压	42	31
2	套　压	42	
3	产油量	47	35
4	零星含水	46	34

② 基于样本参数计算学习,生成未见水井异常信号预警参数阈值。

以塔河托甫台区块产油量参数为例,托甫台区块所有已见水井产油量异常信号统计见表 5-5。

表 5-5　托甫台区块产油量异常信号样本表

井　号	投产日期	见水日期	异常开始时间	产油量差值/t	产油量变化幅度/%	异常持续时间/d
TP107X	2010-05-25	2011-08-15	2011-06-27	11.57	36.66	13

井 号	投产日期	见水日期	异常开始时间	产油量差值/t	产油量变化幅度/%	异常持续时间/d
TP108X	2010-06-25	2011-03-06	2010-10-02	5.69	8.63	9
TP112X	2010-07-13	2014-12-09	2014-07-16	11.91	13.36	19
TP12CX	2007-05-11	2008-12-17	2008-05-27	8.5	31.25	9
TP15X	2009-05-29	2014-09-05	2014-08-18	3.51	18.58	13
TP16-1	2009-06-12	2011-05-01	2011-04-07	4.86	19.7	16
TP17CX	2009-12-06	2011-09-27	2011-08-11	5.8	14.15	18
TP203X	2009-11-24	2014-05-27	2013-07-08	4.37	46	8
TP206X	2009-11-13	2010-04-04	2010-01-07	4.2	19.44	10
TP209	2010-04-17	2010-10-14	2010-09-23	24.2	87.68	15
TP217	2010-05-29	2017-09-07	2017-07-06	5.9	62.11	29
TP26X	2010-06-08	2010-12-19	2010-11-03	6.3	21.28	8
TP27X	2010-03-14	2010-11-23	2010-10-29	3.17	16.04	10
TP29	2010-03-21	2011-12-03	2011-11-16	14.6	37.34	18
TP303	2009-12-31	2010-04-02	2010-02-18	22.6	104.63	12
TP33	2010-05-28	2010-09-20	2010-07-22	5.09	10.81	27
TP7-1X	2007-05-05	2017-12-14	2017-08-17	4.9	28.16	9
TP7-4	2009-06-05	2010-11-28	2010-09-27	14.79	30.81	14
TP335H	2013-10-19	2014-11-19	2014-10-29	10	27.7	14
TP244X	2011-11-17	2013-04-04	2013-01-28	3.1	13.14	9
TP42	2011-06-06	2011-12-27	2011-09-18	24.6	41.34	54
TP309	2011-09-17	2011-12-28	2011-11-20	7.4	16.78	13
TP145	2011-12-15	2013-01-04	2012-10-30	9.48	42.9	6
TP162	2013-02-05	2014-12-15	2014-04-12	35.07	37.04	221
TP254X	2012-12-03	2014-09-08	2013-10-09	7.68	6.86	17
TP20CH	2013-06-13	2015-08-08	2015-05-14	5.9	7.72	8
TP314	2012-01-18	2014-06-05	2014-05-01	4.3	7.69	14
TP156	2012-10-16	2016-04-28	2016-01-15	13.1	57.96	56
TP322	2012-08-05	2013-01-12	2012-12-17	7	12.24	10
TP243CH	2012-11-03	2016-04-01	2015-09-18	5.2	8.24	41
TP157X	2012-12-13	2015-08-06	2015-07-12	5.61	8.78	23
TP25CX	2011-07-26	2012-06-11	2012-02-15	4.3	6.41	19
TP139	2011-08-11	2015-04-08	2015-03-07	4.82	9.61	8
TK1058	2008-06-05	2011-08-22	2011-05-23	3.31	13.7	17

对托甫台区块 47 口井的产油量异常信号的异常变化量和异常幅度分别进行概率分布统计,得到该区块产油量异常变化量在 3.1~24.6 t/d 之间的分布最多,异常幅度在 6.4%~87.7% 之间的分布最多。系统自动设定该区块产油量异常信号预警阈值范围如下:差值阈值,3.1~24.6 t/d(图 5-17);幅度阈值,6.41%~87.68%(图 5-18)。

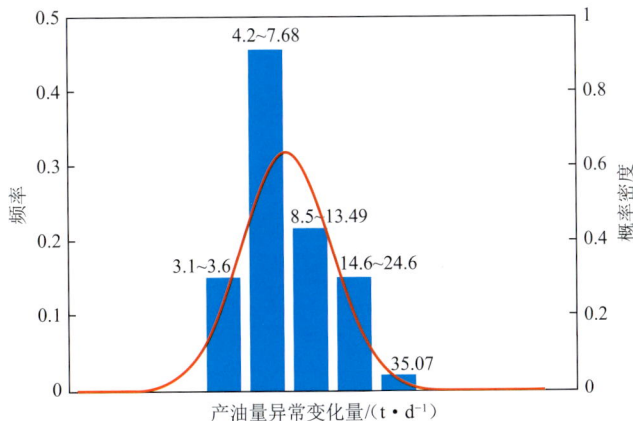

图 5-17　托甫台区块产油量异常变化概率分布图

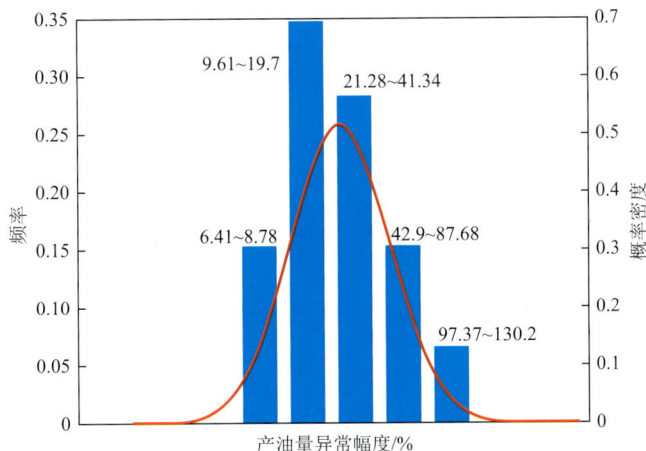

图 5-18　托甫台区块产油量异常幅度概率分布图

对托甫台区块 42 口井的油压异常信号的异常变化量和异常幅度分别进行概率分布统计,得到该区块油压异常变化量预警范围为 0.54~5.1 MPa(图 5-19),异常幅度预警范围为 5.17%~84.62%(图 5-20)。

汇总各项预警参数的预警阈值和权重,形成托甫台区块的见水风险预警阈值和权重(表 5-6),为高产井见水风险分级提供打分标准。

根据实际情况,可以人工对系统自动统计出的异常信号预警阈值范围进行调整,并设置该异常参数的权重。考虑到部分井异常信号数值上变化很小,但变化幅度很大,系统可以按照异常差值或者幅度进行预警,可人工设定。异常信号预警阈值及权重编辑修改界面如图 5-21 所示。

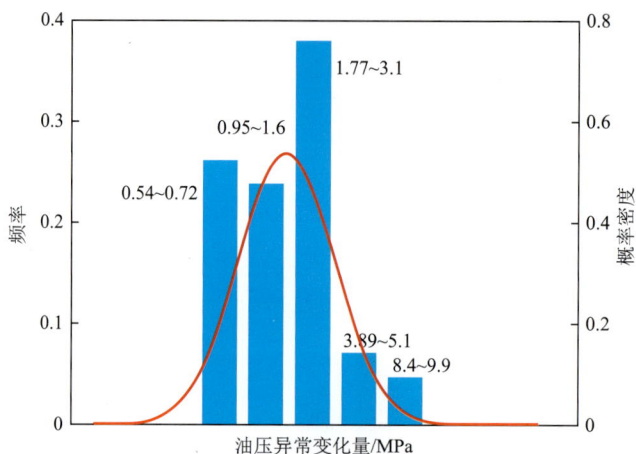

图 5-19　托甫台区块油压异常变化量概率分布图

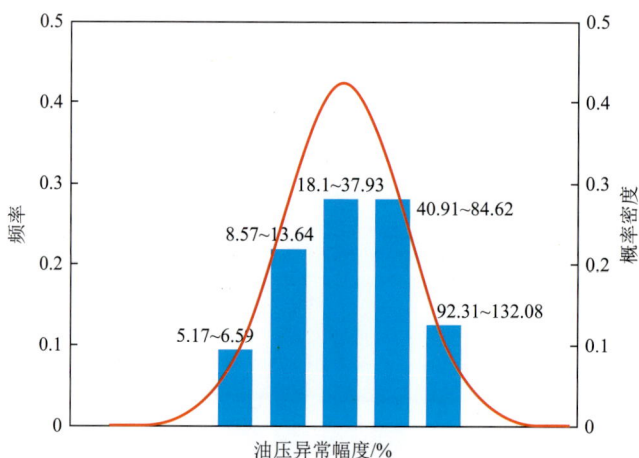

图 5-20　托甫台区块油压异常幅度概率分布图

表 5-6　托甫台区块异常信号预警阈值及权重表

预警参数	见水前出现异常波动井数/口	异常变化量阈值范围	异常幅度阈值范围	权重/%
油　压	42	0.54～3.1 MPa	5.17%～84.62%	31
套　压	42	0.52～2.7 MPa	7.23%～200%	
产油量	47	3.1～24.6 t	6.41%～87.68%	35
含水率	46	2.2%～59.3%		34

图 5-21　异常信号预警阈值及权重编辑修改界面

5.3　现场报警模块研发

现场油井见水预警管理模块主要通过见水前周期内异常信号参数的幅度、频率等智能化捕捉及分析,实现见水风险等级的实时预报,并实时推送。

首先对未见水的高产井捕捉各项生产指标的异常信号,然后按照预警参数阈值和权重计算出该井的见水风险级别,最后系统自动生成高产井异常信号表和见水风险分级图(图5-22)。

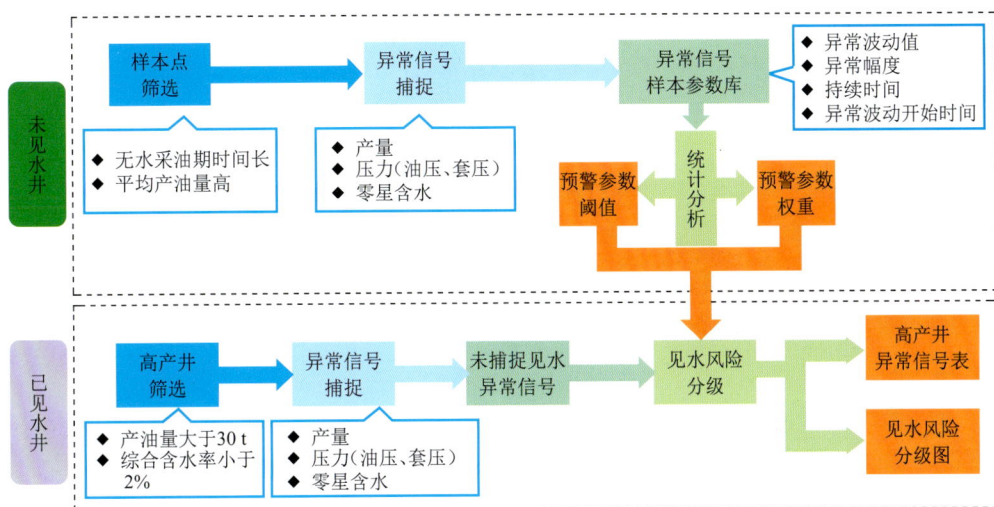

图 5-22　现场预警流程示意图

5.3.1　未见水井异常信号统计

基于异常信号样本点建立的预警参数库,对未见水井的压力、产液量、含水率等主要预警参数异常信号波动的频率、幅度和连续性等关键信息进行自动统计与生成,具体实现以下功能:

(1)生成未见水井异常信号统计表;

(2)设置统计时间范围及统计区块;

(3)生成的统计表提供下载导出电子表格功能。

1)未见水高产井筛选

根据未见水高产井的定义规则,系统每天自动筛选出符合要求的高产井。以托甫台区块为例,未见水高产井有 34 口(表5-7)。

未见水高产井:月产油水平大于 30 t 且月综合含水率小于 2%。

表 5-7　托甫台区块未见水高产井列表

序　号	井　号	月产油水平/t	含水率/%
1	TP12-5CX	38.01	0
2	TP310	55.04	0
3	TP260CH	37.2	0
4	TP337X	67.45	0
5	TP338H	61.38	0
6	TP39	58.87	0
7	TP246X	61.44	0
8	TP147CH2	34.03	0
9	TP269X	53.79	0
10	TP187H	62.5	0
11	TP192X	35.62	0
12	TP154XCH	56.14	0
13	TP311	52.51	0
14	TP341	78.36	0
15	TP342H	75.37	0
16	TP343	76.72	0
17	TP6-1X	43.19	0
18	TP123XCH	42.58	0
19	TP275H	52.95	0
20	TP318	58.88	0
21	TK1001CH	39.9	0
22	TP227X	75.7	0
23	TP270H	62.67	0
...	...	...	...
34	TP313H	64.08	0

2）未见水高产井风险分级

基于异常信号捕捉算法，对所有未见水高产井的压力、产油量、含水率等主要预警参数异常信号进行自动统计（图5-23），并根据区块预警阈值对未见水井高产进行风险分级，便于现场管理人员及时掌握油井见水风险情况。

分级计算模型如下：

（1）见水风险指标归一化。

对于给定的一组数据 x_i，利用下式进行指标标准化计算：

$$y_i = \frac{x_i - \min_{1 \leqslant i \leqslant n}\{x_i\}}{\max_{1 \leqslant i \leqslant n}\{x_i\} - \min_{1 \leqslant j \leqslant n}\{x_i\}} \tag{5-1}$$

井号 ▢ 　[区块选择] [查询] [重置] [下载异常信息]

	区块	井号	投产时间	异常开始日期	异常结束日期	异常最小值(吨)	异常最大值(吨)	异常持续天数	异常差值(吨)	异常上升幅度(%)	异常开始日期	异常结束日期	异常最小值(MPa)
1		TP12-5CX	2011-06-14	2018-04-05	2018-4-8	36.4	43.4	3	7	19.23	2018-01-29	2018-2-3	2.53
2		TP260CH	2013-08-29	2018-03-05	2018-3-26	37	41.5	21	4.5	12.16	2017-12-08	2017-12-16	0.6
3		TP246X	2012-02-06										
4		TP147CH2	2015-09-19	2017-12-27	2017-12-30	26.6	34.2	3	7.6	28.57	2018-03-19	2018-3-27	0.95
5		TP187H	2016-06-02	2017-10-26	2017-11-11	62.3	71.8	16	9.5	15.25			
6		TP192X	2017-02-26	2018-02-13	2018-3-19	27.2	35.7	34	8.5	31.25			
7		TP6-1X	2009-11-26	2017-06-23	2017-8-2	40.2	49.8	40	9.6	23.88			
8		TP154XCH	2017-06-05	2017-11-28	2017-12-7	51.5	61.5	9	10	19.42			
9	塔河托甫台试采区	TP318	2012-06-19	2017-07-27	2018-1-15	52.1	61.3	172	9.2	17.66			
10		TP123XCH	2013-11-10	2017-07-19	2017-8-27	37.8	47.6	39	9.8	25.93			
11		TP227X	2010-11-15										
12		TP332CH	2014-05-31								2018-01-22	2018-2-20	6.7
13		TP270H	2016-02-03	2018-02-09	2018-3-8	64.3	72	27	7.7	11.98			
14		TP191H	2017-08-08										

图 5-23　未见水高产井异常信号统计表

式中　x_i——见水风险各项评价指标；

　　　y_i——标准化计算后的各项见水风险指标；

　　　$x_i^j, \min(x_i^j), \max(x_i^j)$——单井某项预警指标值、单井所属区块某项预警指标最小值、单井所属区块某项预警指标最大值。

（2）分级计算模型。

见水风险分级评价时，需要通过多指标进行综合评价。为了消除每个指标之间的差异，对各指标做归一化处理后进行权重分析，建立分级评价公式：

$$F = \sum_{j=1}^{3}\left[\frac{x_i^j - \min_{1\leqslant j\leqslant n}\{x_i^j\}}{\max_{1\leqslant i\leqslant n}\{x_i^j\} - \min_{1\leqslant j\leqslant n}\{x_i^j\}}\cdot Q_j\right]\tag{5-2}$$

式中　F——见水风险分级评价系数；

　　　Q_j——各项预警指标的权重系数；

　　　j——预警指标的个数，取值为 3。

5.3.2　实时油井见水分级预警

综合未见水井各预警周期的异常信号统计情况和各项异常信号的预警权重，对周期内当前油井生产状态下的见水风险概率进行计算，形成见水预警周期报表及平面见水预警分布图。该模块具体实现以下功能：

（1）系统后台每天对未见水井进行异常信号的捕捉，生成当前异常信号数据；

（2）生成见水预警分布图，绘制井位分布图，对见水预警风险等级高的井进行闪烁警告，并根据见水概率形成该区域的见水风险分布图。

可以分不同的参数进行见水风险分级预警，主要包括油压、套压、产油量、含水率和综合风险分级预警。

塔河十二区见水风险综合预警图如图 5-24 所示，各项参数分级预警图如图 5-25 所示。

（3）点击井点图标可以调出该井的多参数综合曲线，根据各项参数曲线（图 5-26）的对比分析，进行深入的见水风险评价。

（4）对风险概率设置报警等级的划分，对重点高危井进行推送。

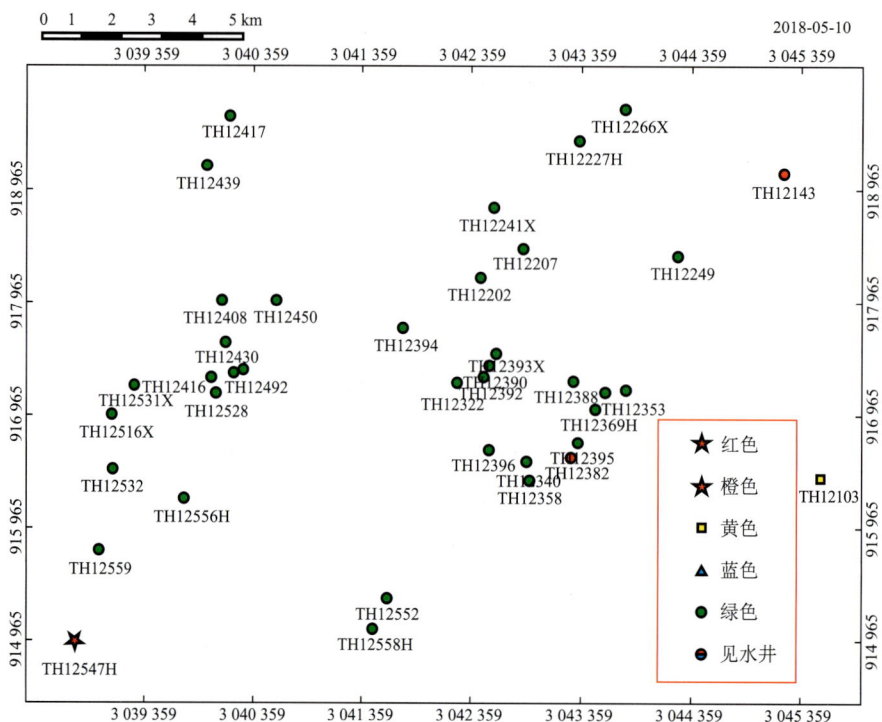

图 5-24　塔河十二区见水风险综合预警图

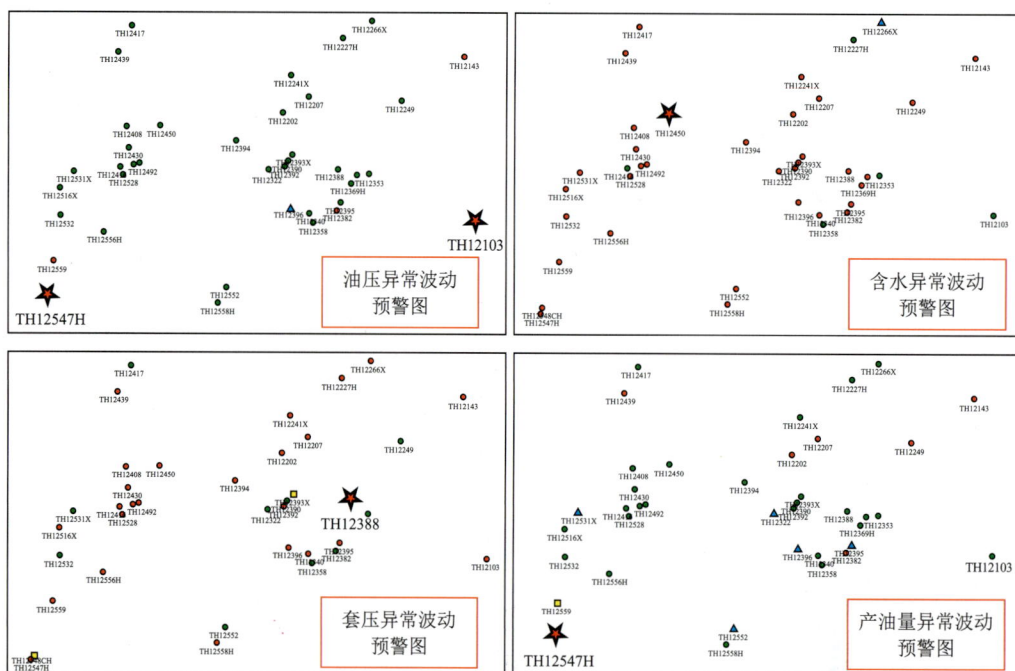

图 5-25　各项参数分级预警图

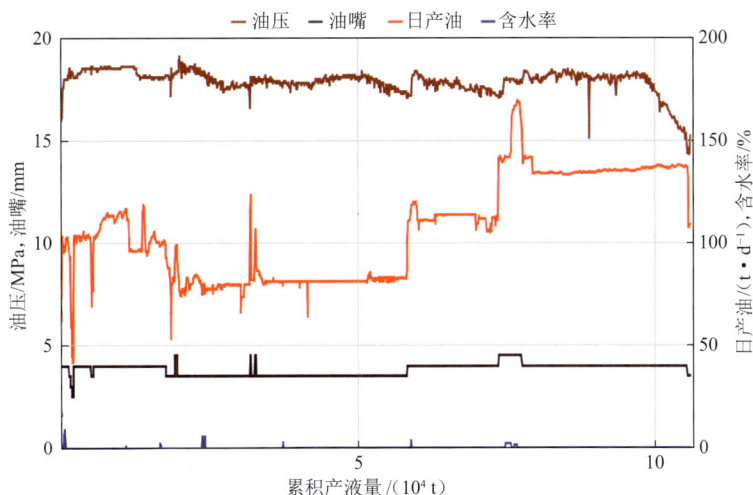

图 5-26　TH12547H 井单井多参数曲线

5.4　见水风险定性评价模块

油井见水见险定性评价模块提供多种见水预警分析曲线,可以综合对单井及多井进行见水风险评价分析(图 5-27)。

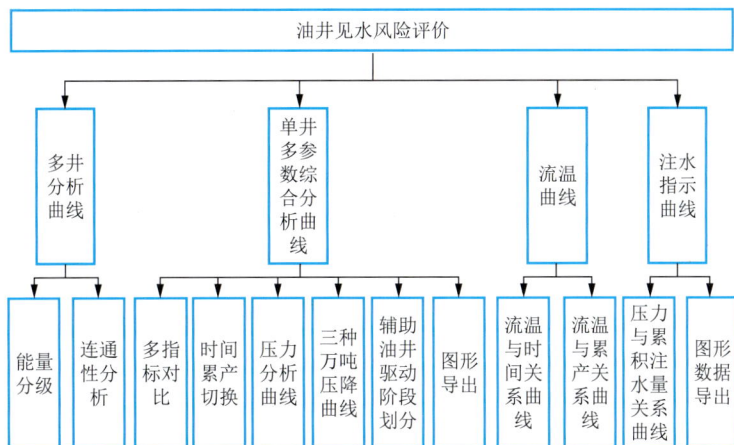

图 5-27　油井见水风险评价功能框图

5.4.1　数据准备

1) 预警参数优选

利用已见水油井的生产动静态参数等资料,采用主成分分析方法,对预选各类动态预警参数异常信号(油压、流压、套压、产油量、产液量、含水率、连续含水时间等)在相应周期内的变化频率及幅度的敏感程度进行定量划分,优选 3～5 个较为敏感的动态预警参数。

2）数据预处理

（1）对预警参数进行系统分类与审核，剔除因各种因素造成数据失真的数据及样本，实现对数据集的有效、准确分析。

（2）利用油井油压（或流压、静压等压力资料）及累积产量或时间资料，建立各类压力随累积产量或时间的预警曲线，分析曲线变化幅度或曲线平缓程度。预警曲线可实现对数坐标系和直角坐标系的转换（图 5-28），其数据可进行无因次处理等（图 5-29）。

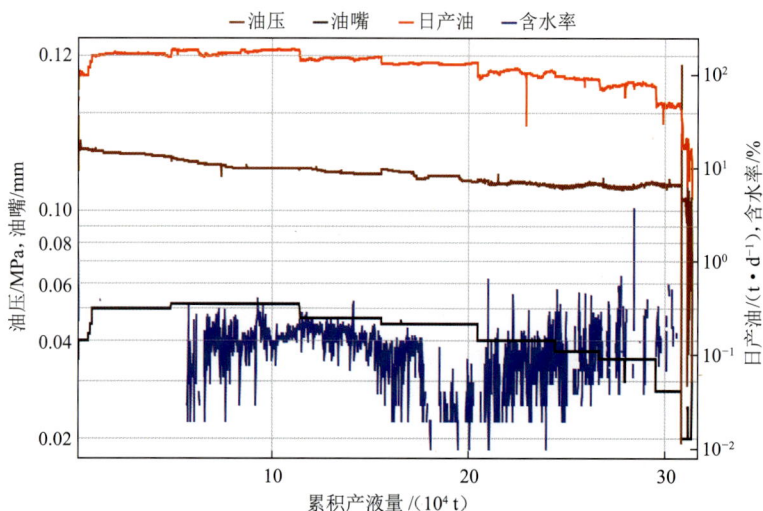

图 5-28　TP101 井对数坐标曲线图

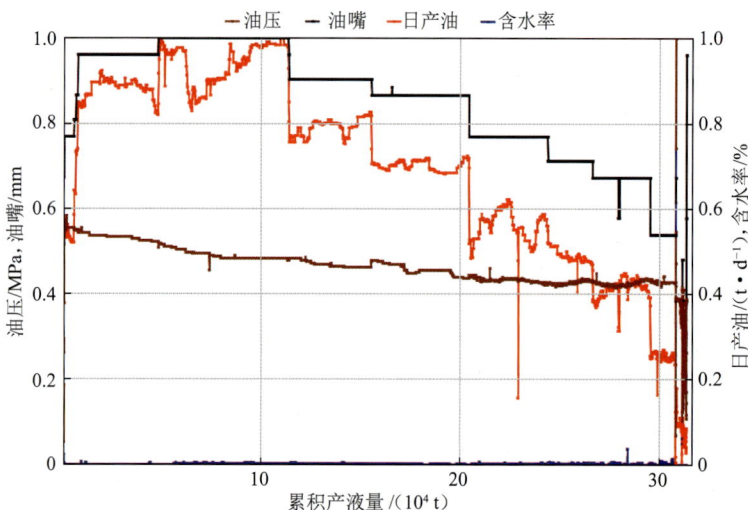

图 5-29　TP101 井数据无因次处理

5.4.2　单井多参数综合分析曲线

利用未见水油井生产指标（油压、流压、产油量、累积产油量、含水率、动液面、油嘴等）的变化，通过多参数综合分析曲线，分析油井当前见水风险；利用压力-累积产液量关系，进行单井能量状况分析。

1）曲线分析指标

曲线分析指标见表 5-8。

表 5-8　曲线分析指标

序　号	指　标	数据源	备　注
1	日产油（t/d）	油井日报	直接提取
2	日产液（t/d）	油井日报	直接提取
3	含水率（%）	油井日报	直接提取
4	油压（MPa）	油井日报	直接提取
5	套压（MPa）	油井日报	直接提取
6	流压（MPa）	流静压表	直接提取
7	静压（MPa）	流静压表	直接提取
8	流温（℃）	流静压表	直接提取
9	回压（MPa）	油井日报	直接提取
10	动液面（m）	动静液面表	直接提取
11	静液面（m）	动静液面表	直接提取
12	掺稀比（%）	油井日报	产液量/掺稀量
13	气油比（%）	油井日报	直接提取
14	油嘴（mm）	油井日报	直接提取

通过绘制以上 14 项指标与时间、累积产油量、累积产液量的综合关系曲线，分析油井当前的见水风险。

2）软件功能

（1）可分别绘制多参数综合分析曲线（图 5-30）和多参数开发曲线（图 5-31）。

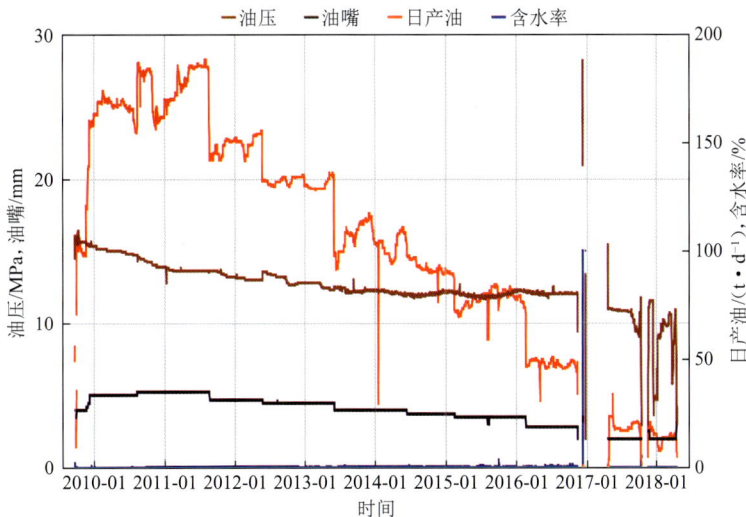

图 5-30　TP101 井多参数综合分析曲线

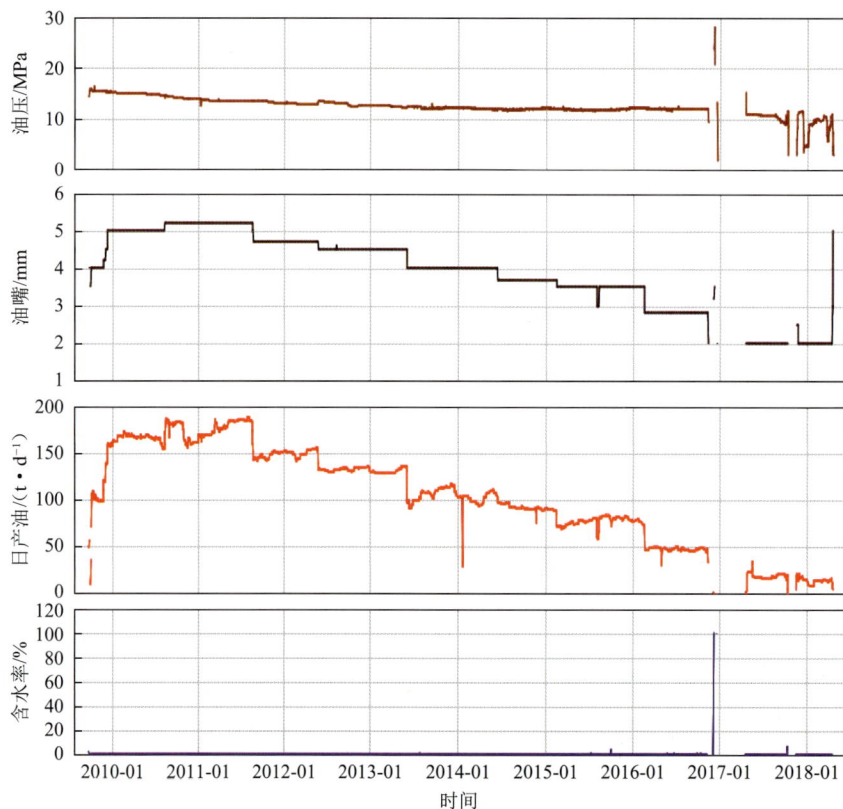

图 5-31　TP101 井多参数开发曲线

（2）横轴可以设置成时间、累积产油量或者累积产液量，且可进行切换。

（3）分析图主轴和次轴的指标可以由用户自己任意设定和组合。

（4）曲线坐标提供了直角和对数两种，可以对数据进行无因次化处理成图。

（5）图形提供编辑功能，Y 轴的最大和最小值范围可以设置（图 5-32），图形曲线颜色、曲线类型等均可以自由设置（图 5-33）。

图 5-32　图形属性设置

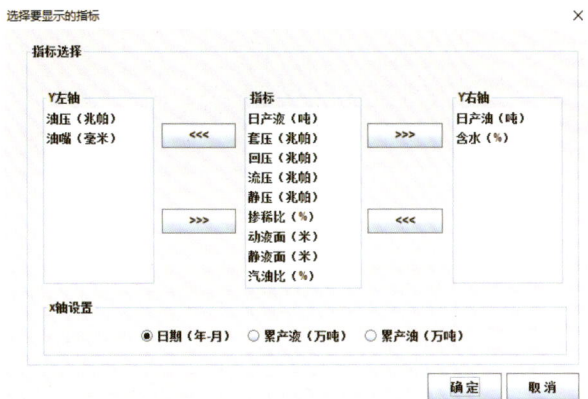

图 5-33 参数指标选择

（6）数据库缺少的数据，可以通过模版加载该井的本地数据成图。

（7）图形可无失真进行缩放，并导出图片。

（8）提供数据导出 Excel 下载。

3）多参数综合分析曲线类型

多参数综合分析便于准确划分油藏驱动阶段，为开发政策的制定提供有力依据。

（1）压力分析曲线。

利用油井油压、流压及累积产液量或时间曲线，分析油井能量状况及井筒流体组成。回归自喷流压变化趋势，计算油井压力分析曲线（图 5-34），用于反映油井能量的强弱，以及油压、流压是否协同变化，判断水体是否已到井底（图 5-34）。

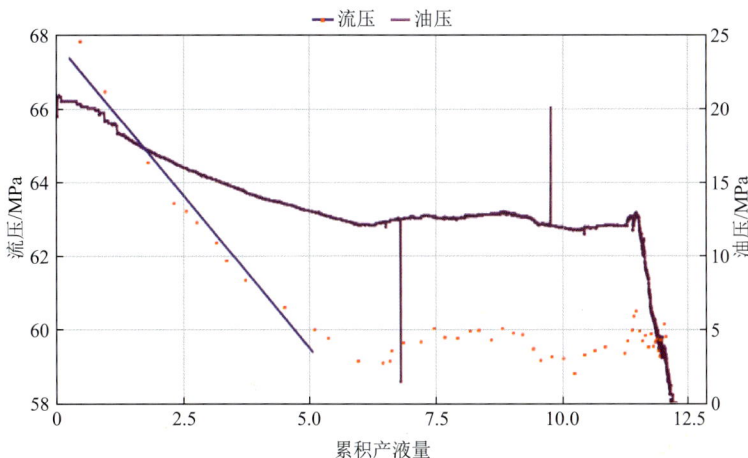

图 5-34 TP243CH 井压力分析曲线

由于单井流压点测试较少，所以系统采用了压力折算方法，按照掺稀、不掺稀、自喷、机械采油 4 种情况分别使用油压、套压及动液面数据折算为井底流压绘制单井能量曲线（图 5-35 和图 5-36）。

掺稀、自喷：

$$p_{流压} = p_{套压} + 0.9 \times \varphi \times 50 + (H - 5\,000) \times \frac{f_{w} \times 1.07 + \rho\varphi(1 - f_{w})}{10\,000} \tag{5-3}$$

掺稀、机械采油：

$$p_{流压} = p_{套压} + 0.9 \times \varphi \times \frac{H_{泵}}{100} + (H - H_{泵}) \times \frac{f_w \times 1.07 + \rho\varphi(1 - f_w)}{10\,000} \tag{5-4}$$

不掺稀、自喷：

$$p_{流压} = p_{油压} + (H + 30) \times \frac{f_w \times 1.07 + \rho\varphi(1 - f_w)}{10\,000} \tag{5-5}$$

不掺稀、机械采油：

$$p_{流压} = (H + 30 - H_{动}) \times \frac{f_w \times 1.07 + \rho\varphi(1 - f_w)}{10\,000} \tag{5-6}$$

式中 H——产层垂深，m；

$H_{泵}$——泵深，m；

$H_{动}$——动液面深度，m；

f_w——含水率，小数；

ρ——密度，kg/m³；

φ——调整系数。

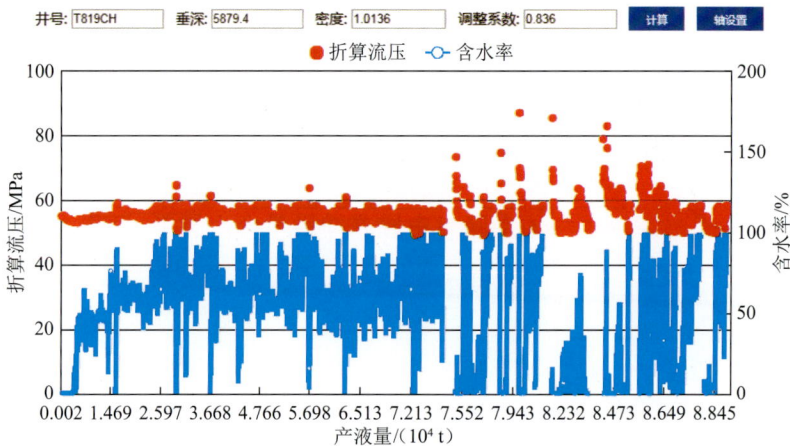

图 5-35   掺稀井能量分析曲线

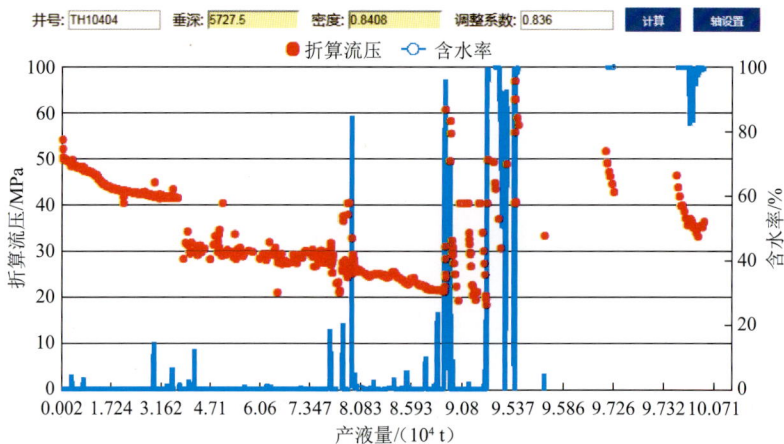

图 5-36   不掺稀井能量分析曲线

使用人员可以自行调整井的垂深、密度及调整系数,重新折算当前井的井底流压,折算数据可以下载导出成 Excel。

（2）万吨压降曲线。

建立三种万吨压降及累积产液量关系曲线（图 5-37）,辅助油井驱动阶段的划分。

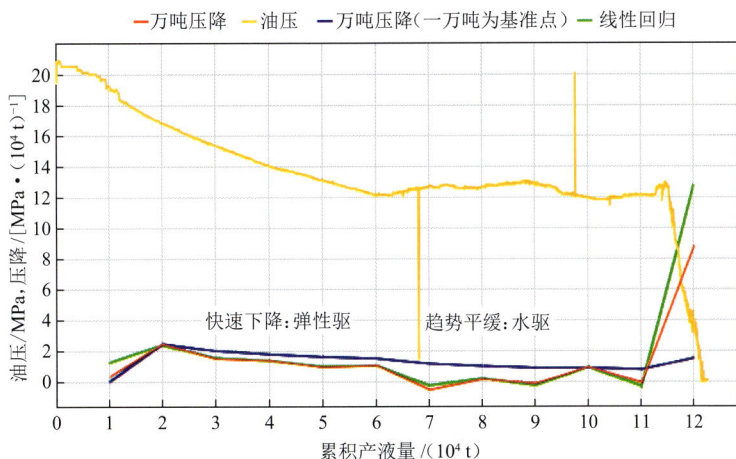

图 5-37　TP243CH 井单井万吨压降分析曲线

（3）注水指示曲线。

绘制注水量与压力关系曲线（图 5-38）,反映当前井的注水量与压力的变化趋势。

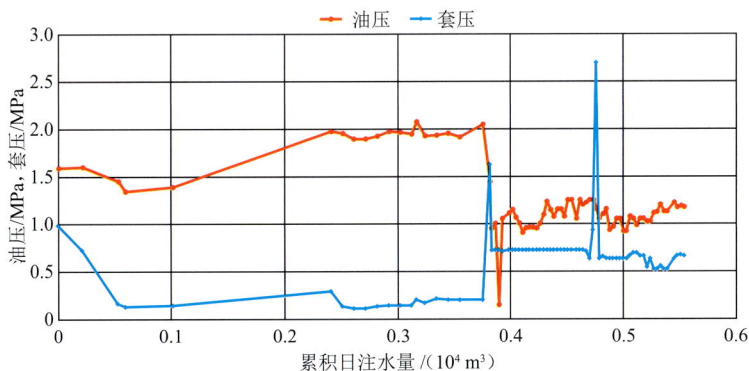

图 5-38　注水指示曲线

（4）流温曲线。

绘制油层中部温度与累积产液量的关系曲线（图 5-39）,分析单井温度变化趋势。

5.4.3　多井分析曲线

利用多口油井的生产指标进行综合分析,可以实现能量分级及连通性分析等辅助决策功能。

1）能量分级

利用不同地质背景油井的多井压力-累积产液量曲线（图 5-40）,研究地质背景与油井能量的对应关系,制定能量判断标准,实现能量定量分级。

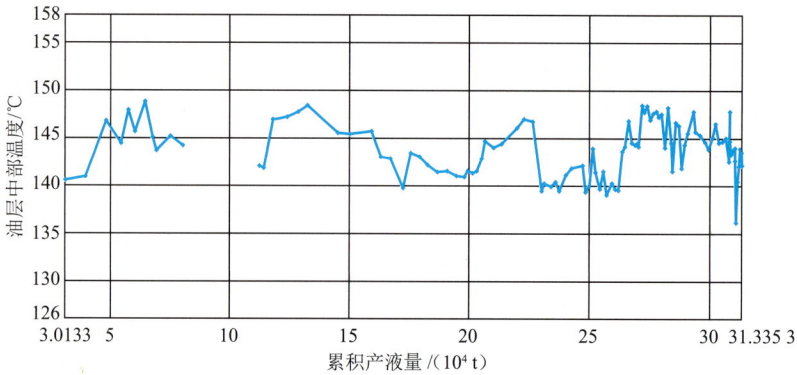

图 5-39　TP101 井流温分析曲线

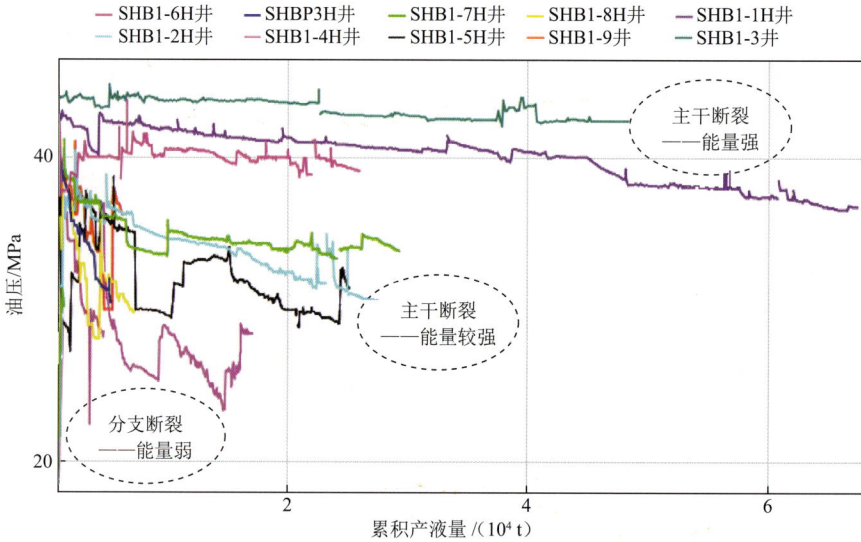

图 5-40　多井压力-累积产液量曲线

2）连通性分析

通过对油井生产指标的相似度、一致性进行对比分析，可实现井组连通性判定（图 5-41）。

图 5-41　多井油井生产指标对比分析图

5.5　见水时间定量预测模块

在前述见水时间主控影响因素分析的基础上,确定见水时间的主控影响因素为储集体类型、地质储量、底水发育程度和能量水平等 10 个。结合见水定量预测方法,建立油井见水时间自动定量预测模块。

1) 所有高产井见水时间自动定量预测模块

系统自动从基础参数库中提取未见水高产井的静态信息,从生产数据库中提取动态生产数据,通过各区块多元回归和神经网络模型,对区内未见水井的见水时间进行预测,生成日度刷新的报表(图 5-42)。

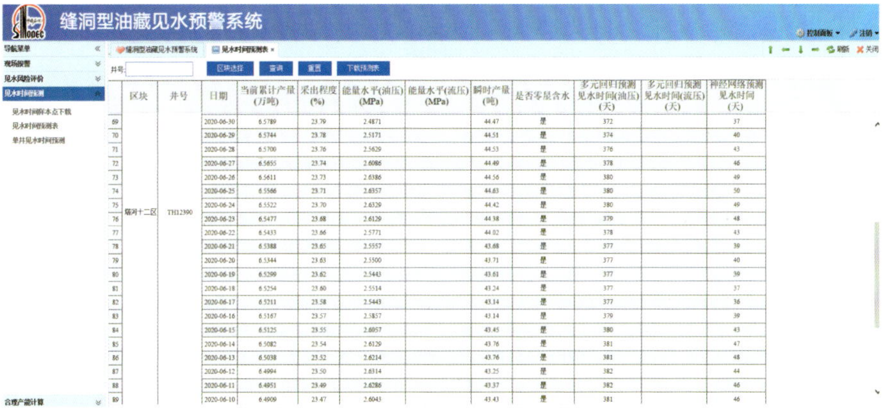

图 5-42　高产井见水时间预测表

同时,系统提供了见水时间预测样本数据的下载,对于参数选择需要修改或者不适合参考的样本,可在基础参数库中进行修改或者勾选(图 5-43)。

图 5-43　高产井见水时间预测样数据表

2) 单井见水时间预测模块

为了分析单井见水时间预测的具体取值,以及试算不同生产制度下油井见水时间,系统提供了单井见水时间预测计算模块(图 5-44),输入井号就可以自动提取该井的静态基础信息和动态生产信息,并允许对参数进行变更,通过多元回归和神经网络两种方法预测油井见水时间。

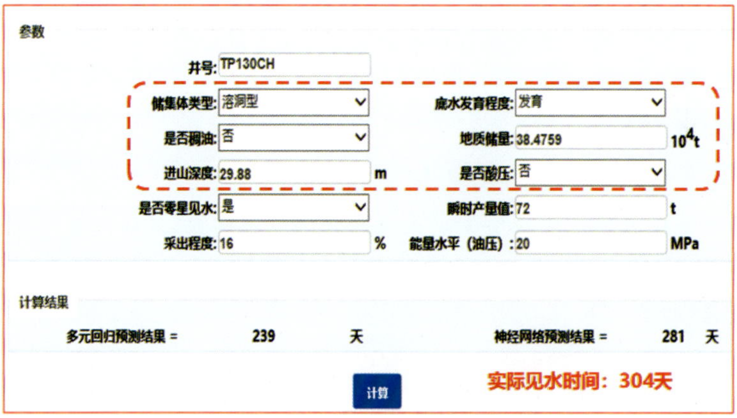

图 5-44　单井见水时间预测模块

第 6 章
缝洞型油藏高产井见水预警技术现场应用

6.1 高产井见水预警应用实例

由于储集体的发育成因和规模不同,塔河油田缝洞型岩溶背景可分为风化壳、古暗河、断溶体三种。不同岩溶背景的油井见水时的生产特征差别大,预警参数敏感度不一。本章通过实例介绍了见水预警技术在不同储集层类型的油井中的应用。根据油井见水时间预警结果,实施差异化的管控措施,有效延缓了油井见水时间,提高了无水采油期的累积产油量,矿场实施效果显著。

6.1.1 风化壳岩溶背景预警实例——TK509X 井

1) 储层特征

TK509X 井位于塔河油田风化壳岩溶发育区,储层发育主要受控于岩溶及断裂发育程度,其中局部残丘及斜坡是岩溶作用较强的区域,断裂附近是裂缝发育和溶洞发育概率较大的区域(图 6-1)。

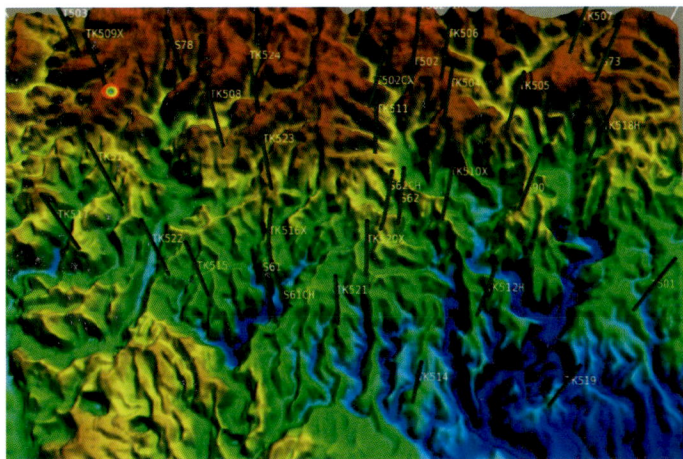

图 6-1 TK509X 井构造位置

从地震资料来看,TK509X 井区振幅变化率较大区域与地震强反射相对应,缝洞较为发育;相干值较弱,表明断裂、裂缝较为发育。TK509X 井储层发育,与底水沟通较好。

TK509X 井区奥陶系地层断层及裂缝系统分布如图 6-2 所示。

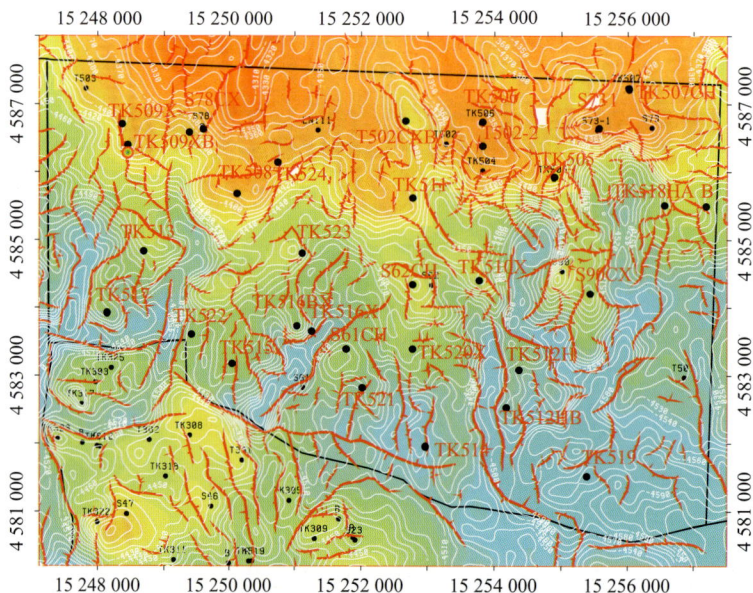

图 6-2　TK509X 井区断层及裂缝系统分布图

TK509X 井于 2011 年 4 月 3 日酸压完井,投产初期以 3 mm 油嘴生产,油压 21.1 MPa,日产油 48.4 t/d,含水率 2.2%。30 ℃原油密度为 0.892 9 g/cm³,30 ℃原油黏度为 33 mPa·s。

该井投产后一直零星含水,含水率在 0.5%～2.2%之间波动,结合储层发育情况,认为井周发育的小裂缝成为底水与产层段的连通通道,生产中如果不做好见水预警分析和管控工作,则很可能暴性水淹,很快停喷,甚至停产。

2)主要预警参数

TK509X 井在生产中对井底流压和原油含盐量比较敏感,因此选择这两个参数对该井进行见水预警分析预测。

(1)井底流压。

该井自 2012 年下半年起,在工作制度不变的情况下,井底流压呈上升趋势,分析认为井底能量上升,底水水侵速度加快,见水风险较大,应当及时采取管控措施(图 6-3)。

(2)原油含盐量。

原油含盐量是该井预警分析中应用的另一个敏感参数,可以解决无测压资料不能进行预警分析的问题。TK509X 井在 2014 年后未能取得流压监测资料,因此采用另一个见水敏感参数——原油含盐量的监测来进行预警分析。

从原油含盐量变化趋势(图 6-4)来看,TK509X 井在 2017 年 1 月后含盐量急剧上升,虽然监测到了预警信号,但因油井工作制度已经很小,无调整余地,因此未进行工作制度调整。该井于 2017 年 7 月 28 日含水率突升到 16.4%,油井见水。

由此可见,井底流压和原油含盐量准确预测了 TK509X 井见水,为油井采取管控措施留出了时间窗口。

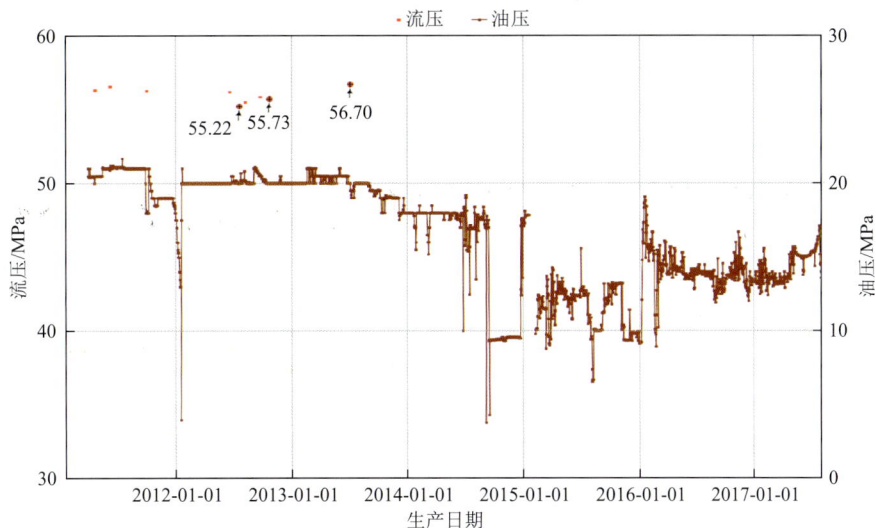

图 6-3　TK509X 井流压变化趋势

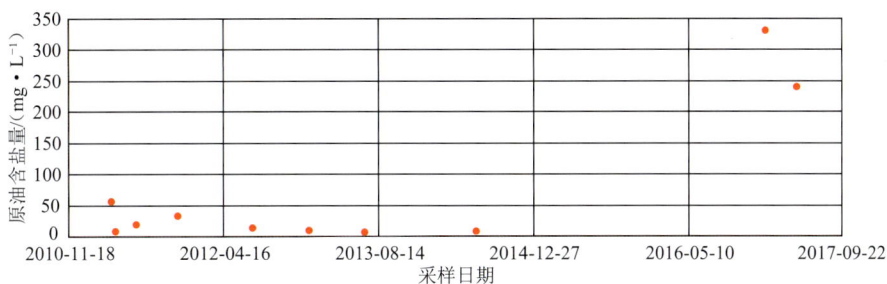

图 6-4　TK509X 井原油含盐量变化趋势

3）管控措施及效果

针对 2012 年 8 月该井流压异常信号，应用定量预警软件进行计算，结果表明，若该井未采取管控措施，仍以 3 mm 油嘴继续生产，则底水突破时间为 126 d。

根据预警参数监测和分析结果，该井于 2012 年 9 月进行缩嘴管控，油井工作制度由 3 mm 缩小至 2.5 mm，油压由 20 MPa 升至 20.5 MPa，日产液由 51.4 t/d 降至 38.2 t/d，含水率由零星含水 1.1%～2.4% 降至 1% 以下，使油井保持长期稳产，油井以 30 t/d 的产能生产了 6 年半（图 6-5）。

根据 TK509X 井储层发育情况，对其采取了早期管控政策，以 3 mm 油嘴投产，长期以 2.5 mm 油嘴生产，预警分析中见水征兆刚出现就采取措施，避免了油井暴性水淹，保证了油井长期稳产，提高了单井累积产油量，达到了高效开发的目的。经过及时有力的管控，该井自喷期长达 2 358 d，截至 2019 年 12 月底仍保有日产油 20 t/d 的产能，累积产油量高达 8.70×10^4 t。

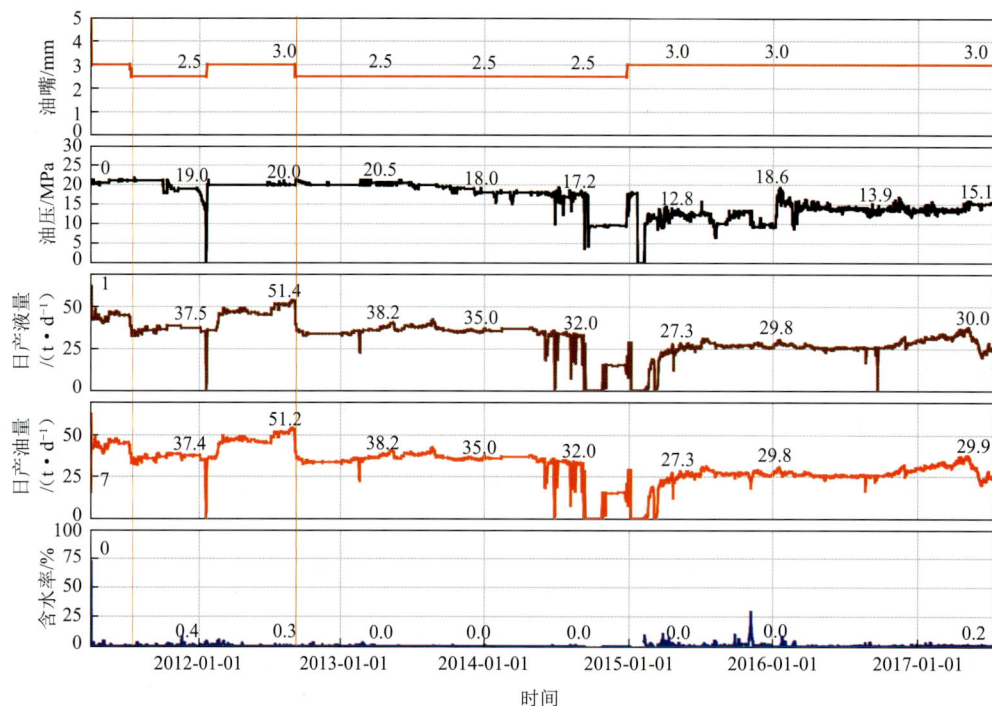

图 6-5　TK509X 井管控措施

6.1.2　古暗河岩溶背景预警实例——TK427 井

1) 储层特征

TK427 井揭开了奥陶系中—下统鹰山组,厚 181.6 m,纵向上发育 3 套储层,表层连续性差,第二层暗河在奥陶系顶面以下 150～200 m。产液结果显示,主要产液段为奥陶系顶面之下 166～181 m,说明古暗河为该井主力产层(图 6-6)。

TK427 井于 2000 年 6 月 25 日以 8 mm 油嘴自然投产,初期油压 11.8 MPa,日产油 353 t/d。由于储集体规模大,油井投产后产能高、能量足,最高日产油达到 601 t/d,即使到了生产末期,油压也一直保持在 10 MPa 以上,这意味着该井水体倍数大,一旦见水,很可能会暴性水淹,因此在生产中应严加预警分析和管控(图 6-7)。

2) 主要预警参数

对于能量充足的缝洞型油井,油井见水时对井底流压、井底流温和原油含盐量更为敏感,因此 TK427 井主要选择井底流压、井底流温和原油含盐量 3 个敏感性参数进行见水预警分析。

(1) 井底流压。

从 TK427 井井底流压-累积产液量关系曲线(图 6-8)来看,井底流压出现了 3 次明显的上升趋势,每次流压出现异常时都伴随着油井含水率波动,表明底水逐步侵入到井底。第一次为 2001 年 10 月 18 日—2001 年 12 月 10 日,井底流压由 58.2 MPa 升至 58.25 MPa,

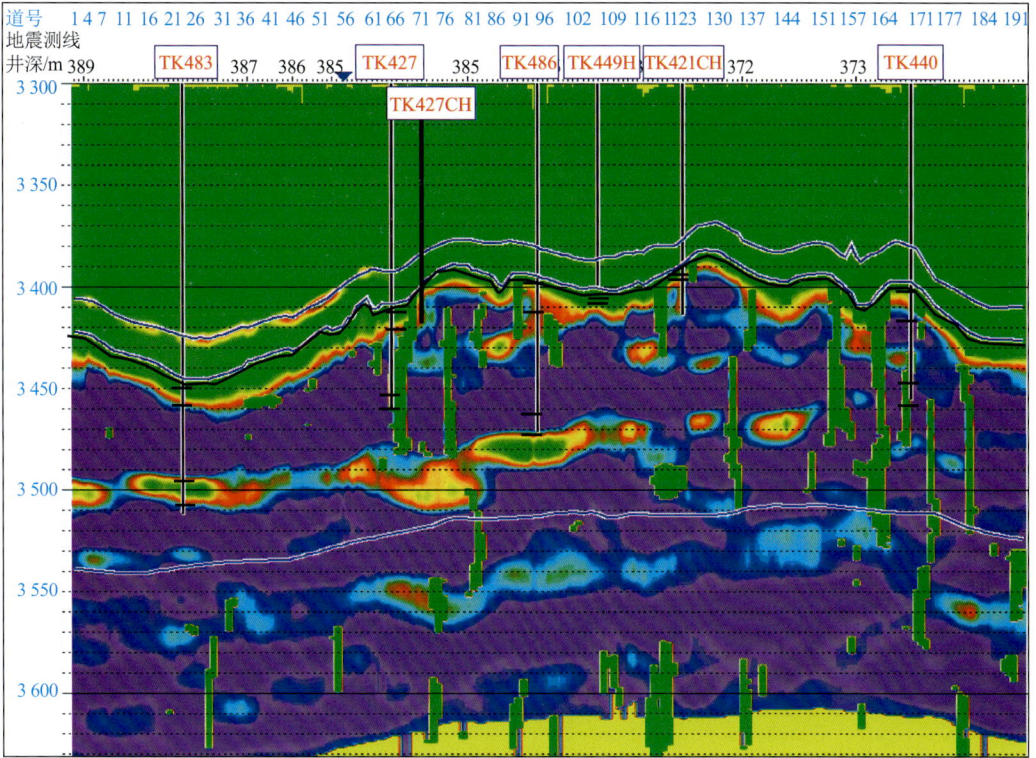

图 6-6 TK427 井储集体（古暗河）结构示意图

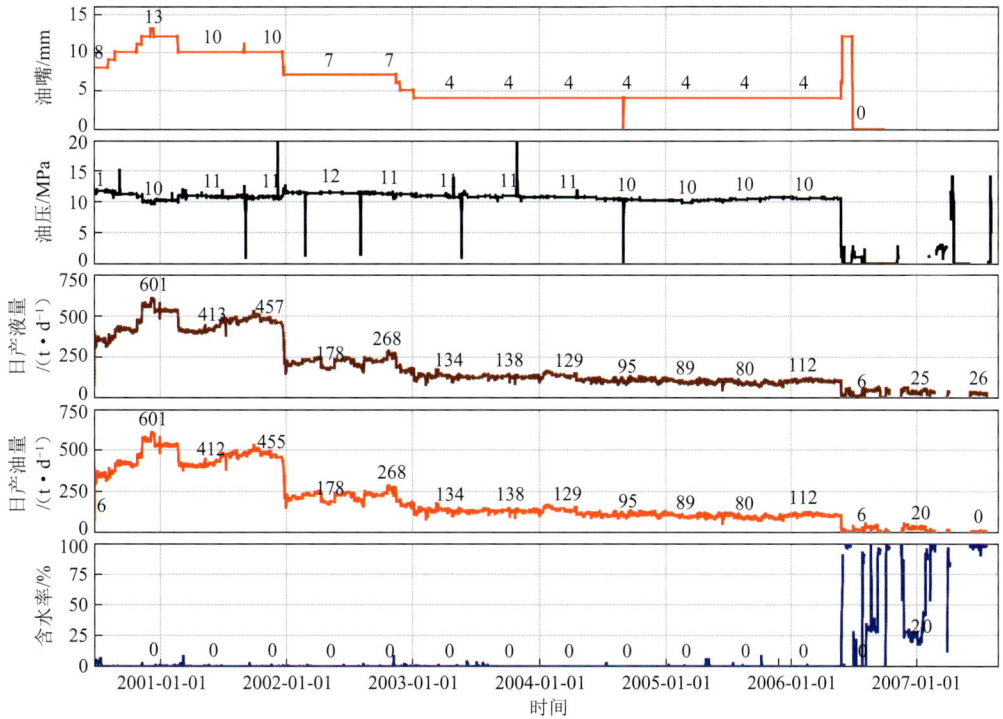

图 6-7 TK427 井生产动态曲线

油井零星含水变为连续含水,见水特征明显;第二次为 2002 年 6 月 24 日—2002 年 8 月 16 日,井底流压由 58.04 MPa 升至 58.19 MPa,零星含水由 0.1％升至 1.3％,最高为 7.5％,说明底水侵入速度增加,油井水淹风险加大;第三次为 2005 年 6 月 18 日—2006 年 2 月 20 日,井底流压由 56.87 MPa 升至 58.21 MPa,井底流压上升幅度为 1.34 MPa,说明大规模的底水已经窜至井底,油井很快就要水淹。实际生产中表现为该井于 2006 年 5 月 27 日含水率由 0％突升至 22.5％,2006 年 6 月 9 日升至 99％,油井暴性水淹。

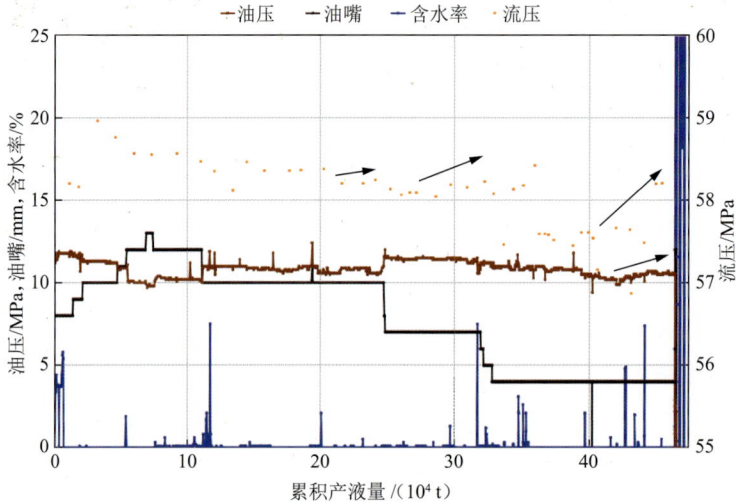

图 6-8　TK427 井井底流压-累积产液关系曲线

对于能量充足的古暗河型储集体的油井,井底流压波动上升与油井含水率对应关系良好,因此井底流压是该类油井预警分析的主要参数。

（2）井底流温。

井底流温是 TK427 井预警分析工作中的另一个敏感参数。通常底水油藏油井投产后,随着供液深度的不断下移,井底流温随之升高;当底水侵入后,井底流温也会升高。两者相比,由于原油和地层水的比热容的差异,当底水侵入时温度上升速度更快。

TK427 井在累积产液量 41.97×10^4 t 之前,井底流温上升速度较缓慢,平均井底流温上升速度为 0.089 ℃/(10^4 t);在累积产液量超过 41.97×10^4 t 后,井底流温上升速度加快至 0.31 ℃/(10^4 t)。该井在 2006 年 5 月 27 日累积产液量达到 46.31×10^4 t 时暴性水淹（图 6-9）。可见,井底流温对于暗河型储集体的油井见水比较敏感。

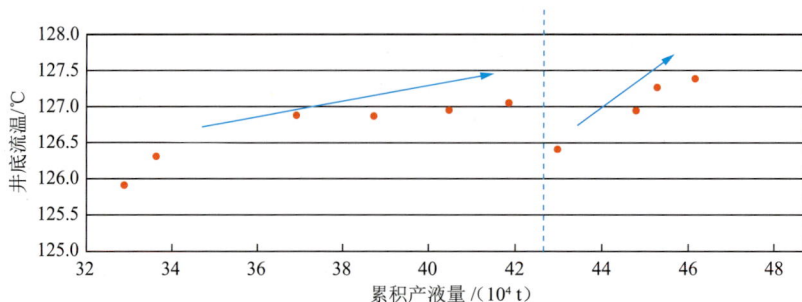

图 6-9　TK427 井井底流温-累积产液量关系曲线

（3）原油含盐量。

原油含盐量是 TK427 井预警分析工作中的另一个重要参数，可以代表原油中水分的多少。与投产初期原油含盐量相比，原油含盐量在 2004 年 5 月 10 日前变化不大；此后原油含盐量一直呈上升趋势，说明产出液中水分越来越多，底水侵入速度逐渐增大，底水逐步侵入井底（图 6-10）。该井含盐量上升时的日期距油井见水的时间为 747 d，时间间隔较远，对油井见水预判有一定的参考价值。

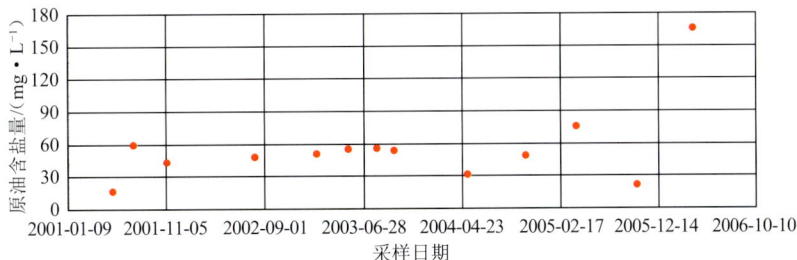

图 6-10　TK427 井原油含盐量变化

（4）零星含水。

TK427 井投产后一直零星含水，对油井见水预警分析来说，该参数见水敏感性较弱，因此该井见水预警分析中未采用零星含水这个参数。

3）管控措施及效果

针对 TK427 井见水预警分析的 3 次风险，该井进行了及时的管控（图 6-11）。第一次在 2001 年 3 月，油嘴由 12 mm 缩至 10 mm，日产液由 601 t/d 降至 457 t/d，含水率由 3% 降至 0%；第二次在 2001 年 12 月，油嘴由 10 mm 缩至 7 mm，日产液由 457 t/d 降至 178 t/d，含水率由 0.5% 降至 0%；第三次在 2002 年 10 月，油嘴缩至 4 mm，日产液由 268 t/d 降至 134 t/d，含水率由 5% 降至 0%。

针对该井生产过程中的 3 次见水风险信号，应用所研制的预警软件对该井 3 次见水风险进行了预测。结果表明，若该井未采取管控措施，油井在第一次流压异常时将于 48 d 左右即水淹，经过第一次缩嘴管控之后（油嘴由 12 mm 缩至 10 mm），阶段无水采油期延长了 150 余天；该井以新工作制度生产 200 余天后，捕捉到第二次见水风险信号，计算表明，若仍以目前工作制度生产，底水将于 68 d 后突破，遂采取第二次管控措施（油嘴由 10 mm 缩至 7 mm），无水采油期延长 240 余天；该井出现第三次明显见水风险信号后，流压上升幅度为 1.34 MPa，井底流温随之升高，深部大规模的底水已经窜至井底，继续生产 1 100 余天后，含水率突升至 99%。可以看出，在油井见水预警技术的指导下，对该井实行的 3 次缩嘴管控均起到了压制水锥、保持油井稳产的效果。该井自 2012 年 10 月以后一直保持 4 mm 油嘴生产，油压为 10~11 MPa，日产液稳定在 80~138 t/d 之间。截至 2006 年 6 月停产时，自喷期长达 7.1 a，最终累积产液量 47.23×10^4 t，累积产油量 46.64×10^4 t，成为塔河油田古暗河油藏高产井的典型代表。

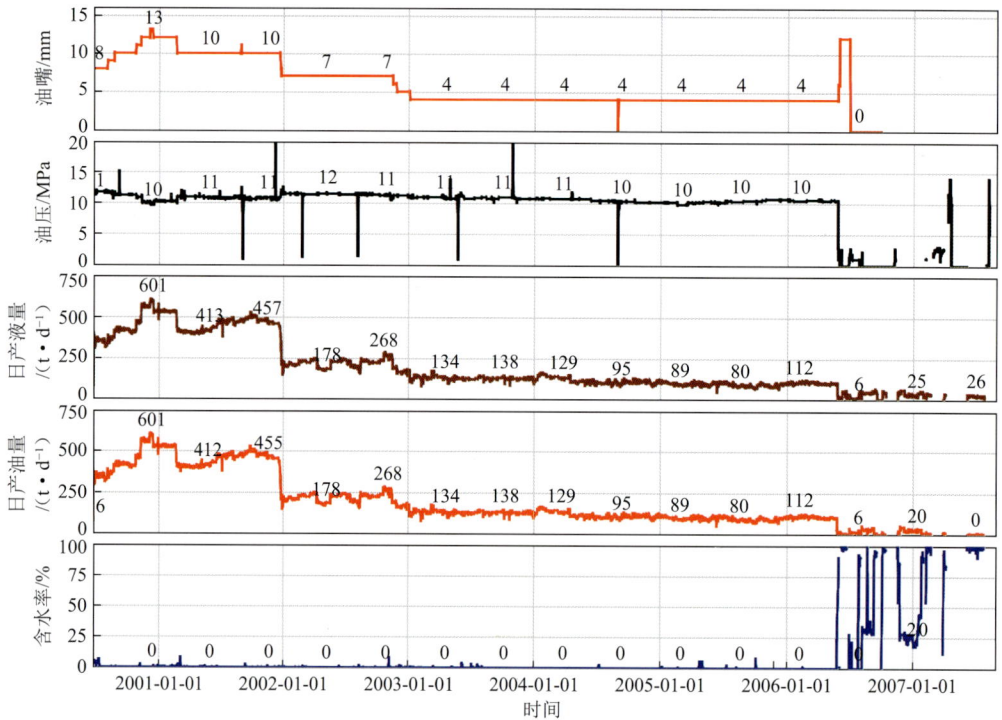

图 6-11　TK427 井管控措施

6.1.3　断溶体岩溶背景预警实例——YJ3-5H 井

1）储层特征

YJ3-5H 井为典型的断溶体油藏油井,储集体发育程度受断裂控制,沿主干断裂方向储集体展布范围大,垂直主干断裂方向储集体展布范围较小,且井筒附近发育通源断裂。YJ3-5H 井张量＋蚂蚁体叠合图如图 6-12 所示,地震剖面如图 6-13 所示。

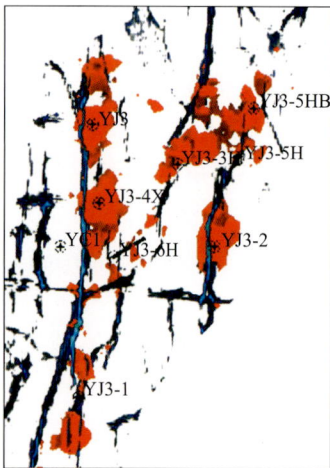

图 6-12　YJ3-5H 井张量+蚂蚁体叠合图

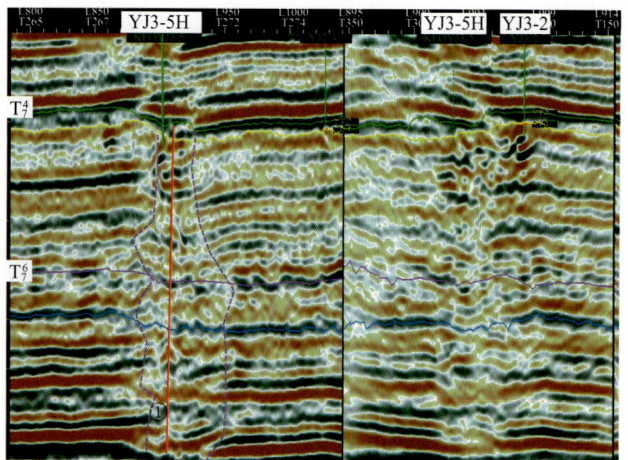

图 6-13　YJ3-5H 井地震剖面

YJ3-5H 井实钻揭开奥陶系中统一间房组,厚 90.85 mm,其中靠近水平段趾端附近 7 406.5~7 412 m(7 258.5~7 258.7 m)发育裂缝溶孔-孔洞型储层,为该井储层最发育段。

YJ3-5H 井生产曲线如图 6-14 所示。

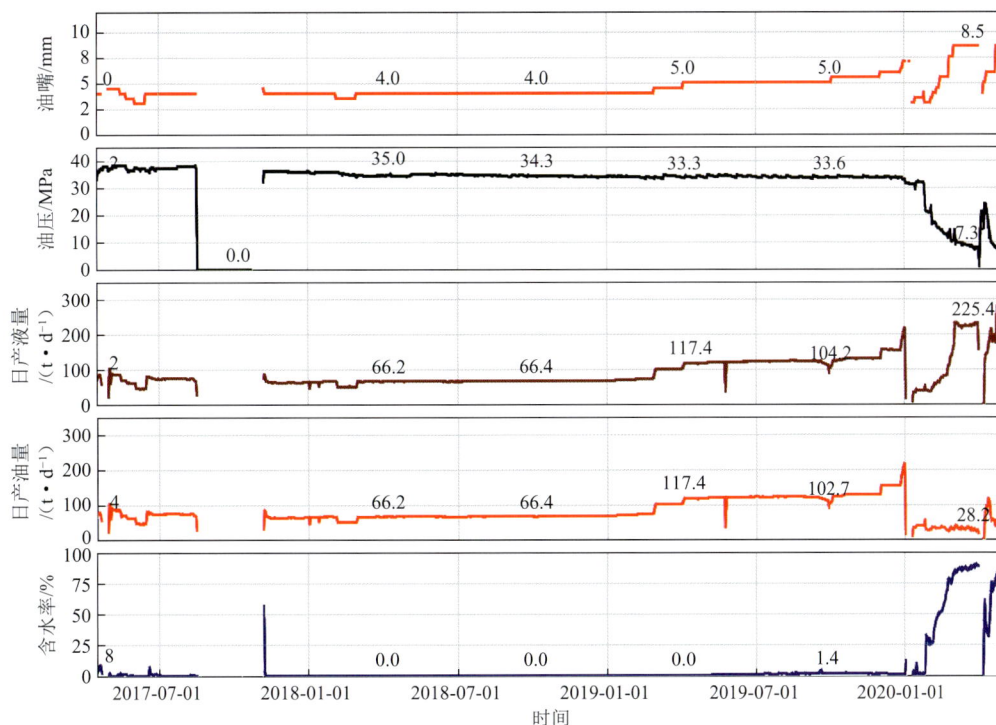

图 6-14　YJ3-5H 井生产曲线

YJ3-5 井于 2017 年 4 月 16 日酸压完井投产,初期以 4.5 mm 油嘴生产,油压 38 MPa,日产油 88.6 t/d,不含水。该井原油密度 0.795 5 g/cm³,原油黏度 2.5 mPa·s,属于稀油油藏,投产后表现出地层能量充足的生产特征。在见水预警分析工作中,压力参数可能对油井见水更为敏感,因此对本井就油压、井底流压、压力导数等压力系列的敏感参数进行重点分析。

2）主要预警参数

对于能量充足的断溶体稀油油藏,油井见水时压力参数更为敏感,因此 YJ3-5H 井选择井口油压、井底流压、流压梯度和流温 4 个敏感参数进行见水预警分析。

（1）井口油压。

对油井来说,一般情况下放大油嘴后,井口油压会呈现下降的趋势。如果井底驱动能量发生变化,则井口油压可能会呈现略微上升的趋势。YJ3-5H 井在生产中就遇到了这种情况。该井在 2019 年 12 月 3 日调大至 6 mm 油嘴生产后,油压呈现小幅度升高,由 33.57 MPa 上升到 33.66 MPa,此后油压在 33.18~33.66 MPa 之间保持了 22 d,12 月 25 日起油压转为下降趋势(由 33.66 MPa 降至 33.45 MPa),该井见水风险增大(图 6-15)。实际生产中,该井于 2020 年 1 月 3 日含水率升至 11.2%,底水突破到井底。

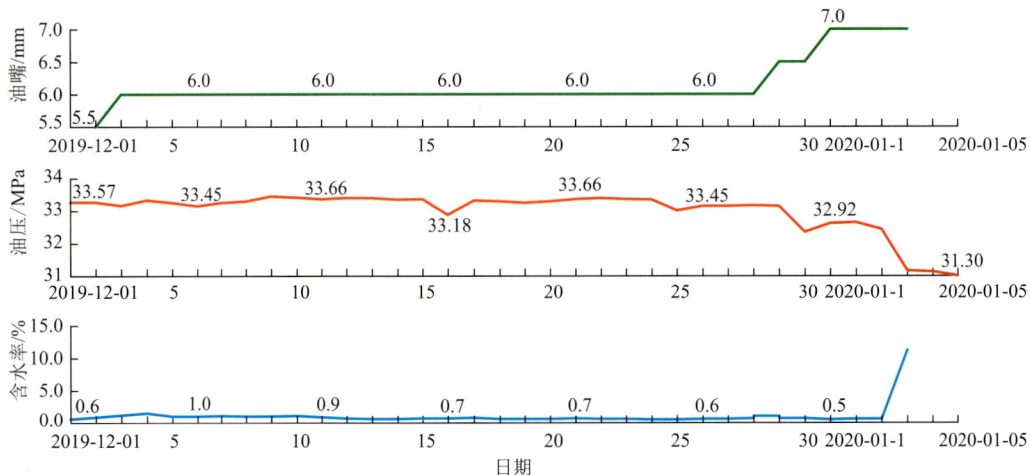

图 6-15　YJ3-5H 井见水前后油压变化特征

由此可见,井口油压对于预测 YJ3-5H 井的见水十分灵敏,也可应用于类似油井的见水预警分析。

（2）井底流压及流压梯度。

井底流压和流压梯度是 YJ3-5H 井见水预警的另一个重要参数。YJ3-5H 井在累积产液量 $7.8×10^4$ t 之前井底流压和流压梯度呈现稳定的变化趋势(图 6-16),井底流压稳定在 76.92～77.14 MPa 之间,流压梯度稳定在 0.58 MPa/(100 m)。当 2019 年 10 月 21 日累积产液量达到 $7.57×10^4$ t 之后,井底流压突然下降至 76.75 MPa,流压梯度上升至 0.83 MPa/(100 m),分析认为该井接近见水。实际生产中,该井于 2019 年 6 月见水。

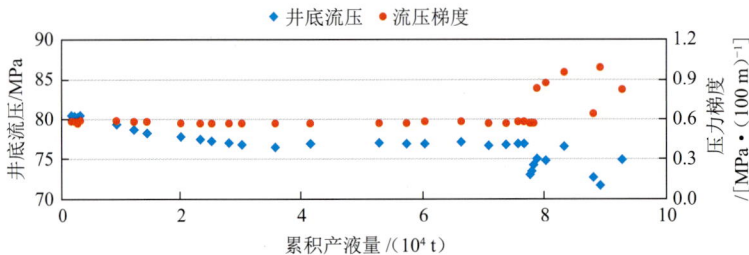

图 6-16　YJ3-5H 井井底流压、流压梯度与累积产液量关系曲线

（3）流压导数。

井底流压导数是 YJ3-5H 井见水预警分析中的另一个敏感参数。油井投产后,井底流压导数与井底流压的变化趋势(图 6-17)一致,当 2019 年 10 月 17 日累积产液量达到 $7.06×10^4$ t 之后,井底流压导数略升至 0.86 MPa/(10^4 t),此后流压导数波动范围增大至 25.31～36 MPa/(10^4 t),说明井底油水流动博弈剧烈,分析认为该井接近见水。实际生产中,该井于 2020 年 1 月 3 日见水。

在断溶体稀油油井见水预警中,流压导数比井底流压、井口油压更早出现异常点,更能提前预见到底水的锥进。因此,三个压力参数出现异常点的顺序首选为流压导数,其次为井底流压及压力梯度,最后为井口油压。对有测压资料的油井采用井底流压导数进行见水

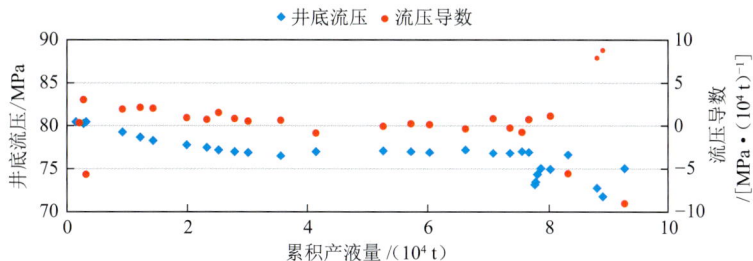

图 6-17　YJ3-5H 井井底流压、流压导数与累积产液量关系曲线

预警分析,能为油井管控留出更长的窗口期,以便及早采取措施,提高高产井控水效果。

（4）流温、流温梯度和流温导数。

油井投产后,由于地层深部的流体不断流向井底,井底流温逐渐升高;当底水逐步侵入井底时,因油藏至井底的流体发生了变化,地层水的比热容高于地层原油的比热容,导致井底流温上升速度加快,但流温梯度呈下降趋势（图 6-18）。

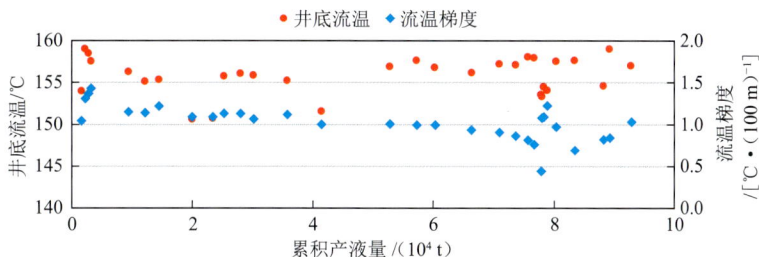

图 6-18　YJ3-5H 井井底流温、流温梯度与累积产液量关系曲线

YJ3-5H 井井底流温、流温导数与累积产液量关系曲线如图 6-19 所示。在 2018 年 6 月 29 日 YJ3-5H 井累积产液量达到 2.32×10^4 t 后,井底流温呈缓慢上升趋势,上升速度为 0.57 ℃/$(10^4$ t),流温梯度较为稳定,波动范围在 $1.13 \sim 1.14$ ℃/(100 m);在 2019 年 8 月 13 日累积产液量达到 6.64×10^4 t 以后,YJ3-5H 井井底流温上升速度加快,达 1.73 ℃/$(10^4$ t),同时流温梯度呈下降趋势,降至 $0.77 \sim 0.95$ ℃/(100 m)。在油井见水后,流温及流温梯度均呈大幅度跳跃,这是因为井底含水波动较大,油、水比热容的差异导致这两个参数剧烈跳动。

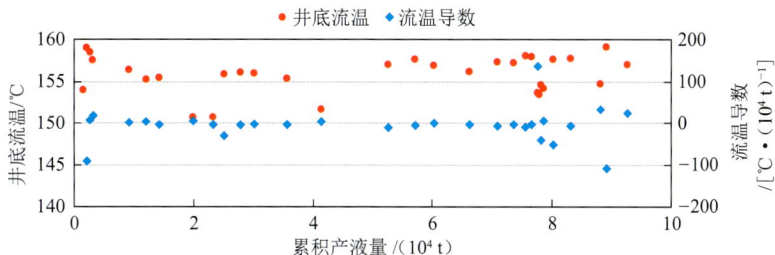

图 6-19　YJ3-5H 井井底流温、流温导数与累积产液量关系曲线

流温导数在油井见水时也表现出了一定的异常幅度。YJ3-5H 井投产后,流温导数稳定保持在 $-4.7 \sim 6.24$ ℃/$(10^4$ t)左右,当油井在 2019 年 10 月 28 日累积产液量达到 7.67×10^4 t 后,流温导数上升至 140 ℃/$(10^4$ t),此后在 $27 \sim 615$ ℃/$(10^4$ t)之间跳跃。由此可见,

流温导数也表现出了油井见水出现异常点的见水敏感参数特征。

与井底流温、流温梯度相比,流温导数预测的见水异常点出现的时间晚了 76 d,说明井底流温、流温梯度在对该井见水预测中表现得更优。

3)管控措施及效果

针对该井生产过程中的见水风险信号,以流压、流温、井口油压作为输入参数,应用预警软件对该井的见水时间进行定量预测。预测结果表明,在该井出现第一次风险信号时,若未采取管控措施,油井将在 7 d 后见水。YJ3-5H 井在 2020 年 1 月 3 日见水后进行了两次缩嘴控水和一次排水采油的管控措施(图 6-20)。首先在 2020 年 1 月 4 日至 11 日进行关井压锥,开井后控液生产。然后在 2020 年 1 月 12 日以 3 mm 油嘴开井,日产液由关井前的 214 t/d 降至 41 t/d,日产油降至 40 t/d,但未能控制含水率快速上升。2019 年 11 月 29 日含水率升至 32.1%,于是进行第二次缩嘴管控,将油嘴缩至 3 mm,日产液降至 38 t/d,日产油为 27.2 t/d,含水率为 26.5%,暂时减缓了含水上升速度。

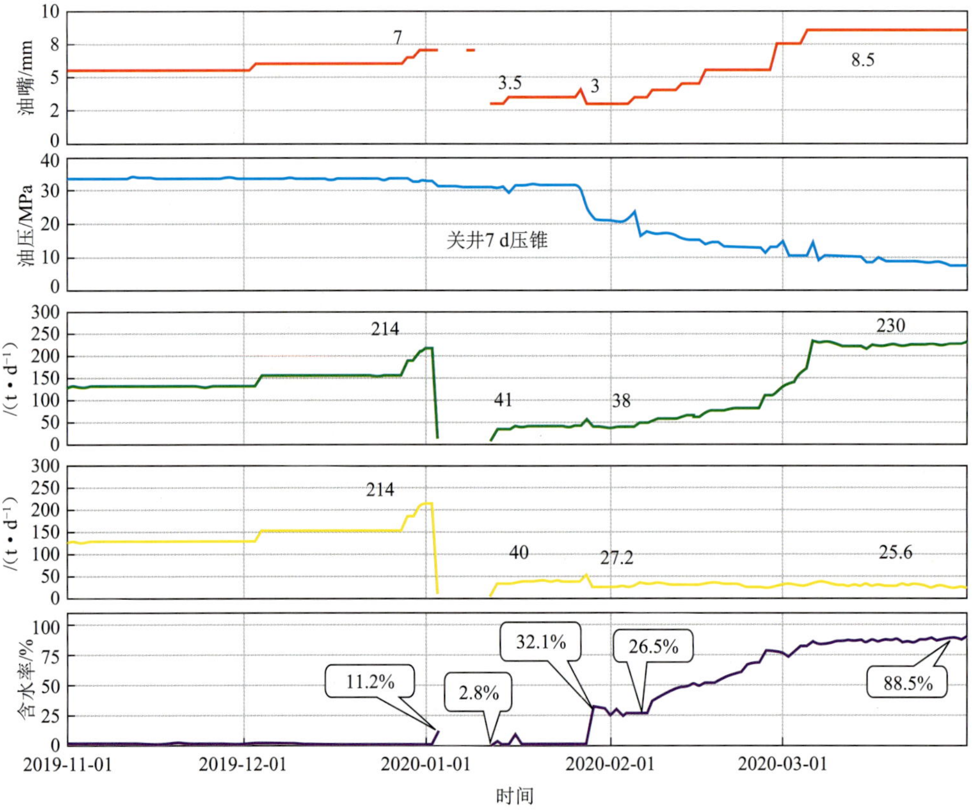

图 6-20 YJ3-5H 井见水后油井管控措施

之后进行第三次管控,逐级放大油嘴排水采油。最终油嘴调整至 8.5 mm,日产液上升至 230 t/d,日产油为 25.6 t/d,含水率为 88.5%。第三次放嘴排水加快了底水水侵速度,抵消了前两次缩嘴控液的效果,导致油井快速水淹。截至 2019 年 12 月底该井关井,关井前日产液 177 t/d,日产油 15 /d,含水率为 91.5%,累积产液量 9.52×10^4 t,累积产油量 8.23×10^4 t,见水后累积产油量仅为 0.47×10^4 t。

由此可见,底水能量充足的断溶体油井见水后的管控应以缩嘴控液为主,且控液幅度要大、控液时间要早,这样才有可能控制好这类油井的快速水淹风险。

6.1.4　断溶体岩溶背景预警实例——TH10423X 井

1) 储层特征

TH10423X 井为典型的断溶体油藏,井区位于覆盖区,发育有区内规模最大的北东向深大断裂,深大断裂断距、断开层位都较深,其与一间房组顶部的构造陡变带相配合,断裂控储、控油作用显著,沿断裂方向形成了断溶体空间规模大、油气富集程度高的断溶体油藏(图 6-21 和图 6-22)。

TH10423X 井于 2006 年 11 月 15 日以 4 mm 油嘴投产,初期油压 14.9 MPa,日产液 117.4 t/d,日产油 117.4 t/d,不含水。30 ℃原油密度为 0.973 4 g/cm³,50 ℃原油黏度为 898 mPa·s,属于稠油油藏。

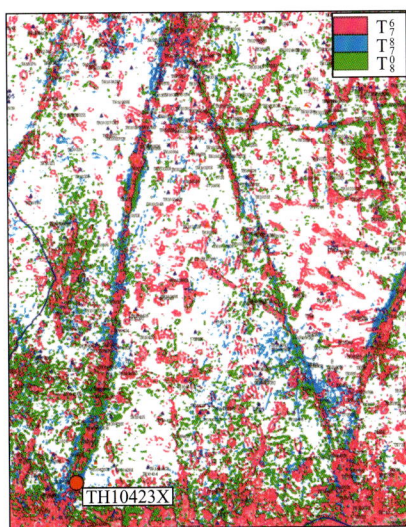

图 6-21　TH10423X 井区断裂分布

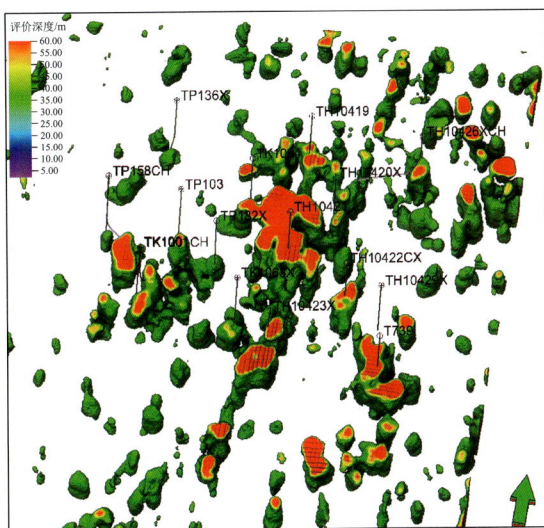

图 6-22　TH10423X 井区 T_7^4 顶面下 0~180 m 模型

鉴于断溶体油藏的储集体发育特征和开发特点,与底水沟通通道为较单一的断裂,油井见水后容易暴性水淹,见水预警中一般结合油井驱动阶段划分,判断底水侵入阶段,合理调整油井工作制度。

2) 主要预警参数

由于稠油井无法取得井底压力资料,因此一般采用井口油压、油压导数和原油含盐量进行油井见水预警。TH10423X 井预警时采用的敏感参数为井口油压、油压导数及原油含盐量。

（1）井口油压、油压导数。

从 TH10423X 井油压-累积产液量关系曲线和油压导数-累积产液量关系曲线(图 6-23)来看,该井经历了弹性驱阶段、弹性驱+水驱阶段、完全水驱阶段,目前处于底水突破阶段。根据各个驱动阶段的见水风险存在的差别来预判底水侵入状态,从而达到油井见水预警的目的。

弹性驱阶段(2006 年 11 月—2008 年 10 月):本阶段初期 8 个月内油压稳定在 15.3 MPa，此后呈直线下降趋势，油压下降速度为 3.15 MPa/(10^4 t)，油压导数稍有波动，波动范围在 $-20\sim32$ MPa/(10^4 t)之间。此阶段油井的驱动能量为岩石和流体的弹性能，底水尚未发挥作用，油井无见水风险。

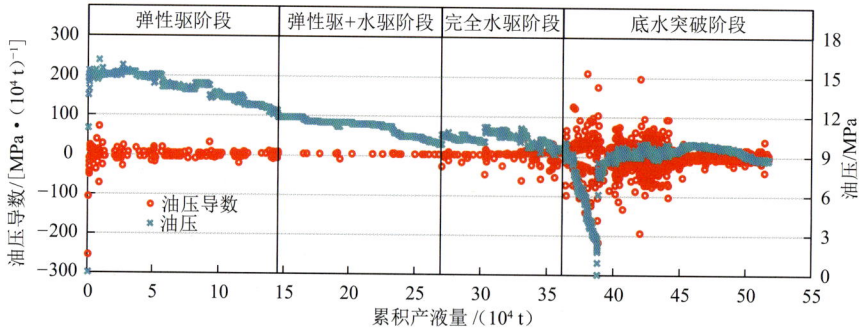

图 6-23　TH10423X 井驱动阶段划分

弹性驱＋水驱阶段(2008 年 10 月—2009 年 11 月)：该阶段油压继续下降，与弹性驱阶段相比，油压下降速度变缓，为 0.16 MPa/(10^4 t)，油压导数波动范围变窄，在 $-9.38\sim6.42$ MPa/(10^4 t)之间。该阶段底水能量开始发挥作用，有一定的见水风险。

完全水驱阶段(2009 年 11 月—2011 年 6 月)：由于底水能量逐步取代弹性驱能量，该阶段油压下降速度变得更缓，为 0.05 MPa/(10^4 t)，油压导数波动范围逐渐变宽，在 $-61\sim31$ MPa/(10^4 t)之间，底水逐渐侵入井底附近，见水风险增大，应根据实际生产情况及时调整工作制度。

底水突破阶段(2011 年 6 月—2019 年 12 月)：底水突破至井底后，油压快速下降，油压导数呈大幅度跳跃，波动范围为 $-461\sim212$ MPa/(10^4 t)。进入此阶段后，油井含水率上升速度加快，如果不及时对油井进行管控，则油井很可能快速水淹。

(2)原油含盐量。

对于无井底测压数据的油井，原油含盐量是见水预警的另一个重要参数。TH10423X 井原油含盐量在 2010 年 11 月 24 日之前保持在一个稳定的区间，波动范围为 $10.19\sim27.74$ mg/L，说明地层产出原油携带水分较少，底水与原油接触区域距离井底尚远。2010 年 11 月 24 日所取原油的含盐量上升到 703.35 mg/L，分析认为底水已经锥进到井底附近，油井很可能见水(图 6-24)。

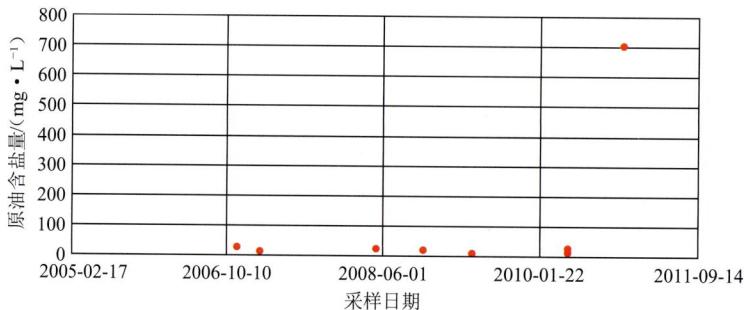

图 6-24　TH10423X 井原油含盐量变化

3）管控措施及效果

该井投产初期以较小的工作制度生产，根据实际生产情况，在弹性驱阶段放大工作制度，释放油井产能，而在水驱开始后根据实际情况降低工作制度，达到了油井生命全周期管控，取得了良好的开发效果（图 6-25）。

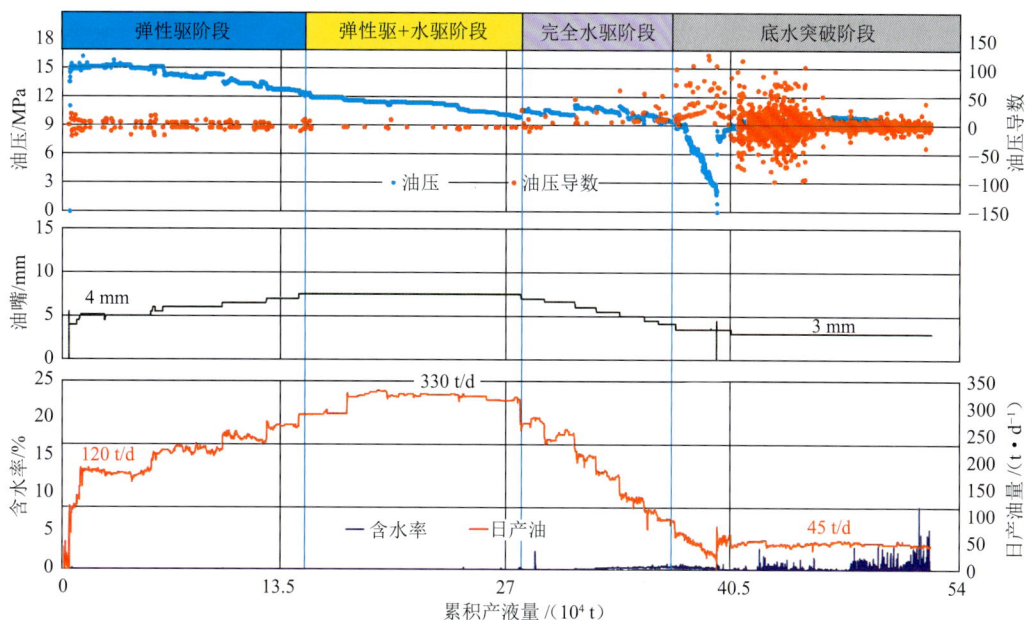

图 6-25 TH10423X 井生产管控曲线

从压力-累积产液量和压力导数-累积产液量曲线来看，该井主要有一次产能未完全释放、两次见水风险，现场管理中均进行了相应的工作制度优化调整，截至 2019 年 12 月底，TH10423X 井仍保持低含水生产，累积产液量 51.73×10⁴ t，累积产油量 51.67×10⁴ t，达到了高效开发的目的。

在弹性驱阶段释放油井产能，油嘴由 4 mm 调至 7.5 mm，日产油由 120 t/d 上升至 330 t/d，弹性驱阶段生产稳定，累积产油量 14.51×10⁴ t；在油井由弹性驱＋水驱阶段转向完全水驱阶段时，因油井有见水风险，油嘴由 7.5 mm 逐步缩小至 4.5 mm，日产液逐步降至 90 t/d，含水率由 2.4％降至 0.4％之下，有效控制了底水锥进；底水突破之后又进行了一次工作制度调整，油嘴由 4.5 mm 缩小至 3 mm，日产液降低至 45 t/d，有效控制了含水上升速度，目前含水率低于 5％。

6.1.5 井组预警实例——S99 井组

1）连通性分析

S99 井组内主要发育北—北西向的深大断裂和北东—南西向的次级断裂，其中 S99 井、TH10346 井、TH10342 井位于断裂交汇区，次级断裂发育，单元内油井连通性好。S99 井、TH10346 井均位于同一北西向大断裂带上，而 TH10342 井位于另一条相邻的大断裂带上，通过次级断裂与 S99 井、TH10346 井连通（图 6-26～图 6-28）。

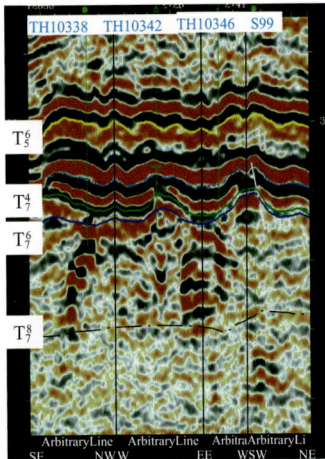

图 6-26 S99 井区地震反射特征

图 6-27 S99 井区精细相干图

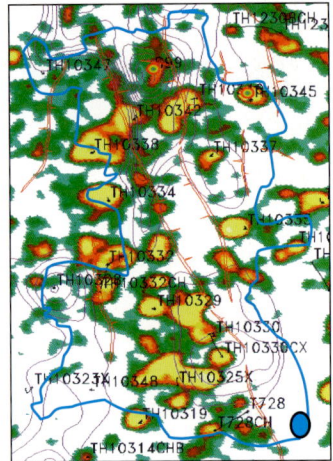

图 6-28 S99 井区断裂、振幅
变化率叠合图

S99 井于 2007 年 7 月 11 日酸压投产,生产井段为 5 938~6 155 m,产层段距奥陶系一间房组 T_7^4 面 0~217 m,初期以 8.5 mm 油嘴投产,日产油 290 t/d,不含水。截至 2019 年 12 月底,累积产液量 48.70×10^4 t,累积产油量 48.59×10^4 t。

TH10342 井于 2007 年 8 月 19 日裸眼酸压完井,生产井段为 5 967.06~6 100 m,产层段距奥陶系一间房组 T_7^4 面 0~84 m,以 8.5 mm 油嘴投产,初期油压 9.1 MPa,日产油量 127.2 t/d,不含水。截至 2019 年 12 月底累积产液量 53.40×10^4 t,累积产油量 53.37×10^4 t。

TH10346 井于 2008 年 9 月 26 日酸压完井,生产井段为 5 973.60~6 123 m,产层段距奥陶系一间房组 T_7^4 面 16.5~70.5 m,以 7 mm 油嘴投产,初期油压 8.2 MPa,日产油 90.6 t/d。截至 2019 年 12 月底,累积产液量 38.09×10^4 t,累积产油量 38.08×10^4 t。

从井组干扰试井曲线(图 6-29)来看,TH10338 井、TH10346 井、TH10375 井、S99 井关井时,TH10342 井井底压力均有明显升高,且 S99 井、TH10346 井、TH10342 井在生产中表现出良好的连通性。

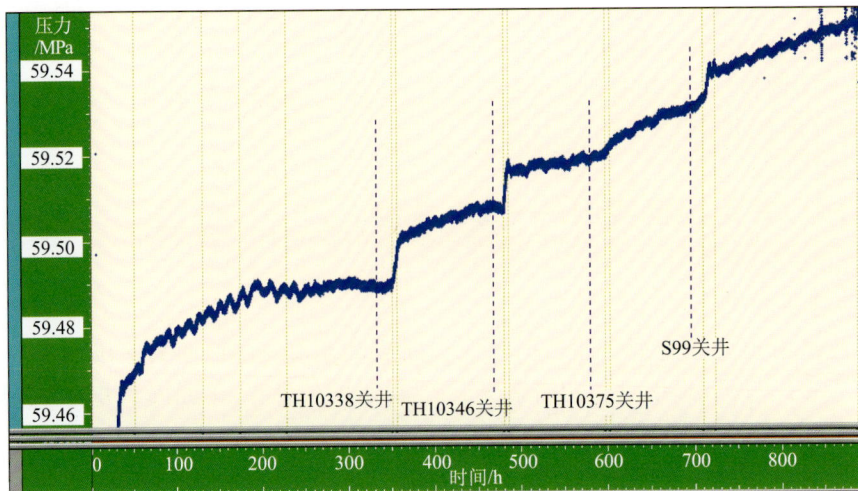

图 6-29 井组干扰试井曲线

2）预警分析

塔河油田缝洞型油藏井组预警分析一般从压力类的预警参数入手。

对 S99 井组来说，除 TH10346 井在 2017 年 9 月以后流压走平、流压梯度略有上升而显示见水信号外，S99 井和 TH10342 井井底压力和井底流压梯度无明显见水的异常信号，但是井底流压导数和零星含水有明显的见水异常信号（图 6-30 和图 6-31）。

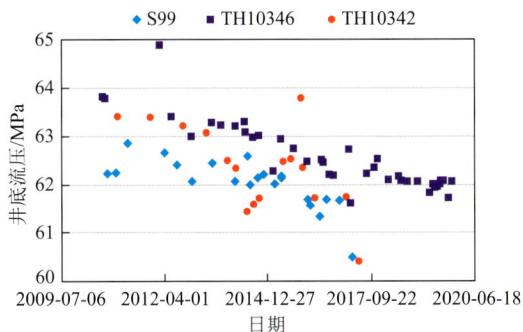

图 6-30　S99 井组井底流压

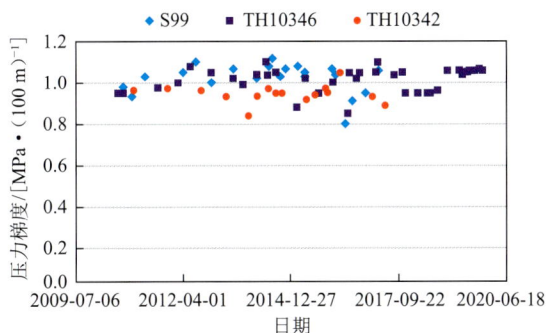

图 6-31　S99 井组井底流压梯度

S99 井组的流压导数在 2014 年 6 月以后出现了明显波动，说明地层水已经逐步锥进到井底，需要加强井组防控水工作（图 6-32）。

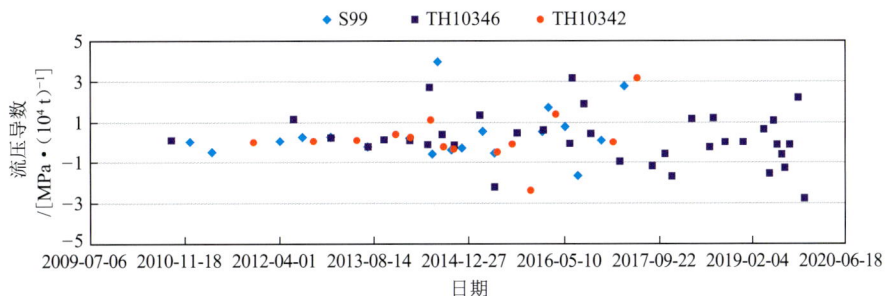

图 6-32　S99 井组流压导数

零星含水对 S99 井组见水预警更为敏感。该井组在 2010 年 3 月就出现了零星含水间隔缩短的特征，在 2014 年底和 2018 年 5 月出现了零星含水间隔缩短、含水率升高的特征（图 6-33）。

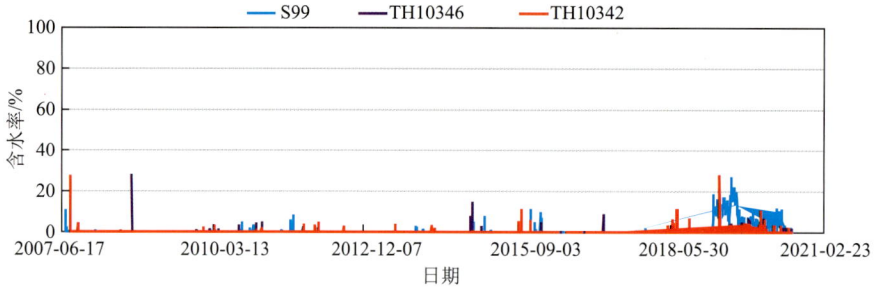

图 6-33 S99 井组油井含水率曲线

3）管控措施及效果

根据预警分析结果，S99 井组进行了 3 次整体管控（图 6-34）。2010 年 9 月进行第一次井组管控，其中 S99 井的油嘴由 10 mm 下调至 6 mm，TH10346 井的油嘴由 8.5 mm 下调至 7 mm，TH10342 井的油嘴由 10 mm 下调至 7 mm，井组日产液由 745 t/d 下调至 366 t/d，含水率由 1.72％降至 0.28％。

2016 年进行第二次井组管控，其中 S99 井的油嘴由 6 mm 下调至 5 mm，TH10346 井的油嘴由 7 mm 下调至 6.5 mm，TH10342 井的油嘴由 7 mm 下调至 5.5 mm，井组日产液由 217 t/d 下调至 109.6 t/d，含水率由 5.12％降至 0％。

2020 年进行第三次井组管控，其中 S99 井的油嘴由 5 mm 下调至 4 mm，TH10342 井的油嘴由 5.5 mm 下调至 5 mm，井组日产液由 102 t/d 下调至 92 t/d。

图 6-34 S99 井组生产曲线

通过整体管控，该井组有效控制了含水率的上升，截至 2019 年 12 月底，3 口井均保持自喷生产（自喷期长达 13 a），井组仍保有日产油 93.2 t/d 的能力，且不含水，累积产液量 140.17×10⁴ t，累积产油量 140.03×10⁴ t，取得了良好的开发效果。

6.2　预警技术现场应用情况及效果

缝洞型油藏高产井见水预警技术是在塔河油田碳酸盐岩油藏精细开发、深化管理的基础上发展起来的一项综合性技术。通过"十二五""十三五"期间中国石油化工股份有限公司重大专项的攻关,预警参数从单一的井底流压扩展完善到多项参数,预警对象从单井转向井组,预警油井类型由风化壳稀油油藏推广到古河道、断溶体稠油油藏,同时根据预警工作要求,在现场实践中细化了油井管理,形成了塔河油田碳酸盐岩缝洞型油藏高产井的"1416"管理模式。

6.2.1　在采油气现场油井管理中的应用

鉴于高产井具有单井产能高、产能比重大、水淹产量损失大的特点,高产井管理在油田开发中一直是动态管理的重点和稳产的关键。采油现场根据开发实践逐步形成了一套系统的"高产井"管理方法体系,即"1416"高产井管理模式,具体如图 6-35 所示。

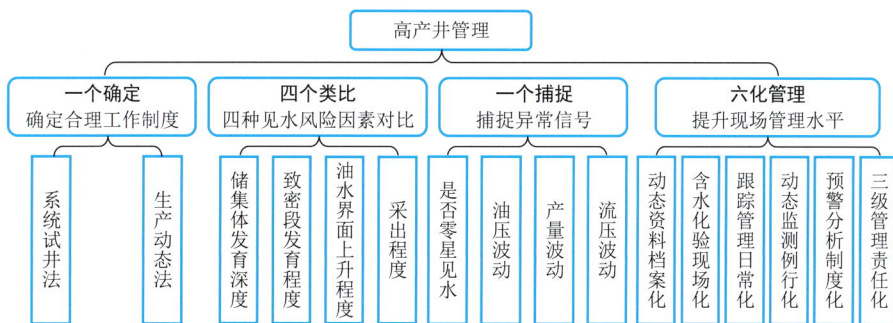

图 6-35　"1416"高产井管理模式图

"1416"高产井管理模式包含油藏分析和现场管理几大环节,具体包括:合理产能确定、风险分析、异常信号捕捉和运行管理。具体如下:

"1"是指一个确定,即确定油井合理工作制度。主要方法包括系统试井法和生产动态法。

"4"是指四个类比,即见水风险因素类比。根据单元内或区域相近油井的静态、动态和开发等影响油井见水时间的因素进行类比,具体包括储集体发育深度、致密段发育程度、油水界面上升程度、采出程度等。根据动静态资料与油井见水关系的统计规律,类比分析油井的见水风险,指导调控。

"1"是指一个捕捉,即捕捉异常信号。在预警参数筛选优化研究的基础上,通过对油井见水前异常信号的捕捉预警油井见水,以便及时调整。现场主要捕捉的异常信号包括是否零星见水、油压波动、产量波动、流压波动等。

"6"是指六化管理,即提升现场管理水平。六化管理具体包括以下几个方面:

一是动态资料档案化。对每口高产井建立包含静态资料、动态资料和区域信息的井史档案,并对动态变化随时更新。同时,明确档案的信息内容:收集静态资料,建立高产井资料库,全面了解油井概况,为高产井管理提供可靠的地质信息。静态资料包括构造位置图、单元图、联井剖面、振幅变化率图、相干变化率图、井身结构图、管柱图、钻井资料、固井资料、测井资料、录井资料、T_4^7深度、生产井段、完井方式、井下作业等。机抽井还应增加地面配套设备资料。收集动态资料,并每日进行跟踪,了解高产井产状变化,及时发现问题,并及时进行解决,以维持高产井稳产时间。动态资料包括本井及邻井的累积产液量、产油量、产水量;无水采油期、无水期采油量;高产井的压力、温度、产液、产油、含水率等参数变化规律,以及测压、产液剖面、刮蜡、掺稀情况等,为后期生产过程中发现异常变化提供参考。机采井还应增加功图、液面、机采参数等。

二是含水化验现场化。针对缝洞型油藏见水具有暴性水淹的特征,为了及时发现油井含水异常,在井场设立化验点,对重点井及高风险井的含水进行现场化验,节省等候时间,提高化验效率,及时预警调整。

三是跟踪管理日常化。针对高产井,除了常规日报巡查外,还单独建立高产井跟踪表,进行小时参数录取采集,要求区块管理人员每日查看不少于 4 次;在预警软件系统建立后,已经实现异常信息的实时报警。

四是动态监测例行化。对高产井进行每月不少于 1 次的例行流压测试,对进入完全水驱阶段和出现异常信号的油井加密到每月 2～3 次。同时为了避免不同测试过程对测试结果的影响,要求同一口井使用同一压力计进行测试,以减少非油藏因素的影响。

五是预警分析制度化。编制《高产井管理规定(试行)》这一管理办法,将高产井预警管理制度化,要求每旬召开所级高产井分析会,每月召开厂级高产井分析会,分析高产井见水风险。

六是三级管理责任化。采油厂定期发布高产井承包责任表,承包人包括厂领导、开发所、管理区三级,明确责任目标,明确管理职责,兑现管理考核。管理职责:管理区班组负责将高产井参数上报给管理区和开发所相关区块管理员;负责高产井的管理区领导和油研所相关区块管理员及时对高产井相关参数进行跟踪,如有异常情况,油研所相关管理人员应对异常井进行系统分析,找出可能出现异常情况的原因;油研所相关人员及时和厂领导进行沟通、讨论,形成统一意见,制定高产井下一步调整方向。

6.2.2 在油田稳产及控制递减中的整体应用

自碳酸盐岩缝洞型油藏高产井见水预警技术实施以来,塔河油田暴性水淹井数逐年下降,水淹损失产量逐年减少,实现了塔河油田近五年的高效稳产,暴性水淹井数比例从 2015年的 23.6% 明显降低到 2019 年的 4.1%,高产井产量递减率由 23.5% 降低到 10.9%,因水淹造成的产量损失由 50.5×10^4 t/a 降低到 8.2×10^4 t/a,产量自然递减率由 18.9% 持续下降到 13.09%(图 6-36)。

自碳酸盐岩缝洞型油藏高产井稳产技术推广应用以来,2016—2019 年增产原油 143.41×10^4 t,新增产值 33.47 亿元,新增利润 20.98 亿元,新增税收 5.70 亿元。目前该技术已全面推广至塔河油田及顺北油田,是探明储量 15×10^8 t、年产规模超过 600×10^4 t

图 6-36　塔河油田缝洞型油藏高产井暴性水淹对比柱状图

的西北油田稳产的关键。同时,缝洞型油藏高产井见水预警技术对于同类型的油藏如轮古、哈拉哈塘、跃满等区块同样具有推广价值,为国家西部经济的发展提供了能源、技术支撑,带动了新疆的经济社会发展和社会就业,产生了较大的社会效益。

目前缝洞型油藏见水预警系统因其自动化预警的时效性和准确性已经在高产井管控工作中成为重要参考,得到了广泛的应用。具体来说,缝洞型油藏见水预警系统具有对塔河油田所有区块的高产井进行预警的功能,系统日度刷新预警结果,在保证时效性的同时,系统采用的数据信息挖掘思路避免了因预警人员认识和尺度的不同造成预警结果的偏差,极大地提高了见水预警准确率。该系统自运行以来,实现了 52 井次的高风险预警,根据预警结果采用相应的管控措施,保证了油井的无水稳定生产,防止了油井出现暴性水淹而损失产量,保障了油田稳产。

塔河油田高产井 TH12547H 井见水预警及管控实例如图 6-37 所示。

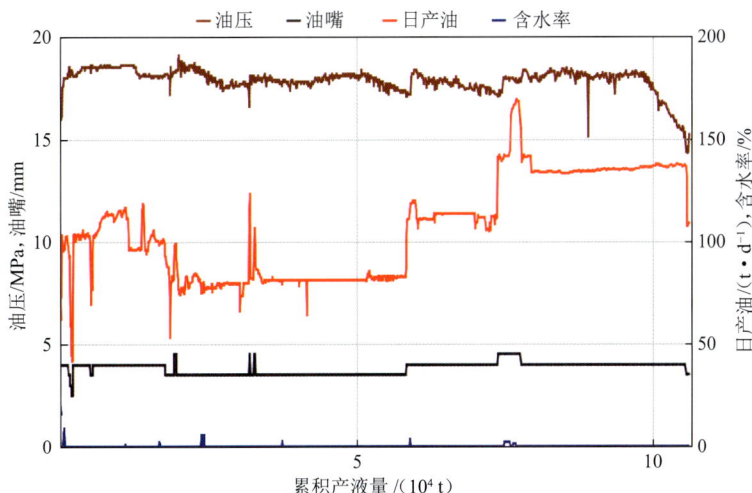

图 6-37　塔河油田高产井 TH12547H 井见水预警及管控实例

6.2.3 预警技术新进展

1) 由单一参数预警转向多参数预警,提高了预警准确率

碳酸盐岩缝洞型油藏高产井见水预警技术研究是一个不断向前推进、逐步深入、不断发展的过程,油井见水预警参数也从单项扩展丰富到多项、多类,弥补了资料不足的缺憾,提高了缝洞型油藏高产井见水预警技术的准确性。通过将预警技术应用到现场大量油井管理工作中发现,压力、温度、零星含水三类参数对油井见水最为敏感。

(1) 压力类预警参数。

在现场油井管理中发现,油井见水前往往压力变化最明显,结合油藏渗流力学原理,总结出了压力类的油井见水预警参数包括井底流(静)压、流压梯度、流(静)压导数和井口油(套)压等四项,不同压力参数在油井见水预警中发挥着不同的作用。

① 井底流压。它是压力计入油层中部附近实测的压力数据,最接近储层压力状况,能真实地反映地层流体的供给情况。一般在油井见水前,地层水逐步侵入井筒附近,井底流压会有小幅度升高。

② 流压梯度。流压梯度是指井筒深度每增加 100 m 时流压的增加值,它基本反映了井筒流体性质,可以根据 $\Delta p = \rho g \Delta h$ 估算,其中 Δp 为压力梯度,g 为物理学常量($g = 9.8 \text{ N/kg}$),ρ 为井筒流体密度。若井筒流体从纯油流变为油水混合流体,ρ 发生变化,则压力梯度 Δp 也随之变化,因此也可以利用流压梯度判断油井是否见水。但流压梯度受压力计下入深度的影响,可能会监测不到油层中部附近的压力梯度,不能准确监测到井底流体性质的变化,因此该项参数在使用时具有一定的局限性。

③ 流(静)压导数。它是指油井在采出 1×10^4 t 流体时井底压力的变化值,可以用 $\Delta p/\Delta L$ 表示,反映了储层向井筒供给流体能力的大小。当底水逐渐侵入井筒附近时,地层流体供给能力逐渐增强,流(静)压导数绝对值会有所升高,当底水突破到井底时,流(静)压导数绝对值会有大幅度的跳跃。

④ 井口油(套)压。现场生产中因井筒状况和油稠等原因,有些油井可能监测不到井底压力数据,此时可以选用井口油(套)压数据代替井底压力数据进行油井见水预警分析工作,同理也可以用油(套)压导数来判断井底能量供给情况。由于油井日产液波动、井筒摩阻等,井口压力数据在见水响应中的灵敏程度不及井底压力数据。

(2) 温度类预警参数。

温度是缝洞型油藏高产井预警的第二类参数,也可以反映储层向井筒供给流体的性质,包括井底流温、流温梯度、流温导数三项。

① 井底流温。缝洞型油藏油井由于流体供给段长(可达 500 m),油井投产后,随着流体供给深度的不断下移,井底流温一般会呈现缓慢上升的趋势;当底水侵入时,由于水的比热容高于原油的比热容,井底流温上升速度会明显增加,这是缝洞型油藏高产井见水前的一个重要特征。

② 流温梯度。流温梯度是指井筒深度每增加 100 m 时流温的增加值。当底水逐渐侵入井底时,油井的流温梯度会呈下降趋势。它的使用限制也同流压梯度一样,可能监测不

到油层中部附近的流温梯度,不能准确监测到井底流体性质的变化。

③ 流温导数。流温导数是指油井在采出 1×10^4 t 流体时井底流温的变化值,可以用 $\Delta T / \Delta L$ 表示,反映了储层向井筒供给流体热量的变化大小。当比热容较大的底水逐渐向井筒侵入时,产出流体携带的热量增加,流温导数会出现上升的趋势。

(3)流体类预警参数。

流体类的预警敏感参数是油藏产出流体发生变化的直接反映。目前在缝洞型油藏高产井见水预警分析中采用零星含水、原油含盐量两项参数。

① 零星含水。油井见水是一个逐渐发展的过程,在底水完全突破到井底、形成连续水相之前,地层水会通过部分裂缝沟通井底,油井会出现零星含水的现象;当大规模底水向井底侵入时,零星含水呈现频率加快、含水率上升的趋势。

② 原油含盐量。暴性水淹前零星地层水进入原油中,导致原油含盐量明显上升,但由于实验精度问题可能在井口化验不出含水,所以也可以用原油含盐量来预警油井见水。但由于原油分析间隔时间较长,分析数据较少,所以应用原油含盐量预测油井见水有一定的限制。

经过多年的实践和反复的应用验证后,目前形成了压力、温度、油藏流体三大类共 9 项见水敏感参数。各项油井见水敏感参数互为补充、各有侧重,形成缝洞型油藏高产井见水预警参数体系,由单一的压力预警转向多参数、多角度预警,提高了准确率。

2)由单井预警转向井组预警,实现了缝洞单元均衡水驱

塔河油田缝洞型油藏高产井见水预警技术的发展过程也是对缝洞型油藏认识不断深化的过程。见水预警对象由单井转向井组,控水措施也由单井单点控水转向控制水源、均衡缝洞单元内油井采液速度,从而达到缝洞单元油水界面均匀抬升、均衡水驱的目的,避免底水从单井突破导致大量剩余油被封堵在强非均质性的储集体中无法采出,从而提高整个井组的开发效果。

在缝洞型油藏井组预警工作中,除了分析缝洞单元内油井见水敏感参数外,还要确认储集体连通关系、油井连通状况,包括油井连通级别分析和井组油水分布关系分析,只有在弄清井组底水锥进优势方向和底水水源方向的基础上,才能有的放矢,制定井组管控措施,达到控制水源、消除局部水锥的目的。

油井连通性分析主要包括连通部位、连通程度分析,井组油水分布关系分析主要包括沟通底水的深大断裂、井间断裂分布分析,利用的主要资料为地震、油井钻测录等地质资料。同时,可利用现场生产动态数据和干扰试井、示踪剂监测等动态监测资料来验证地质分析结果。

3)应用领域由风化壳油藏推广到断溶体油藏

塔河油田缝洞型油藏主要分为三类,即风化壳中质油油藏、断溶体稀油油藏和复合岩溶稠油油藏。由于储层特征、水体强弱和流体性质的不同,油井见水时的动态特征存在差异,即体现出对油井见水预警参数敏感度的差异,决定了塔河油田三大类缝洞型油藏高产井见水预测各有侧重。

塔河油田缝洞型油藏高产井见水预警技术首先应用于主体区的风化壳油藏。风化壳

中质油油藏主要分布在塔河油田的主体区,受构造运动影响较大,断裂及微构造现象较为发育,后期受地表水的溶蚀,岩溶发育程度高,形成的岩溶系统沿风化壳面横向连片展布,储集体大规模发育,油藏内部水体发育程度较高,水体的发育给油藏早期的开发提供了较充足的能量。

风化壳油藏油井钻遇大洞大缝比例高,平均油柱高度大,单井控制储量高,初期油井产能高,平均单井能力可达到 $80\sim200$ t/d,生产中表现为单井日产能力高、供液充足的特征,油井见水时油井流压及流压梯度出现小幅度上扬趋势,井口油压下降,井底流温上升速度加快,同时会出现零星见水、产量下降的现象。在见水预警时,压力参数表现得尤为灵敏,因此风化壳缝洞型油藏预警重点是分析压力系列和温度系列的预警参数。

塔河油田风化壳油藏高产井预警技术的成功应用给断溶体油藏提供了借鉴。塔河油田断溶体油藏发育主要由断裂控制,即主干断裂上破碎程度高、储集空间较发育,次级断裂或更低级序的断裂储层发育程度明显降低,平面上具有分段性,纵向具有分隔性。由于断溶体岩溶作用明显低于风化壳岩溶区,断溶体油藏沿断裂带方向及纵向连通性好,垂直断裂方向储集体展布有限,储集体与水体沟通通道主要是具有明显方向性的断裂,底水主要沿着断裂通道侵入井底。油井初期产能为 $40\sim200$ t/d,含水上升类型主要为快速上升和暴性水淹,见水时油井流压及流压梯度出现小幅度上扬趋势,井口油压下降,井底流温上升速度加快。断溶体油藏高产井见水预警中比较常用的预警参数为井底流压、流压梯度、流压导数和井底流温等资料。

随着塔河油田缝洞型风化壳油藏高产井预警技术研究的不断深入,预警参数从压力和温度类扩展到油藏流体性质类,这也为缝洞型稠油油藏见水预警提供了可靠的预警参数。

复合岩溶油藏具有风化壳岩溶的特征,同时发育表层、古河道等岩溶类型,岩溶发育程度较断溶体油藏强,储集体规模较大,但由于后期的充填作用,储层连通性较差。复合岩溶油藏具有能量偏弱、水体活跃程度一般的特征。油井投产后初期产能较高,平均达到 64 t/d,但能量下降快,见水前一般呈现油压剧烈波动,流压、流压梯度上升,流温上升,流温梯度下降,长期零星见水或零星含水间隔变短,原油含盐量上升。由于稠油井取得井底压力和温度资料困难,在见水预警中一般采用零星含水和原油含盐量这两个参数进行预警分析。

在塔河油田碳酸盐岩三大类缝洞型油藏各有侧重的定性预警分析后,应用预警软件对高产井实施量化预警,目前已实现塔河油田油井实时预警监测的全覆盖。对高产井的见水风险进行分级,对油田内见水风险较高的油井建议调小工作制度,对见水风险低的高产井可适当提高采油速度。

2016—2019 年,对塔河油田高产井进行见水预警、见水时间预测,共分析 382 井次,现场实施调参 102 井次,减少产量损失 13.1×10^4 t,暴性水淹井造成的产量递减由 2.1% 下降至目前的 1.35%。

不同类型油藏高产井见水预警后的主要调整井统计见表 6-1。

表 6-1　不同类型油藏高产井见水预警后主要调整井统计表

油藏类型	调整措施	井　号	调整前				调整后				增油量/t
			油嘴/mm	日产液/(t·d⁻¹)	日产油/(t·d⁻¹)	含水率/%	油嘴/mm	日产液/(t·d⁻¹)	日产油/(t·d⁻¹)	含水率/%	
风化壳中质油油藏	调小	T401									
		TK699	3	31.3	29.1	6.91	2.5	30.5	29.9	1.97	
		TK671	6	54.3	53.7	1.07	5.5	44	44	0	
		T401	10	270.7	270.7	0.01	8	176.1	153.7	12.72	
		…									
		小计(18 口)									
	调大	TK495X	2.5	30.2	30.2	0.11	3	40.1	40.1	0	1 500
		TK462H	3.8	68.3	68.2	0.1	4	90.1	89.9	0.29	15 111
		TK671	5	44.1	44.1	0	6	52	52	0	10 428
		…									
		小计(6 口)									27 039
断溶体稀油油藏	调小	TP121XCH	4.2	113.1	113.1	0	3.9	94.5	94.5	0	
		TP187H	3.2	70.1	70.1	0	3	64	64	0	
		TP278H	3.5	59.5	59.5	0	2.8	47.9	47.9	0	
		TP103	3.2	52.6	52.6	0	2.8	35.6	35.6	0	
		…									
		小计(11 口)									
	调大	TP313H	2.5	55.3	55.3	0	2.8	67.7	67.7	0	1 910
		TP332CH	5	93	93	0	6	107	107	0	2 366
		TP320XCH	3	62	62	0	3.5	82	82	0	5 020
		TP154XCH	5	50.8	50.8	0	5.5	60.2	60.2	0	254
		…									
		小计(9 口)									37 565
复合岩溶稠油油藏	调小	TH12396	6	41	41	0	5.5	36	36	0	
		TH12547H	4.5	140.8	140.8	0	4	141.8	141.8	0	
		TH12322		54.5	54.5	0		58.7	54.6	6.9	
		…									
		小计(19 口)									
	调大	TH12562H	4.5	77	77	0	4.5	112	112	0	1 740
		TH12536X	4.5	42.4	42.4	0	5.5	57.7	57.7	0	1 867
		TH12390	5.5	31.2	31.2	0	6.5	41.6	41.6	0	1 310
		…									
		小计(11 口)									34 452

续表 6-1

油藏类型	调整措施	井 号	调整前				调整后				增油量/t
			油嘴/mm	日产液/(t·d⁻¹)	日产油/(t·d⁻¹)	含水率/%	油嘴/mm	日产液/(t·d⁻¹)	日产油/(t·d⁻¹)	含水率/%	
其他	调小	TH10219CH	3.5	42.8	42.8	0	3	32.3	32.2	0.2	
		TH10266CH	6	60.9	60.9	0	5	43.8	41.2	6	
		TK892XCH	3.5	39.3	39.3	0	3.2	27.2	27	0.6	
		...									
		小计(17 口)									
	调大	TH102107	5	37.2	37.2	0	5.5	41.2	41.2	0	524
		TH10351X	3.5	29.8	29.8	0	4	31.8	31.8	0	250
		TH10375	4	27.3	27.3	0	4.5	28.8	28.8	0	188
		...									
		小计(11 口)									31 811
合计	调小	65 口									
	调大	37 口									130 867

参考文献

[1] 焦方正，窦之林.塔河碳酸盐岩缝洞型油藏开发研究与实践[M].北京：石油工业出版社，2008.

[2] 焦方正.塔河油气田开发研究文集[M].北京：石油工业出版社，2006.

[3] 焦方正，翟晓先.海相碳酸盐岩非常规大油气田——塔河油田勘探研究与实践[M].北京：石油工业出版社，2008.

[4] 苏尔古乔夫.碳酸盐岩油藏的开采[M].陈宝来，黎发文，译.北京：石油工业出版社，1994.

[5] 柏松章，唐飞.裂缝性潜山基岩油藏开发模式[M].北京：石油工业出版社，1997.

[6] 罗海尔 P O.乔奎特 P W.世界大油气田碳酸盐油藏实例[M].王正鉴，江若霓，译.北京：石油工业出版社，1993.

[7] 鲍志东，刘震.石油地球科学文集(一)[M].北京：石油工业出版社，1998.

[8] 陈元千.油气藏工程实用方法[M].北京：石油工业出版社，1999.

[9] 陈元千，李璗.现代油藏工程[M].北京：石油工业出版社，2001.

[10] 姜汉桥，姚军，姜瑞忠.油藏工程原理与方法[M].东营：石油大学出版社，2001.

[11] 柏松章.碳酸盐岩潜山油田开发[M].北京：石油工业出版社，1996.

[12] 柏松章，唐飞.裂缝性潜山基岩油藏开发模式[M].北京：石油工业出版社，1997.

[13] 赵树栋.任丘碳酸盐岩油藏[M].北京：石油工业出版社，1997.

[14] 唐四城，张军阳.塔河油田奥陶系油藏成藏史探讨[J].胜利油田职工大学学报，2005，19(2)：39-40.

[15] 云露，蒋华山.塔河油田成藏条件与富集规律[J].石油与天然气地质，2007，28(6)：768-775.

[16] 林忠民.塔河油田奥陶系碳酸盐岩储层特征及成藏条件[J].石油学报，2002，23(3)：23-26.

[17] 张希明.新疆塔河油田奥陶系缝洞型油藏特征[J].石油勘探与开发，2001，8(5)：32-36.

[18] 阎相宾.塔河油田奥陶系碳酸盐岩储层特征[J].石油和天然气地质，2002，23(3)：262-265.

[19] 徐微，蔡忠贤，贾振远，等.塔河油田奥陶系碳酸盐岩油藏溶洞充填物特征[J].现代

地质,2010,24(2):287-293.

[20] 邱立伟,杨安平,康志江.新疆塔河裂缝溶洞型油藏储层建模研究[J].特种油气藏,2003,10(6):36-38.

[21] 鲁新便.岩溶缝洞型碳酸盐岩储集层的非均质性[J].新疆石油地质,2003,24(4):360-362.

[22] 李培廉,张希明,陈志海,等.塔河油田缝洞型碳酸盐岩油藏开发[M].北京:石油工业出版社,2003.

[23] 胡建国,张栋杰.油气藏工程实用预测方法文集[M].北京:石油工业出版社,2002.

[24] DAKE L P.油藏工程实践[M].阎建华,译.北京:石油工业出版社,2003.

[25] 秦同洛.实用油藏工程方法[M].北京:石油工业出版社,1992.

[26] 范高尔夫-拉特 T D.裂缝油藏工程基础[M].陈钟祥,金玲年,秦同洛,译.北京:石油工业出版社,1989.

[27] 阎相宾,韩振华,李永宏.塔河油田奥陶系碳酸盐岩储层特征几点新认识[J].海相油气地质,2001,6(4):8-14.

[28] 刘顺生,何玲娟.碳酸盐岩油藏开采特征及油藏分类[J].新疆石油科技信息,2001,21(1):54-57.

[29] 任玉林,李江龙,黄孝特.塔河油田碳酸盐岩油藏开发技术政策研究[J].油气地质与采收率,2004,11(5):57-59,84-85.

[30] 朱亚东,张家祥.碳酸盐岩油藏原油储量计算的动态方法[J].石油学报,1985,6(2):51-58.

[31] 刘学利,焦方正,翟晓先,等.塔河油田奥陶系缝洞型油藏储量计算方法[J].特种油气藏,2005,12(6):22-24,36,104.

[32] 张希明,杨坚,杨秋来,等.塔河缝洞型碳酸盐岩油藏描述及储量评估技术[J].石油学报,2004,25(1):13-18.

[33] 胡文革.塔河碳酸盐岩缝洞型油藏开发技术及攻关方向[J].油气藏评价与开发,2020,10(2):1-10.

[34] 鲁新便,张宁,刘雅雯.塔河油田奥陶系稠油油藏地质特征及开发技术对策探讨[J].新疆地质,2003,21(3):329-334.

[35] 黄炳光,刘蜀知.实用油藏工程与动态分析方法[M].北京:石油工业出版社,1997.

[36] 李传亮.油藏工程原理[M].北京:石油工业出版社,2005.

[37] 任玉林,李江龙,黄孝特.塔河油田碳酸盐岩油藏开发技术政策研究[J].油气地质与采收率,2004,11(5):7-59.

[38] 李江龙,黄孝特,张丽萍.塔河油田 4 区奥陶系缝洞型油藏特征及开发对策[J].石油与天然气地质,2005,26(5):630-633.

[39] 李宗宇.塔河奥陶系缝洞型碳酸盐岩油藏开发技术对策探讨[J].石油与天然气性质,2007,28(6):856-862.

[40] 戚明辉,陆正元,袁帅,等.塔河油田 12 区块油藏水体来源及出水特征分析[J].岩性油气藏,2009,21(4):115-119.

[41] 刘德华,陈利新,缪长生,等.具有边底水碳酸盐岩油藏见水特征分析[J].石油天然

气学报,2008,30(4):169-172.

[42] 李成刚,李英强.碳酸盐岩断溶体油藏模型识别图版及其应用[J].大庆石油地质与开发,2020,11(14):61-64.

[43] 杨敏,龙喜彬,潜欢欢,等.塔河缝洞型油藏试井曲线特征及储集体识别[J].油气井测试,2020,29(3):1-9.

[44] 于海波,李国蓉,童孝华.塔河油田4区奥陶系洞穴系统连通性分析[J].内蒙古石油化工,2007,28(5):316-320.

[45] 朱蓉,楼章华,金爱民,等.塔河油田S48缝洞单元流体分布及开发动态响应[J].浙江大学学报(工学版),2009,28(5):1344-1348.

[46] 杨敏,陆正元,窦之林,等.塔河油田奥陶系油藏TK461井组油水分布概念模式研究[J].石油实验地质,2010,28(5):83-86.

[47] 葛家理.现代油藏渗流力学原理[M].北京:石油工业出版社,2003.

[48] 施永生,徐向荣.流体力学[M].北京:科学出版社,2005.

[49] 切尔内绍夫.水在裂隙网络中的运动[M].北京:地质出版社,1987.

[50] 周娟,薛惠,郑德温,等.裂缝油藏水驱油渗流机理[J].重庆大学学报(自然科学版),2000,23(增刊):65-67.

[51] 卢占国.缝洞型介质流动规律研究[D].青岛:中国石油大学(华东),2010.

[52] 修乃岭.缝洞型碳酸盐岩油藏流动机理研究[D].北京:中国科学院,2008.

[53] 柏松章.碳酸盐岩底水油藏水驱油机理和底水运动特点[J].石油学报,1981,2(4):51-61.

[54] 刘学利,彭小龙,杜志敏,等.油水两相流Darcy-Stokes模型[J].西南石油大学学报,2007,29(6):89-92,211.

[55] 陶然,权晓波,徐建中.微尺度流动研究中的几个问题[J].工程热物理学报,2001,22(5):575-577.

[56] 吴铁军,郭烈锦,刘文红,等.水平管内油水两相流流型及其转换规律研究[J].工程热物理学报,2002,23(4):491-494.

[57] 姚海元,宫敬.水平管内油水两相流流型转换特性[J].化工学报,2005,56(9):1649-1653.

[58] PENG X L,QI Z L,LIANG B S,et al. Darcy-stokes flow model for cavity-fractured reservoir[J]. SPE 106751,2007.

[59] 陈志海,郎兆新.缝洞性碳酸盐岩油藏储渗模式及其开采特征[J].石油勘探与开发,2005,32(3):101-105.

[60] 吕爱民,姚军,郭自强.塔河油田奥陶系缝洞型底水油藏典型相渗关系及水驱曲线[J].油气地质与采收率,2010,28(5):101-104,118.

[61] 王曦莎,闫长辉,易小燕,等.塔河4区奥陶系碳酸盐岩油藏井间连通性分析[J].2010,28(5):52-54.

[62] 陈志海,唐兰芳,常铁龙,等.缝洞型碳酸盐岩油藏内流体流动问题初探[J].中国西部油气地质,2007,28(5):94-99.

[63] 陈志海,戴勇,郎兆新.缝洞性碳酸盐岩油藏储渗模式及其开采特征[J].石油勘探与

开发,2005,26(5):101-105.

[64] 吕媛娥,谭承军,艾克拜尔·撒迪克.浅谈岩溶缝洞型碳酸盐岩油藏见水生产井压锥与提液[J].中国西部油气地质,2006,2(21):204-207.

[65] 谭承军.三重介质储渗系统与水驱油机理探讨——以塔河油田为例[J].新疆地质,2002,20(1):80-82.

[66] 康志江,李江龙,张冬丽,等.塔河缝洞型碳酸盐岩油藏渗流特征[J].石油与天然气地质,2005,26(5):634-640.

[67] 康志宏.缝洞型碳酸盐岩油藏水驱油机理模拟试验研究[J].中国西北油气地质,2006,2(1):87-90.

[68] 朱蓉,楼章华,云露,等.塔河油田奥陶系油藏地层水赋存分布[J].地质科学,2008,28(5):228-237.

[69] 杨敏.塔河油田4区岩溶缝洞型碳酸盐岩储层井间连通性研究[J].新疆地质,2004,22(2):96-199.

[70] 胡广杰,杨庆军.塔河油田奥陶系缝洞型油藏连通性研究[J].石油天然气学报(江汉石油学院学报),2005,27(2):227-229.

[71] 朱蓉,楼章华,鲁新便,等.塔河油田缝洞单元地下水化学特征及开发动态[J].石油学报,2008,29(4):567-572.

[72] 李宗宇.塔河奥陶系缝洞型碳酸盐岩油藏开发技术对策探讨[J].石油与天然气地质,2007,28(6):856-862.

[73] 柏松章.碳酸盐岩底水油藏水驱油机理和底水运动特点[J].石油学报,1981,26(5):51-61.

[74] 罗娟,陈小凡,涂兴万,等.塔河缝洞型油藏单井注水替油机理研究[J].石油地质与工程,2007,21(2):52-54.

[75] 毛欠儒.塔河油田奥陶系油藏控水稳油的探讨[J].内蒙古石油化工,2003,29:92-94.

[76] 杨磊,李宗宇.新疆塔河油田1区低含水期稳油控水效果分析明[J].成都理工大学学报(自然科学版),2003,30(4):368-372.

[77] 闫长辉,王涛,陈青.缝洞型碳酸盐岩油藏水驱曲线多样性与生产特征关系——以塔河油田奥陶系碳酸盐岩油藏为例[J].物探化探计算技术,2010,32(3):247-253,220.

[78] 罗娟,龙喜彬,巫波,等.塔河不同类型缝洞单元开发规律研究[R].新疆:中国石化西北油田分公司,2012:68-67.

[79] 靳佩.塔河油田4区含水上升问题的诊断和分析[J].钻采工艺,2008,31(3):121-123.

[80] 王继成.塔河油田六区奥陶系碳酸盐岩油藏油水分布特征研究[D].成都:成都理工大学,2008.

[81] 向传刚.塔河油田6、7区奥陶系油藏油水关系研究[D].成都:成都理工大学,2007.

[82] 李洪成,朱义井,李旭东,等.用油藏工程方法确定红南油田天然水体规模[J].新疆石油地质,2003,24(1):62-64.

[83] 游小森,周瑜,房志伟,等.应用非稳定流法计算边底水油藏水油体积比[J].断块油气田,2004,11(4):42-43,91.

[84] 陆正元,杨敏,窦之林,等.塔河油田奥陶系油藏 TK440 井组注水压锥地质模式研究[J].矿物岩石,2009,29(4):95-99.

[85] 苏鹏,陈东波,徐刚.塔河油田碳酸盐岩油藏高产井水锥探讨[J].长江大学学报(自科版),2014,17(2):61-64,5.

[86] 陈青,王大成,闫长辉,等.碳酸盐岩缝洞型油藏产水机理及控水措施研究[J].西南石油大学学报(自然科学版),2011,33(1):125-130.

[87] 杜鑫,卢志炜,李冬梅,等.缝洞型油藏波动和流动耦合模型井底压力分析[J].应用数学和力学,2019,40(4):355-374.

[88] 高艳霞,万军凤,巫波.基于流压的缝洞型油藏能量评价研究[J].重庆科技学院学报(自然科学版),2016,18(3):19-22.

[89] 龙喜彬,曾清勇,刘国昌,等.缝洞型油藏见水预警软件系统研究[J].石油工业计算机应用,2018,26(2、3、4):56-40.

[90] 袁飞宇,杜春晖,李柏颉,等.一种适合于塔河缝洞型油藏的综合流动方程[J].中外能源,2018,23(9):31-35.

[91] 房柳杉,周丹苹,陈红举,等.塔河油田碳酸盐岩油藏开发特征和稳油控水措施[J].云南化工,2018,45(4):166.

[92] 屈鸣,侯吉瑞,李军,等.缝洞型油藏三维可视化模型底水驱油水界面特征研究[J].石油科学通报,2018,3(4):422-433.

[93] 张世亮,李璐,李柏颉,等.缝洞型油藏自喷井合理产能确定方法研究[J].新疆石油天然气,2019,15(4):55-60.

[94] 张文学,王勇.塔河油田碳酸盐岩油藏能量指示曲线模型建立与应用[J].大庆石油地质与开发,2019,38(1):94-99.

[95] 姜应兵,吴育飞.塔河碳酸盐岩缝洞型油藏能量自平衡开发实践[J].科学管理,2019,242.

[96] 梅胜文,陈小凡,乐平,等.缝洞型碳酸盐岩注水指示曲线理论改进新模型[J].长江大学学报(自科版),2015,12(29):57-63.

[97] 李小波,荣元帅,龙喜彬,等.缝洞型油藏强边、底水窜进油井特征及机理研究[J].西南石油大学学报(自然科学版),2015,37(1):57-63.

[98] 杨占红,龙喜彬,巫波,等.塔河油田缝洞型油藏高产井见水特征及水淹预警机制的建立[J].西部探矿工程,2014,55-70.

[99] 龙喜彬,罗娟,巫波,等.2011.塔河油田缝洞型油藏高产井见水预警参数及预警机制分析研究[J].石油实验地质,33(增刊1):2-5.

[100] 罗娟,鲁新便,巫波,等.塔河油田缝洞型油藏高产油井见水预警评价技术[J].石油勘探与开发,2013,40(4):468-473.

[101] 罗娟,吴锋,龙喜彬,等.塔河油田缝洞型油藏含水变化预测模型研究[J].石油地质与工程,2015,29(5):87-93.

[102] 苏鹏,陈东波,徐刚.塔河油田碳酸盐岩油藏高产井水锥探讨[J].长江大学学报(自

科版),2014,11(14):61-64.

[103] 黄杰.缝洞型油藏高产井管理对策研究[D].青岛:中国石油大学,2008.

[104] 魏历灵.人工神经网络技术在塔河油田的应用[J].新疆石油地质,2004,25(6): 665-667.

[105] 张宁,杨全疆,梅胜文,等.塔河缝洞油藏水锥风险评价动态决策系统研究[R].新疆:西北油田分公司,2010.

[106] LUO J,LU X B,LONG X B,et al. A water breakthrough warning system of high-yield wells in fracture-cavity reservoirs in Tahe Oilfield[J]. Petroleum Exploration and Development Online,2013,25(6):501-506.

[107] 王连山,陈军,程汉列.塔中缝洞型碳酸盐岩凝析气藏气油比变化及见水预警[J].石油地质与工程,2017,25(6):94-96.